高等院校人文素质教育系列教材

生活技能教程

王新庆　主　编

侯丽平　柴瑞帅　王建强　副主编

清华大学出版社

北京

内 容 简 介

《生活技能教程》是全面落实中共中央、国务院《关于全面加强新时代大中小学劳动教育的意见》的重要内容，是学生角色向职场角色、家庭角色转变的必要途径，具有树德、增智、强体、育美的综合育人价值。全书共分为十章，分别是日常家务劳动、家常饭菜烹饪、着装服饰礼仪、家庭人际关系、手工制作与活动、家庭装饰、家庭理财、家用设施维护维修、家庭安全和健康医疗救护。家庭幸福是人生幸福的重要组成部分，通过对家庭生活常识、家用设备维护、家庭健康救护、家庭理财、家庭人际关系、家庭兴趣培养等方面的全面培养，帮助每个人寻找到人生幸福的密码。

通过《生活技能教程》的编写与实施，系统构建起社会公民"学生活常识、学生存技能、学生命价值"的完整教育体系，帮助学生在适应职场岗位素质要求的同时，更好地适应未来的生活，使大学的人才培养体系更完整，人才素质结构更丰满，真正实现"好学生、好员工、好成员"的培养目标。

本书既可作为高等院校本、专科学生的选用教材，也可作为社会读者自学用书。

图书在版编目(CIP)数据

生活技能教程/王新庆主编. —北京：清华大学出版社，2023.10（2025.1 重印）

高等院校人文素质教育系列教材

ISBN 978-7-302-64737-9

Ⅰ. ①生…　Ⅱ. ①王…　Ⅲ. ①生活—知识—高等职业教育—教材　Ⅳ. ①TS976.3

中国国家版本馆 CIP 数据核字(2023)第 192939 号

责任编辑：陈冬梅
装帧设计：李　坤
责任校对：么丽娟
责任印制：杨　艳

出版发行：清华大学出版社

　　　　网　　　址：https://www.tup.com.cn, https://www.wqxuetang.com
　　　　地　　　址：北京清华大学学研大厦 A 座　　　邮　　　编：100084
　　　　社 总 机：010-83470000　　　　　　　　　邮　　　购：010-62786544
　　　　投稿与读者服务：010-62776969, c-service@tup.tsinghua.edu.cn
　　　　质量反馈：010-62772015, zhiliang@tup.tsinghua.edu.cn
　　　　课件下载：https://www.tup.com.cn, 010-62791865

印 装 者：三河市东方印刷有限公司

经　　销：全国新华书店

开　　本：185mm×260mm　　印　张：15.25　　字　数：371 千字

版　　次：2023 年 10 月第 1 版　　　　　　　印　次：2025 年 1 月第 4 次印刷

定　　价：48.00 元

产品编号：101826-01

序言　幸福的密码

　　也许你会埋头于一项接一项似乎难以完成的功课，也许你会忙碌于一天又一天仿佛没有尽头的工作，也许你感慨着时间一天天无声地溜走，却没能掌握一些幸福生活的小技巧，以至于在生活需要的某个时刻，会在一些小而迫切的问题面前束手无策。也许你会羡慕他人能够烹饪一桌美味佳肴，也许你希望搭配一身得体的服装，也许你也渴望能够在社交场所具备应有的礼仪，也许你也希望掌握理财知识实现财富的增长，也许你也想把房间收拾得干净整洁，等等，但觉得自己有些力不能及。你的这些困惑，究其原因，其实就是缺乏适当的劳动，缺乏必备的生活技能。

　　生活技能是什么？它是一个人有效地处理日常生活的各种需要和挑战的能力；是个体保持良好的生理状态和心理状态，并且在与他人、社会和环境的相互关系中表现出适应和积极行为的能力，包括自我认识、人际关系、生活需求、安全急救、解决问题等方面的综合能力。个人要想更好地生活在世界上，掌握一定的生活技能是必需的。我们知道，大部分的灵长类动物都是群居动物，它们在生活中无论进食、睡觉、迁移等都以集体为单位，彼此间相互关照、相互协助。那么，人与动物的区别是什么呢？从马克思主义哲学来讲，人与动物的本质区别，不仅在于人能制造和使用生产工具从事生产劳动，更在于人是有意识的，是具有主观能动性的，具有观察事物、分辨事物、分析事物的能力。有了这些能力，人们通过学习生活中的技能就可以创造出如飞机、汽车、轮船之类的各种工具，而这些都是动物不可比拟的。这些生活技能往往隐匿在我们的日常劳动中，人们通过从事体力劳动和脑力劳动，就会发现生活中的规律，积累生活的技能，因此，要获得生活技能离不开劳动。

　　热爱劳动是中华民族的优秀文化基因，掌握生活技能也是新时代中华儿女生存的必要条件，中国人民在 5000 多年的劳动历程中形成了仁、义、礼、智、信和温、良、恭、俭、让的优秀品质。劳动不仅是为了生存，也是为了更好地生活，更是为了精神上的充实和富足。劳动是我们提高生活技能的最直接途径，也是我们获取回报的唯一方式。中华民族以吃苦耐劳著称于世，勤劳智慧的中国人民正是靠着辛勤的劳作，以血肉之躯铸成了绵延万里的长城和贯穿大江南北的京杭大运河。

　　热爱劳动、崇尚劳动的品质传承至今。关于"劳动"，孟子的《寡人之于国也》中有这样的论述："五亩之宅，树之以桑，五十者可以衣帛矣；鸡豚狗彘之畜，无失其时，七十者可以食肉矣；百亩之田，勿夺其时，数口之家可以无饥矣。"就这样，古时中国的农民在劳动中将自己的文明延续了几千年。近代以来，资本开始进入中国，打破了中国原有的小农经济男耕女织的社会结构。大批农民放弃农田进入工厂，劳动的形式发生了改变，工人付出劳动去生产商品，通过商品交换获得财富。与此同时，也产生了资本主义内部的问题，于是工人运动和无产阶级诞生了，马克思关于劳动的论述，开始被越来越多的人认可。马克思主义劳动观强调，劳动创造了人和人类社会，整个世界历史不外乎是通过人的劳动而诞生的过程。进入新时代以来，我们进一步强调社会主义是干出来的，新时代是干出来的，我们大家所拥有的一切，从根本上是靠劳动、靠劳动者创造出来的。新时代的劳动教育观强调，要在全社会大力弘扬劳动精神，推动全社会热爱劳动、投身劳动、爱岗敬业，让劳动光荣成为时代的强音，让勤奋做事、勤勉为人、勤劳致富在全社会蔚然成风，为实现中华民族伟大复兴的中国梦凝聚强大的精神动能。这是我们中国特色社会主义新时代的劳动观。

习近平总书记指出，要在学生中弘扬劳动精神，教育引导学生崇尚劳动、尊重劳动，懂得劳动最光荣、劳动最崇高、劳动最伟大、劳动最美丽的道理，要我们的学生以后能够辛勤劳动、诚实劳动、创造性劳动。但是，近年来，一些青少年出现了劳动意识淡薄和社会责任感淡薄的问题，产生了不珍惜劳动成果、不想劳动、不会劳动的现象。究其原因是，改革开放以来，随着生产力的不断解放，中国人民的生活水平获得了显著提高，物质需求也越来越高，这虽然极大地提升了中国人民的幸福感与获得感，但也在一定程度上导致了一些青少年劳动意识和社会责任感淡化，不愿意洗衣服、做饭、打扫卫生，不会洗衣服、做饭、打扫卫生，不爱惜粮食等现象非常普遍。具体分析，主要有两个方面的原因：一是我们基础教育阶段学习压力大，课后作业多；二是劳动教育得到的重视度还不够高，以至于学生在儿童时期没能养成良好的劳动习惯。因此，加强学生的劳动教育不仅是时代所需，也符合人才培养的要求。经过调查研究及对有关现象分析，决定编写本书，旨在提升人们的生活技能，掌握劳动要义，培养热爱劳动、崇尚劳动、尊重劳动的品质。

本书有较强的专业性和针对性，具体内容与生活紧密相关，涉及日常劳动、健康安全和人际关系等多个环节。本书将向您展示如何利用生活中碎片化的时间掌握更多的技能，从而在劳动中感受快乐。只需每天进行几次，每次学习几分钟，您就能学会如何更好地生活、更好地感受生活，从而给您的内心带来更多的喜悦，带来更多宁静的力量。本书将理论和实际案例相结合，有较强的可操作性和可复制性，可以让您有更轻松的阅读体验、更积极的实践想法。在体系结构及内容选择等方面也有一定的特色与创新，主要体现在需求呼应到位，内容指导性强，形式设计新颖等方面。通过编写本书，帮助大学的学生系统构建起社会公民"学习生活常识、学习生存技能、学习生命价值"的完整教育体系，养成劳动习惯，掌握生活技能，在适应未来职场的同时，更好地适应未来的家庭生活。本书通过系统科学的设计，在提高读者生活技能的同时，对培养读者劳动精神具有重要意义。党的二十大报告指出：办好人民满意的教育。全面贯彻党的教育方针，落实立德树人根本任务，培养德智体美劳全面发展的社会主义建设者和接班人。"五育"是新时代全面发展教育的组成部分，各自既具有独立性，又彼此关联。其中，德育指向人的发展思想道德和价值观领域；智育指向人的认知、思维和智慧构建领域；体育指向人的身体素质和健康领域；美育指向人的审美感受、审美能力及审美表现领域；劳动教育指向人的劳动态度、观点、技能和价值观等领域。如今，在人的全面发展的理念下，劳动教育再次受到重视，我们不应该把它看作"四育"后面的加法，而应该把它看作"五育"融通的黏合剂。在未来的教育发展中，人们将会更加重视劳动技能的培养，不断强化校内劳动教育基地建设，以劳树德、以劳增智、以劳强体、以劳育美、以劳创新，强化学生学习生活常识、生存技能、生命价值的意识。通过对本书的学习，有助于提高大学生的综合素质和职业技能，解决生活中的一些小问题。

本书的核心思想是劳动。没有劳动就没有人类社会，没有劳动就没有幸福生活，无论是直接还是间接，劳动对人和人类社会的影响都是巨大的。任何技能的获取，都离不开劳动。本书与《校园文化教程》(第2版)、《职业素养教程》(第2版)共同构建公民教育"三部曲"，以"三学"为主要内容，以"三培养"为目标，实现学生获取幸福核心竞争力的全面提升，使大学的人才培养体系更完整，人才素质结构更丰满，真正实现"好学生、好员工、好成员"的培养目标。

本书共分为十章，其中王新庆编写前言，并统稿全书；第一章由李莉编写；第二章由廖建锋编写；第三章由杜柳编写；第四章由王建强编写；第五章由廖茹琼编写；第六章由黄春霞编写；第七章由侯丽平编写；第八章由马振伐编写；第九章由柴瑞帅编写；第十章由刘哲编写。

在本书的编写过程中，所有参编学院的各级领导和同事都给予了大力支持，很多教育领域的专家也给予了指导和帮助，并提出了许多宝贵意见，本书的编辑出版也得到了清华大学出版社的大力支持。在此，编者一并表示衷心的感谢。

由于编者水平有限，书中难免存在疏漏之处，敬请广大读者批评指正。

编　者

目　　录

第一章　日常家务劳动

学习目的及要求

- 掌握物品整理的方法与技巧。
- 培养学生积极健康的居家生活态度。
- 掌握日常家庭清洁的方法与技巧。
- 培养学生积极参与家庭劳动的精神。

日常家务劳动是家庭成员在日常的家庭生活中从事的一种无报酬劳动。日常家务主要包括洗衣做饭、照看孩子、购买日用品、打扫卫生、照顾老人或病人等几个方面。劳动既是一种生活态度，也是一种生活习惯，生活是最好的老师，家庭是最实际的课堂。主动承担家务劳动是爱家、责任与担当的体现，同学们要掌握必要的居家劳动技能，分担家务，成为一名有关爱力的"生活小能手"。当代大学生，通过参加日常家务劳动，让家和生活在劳动创造中变得更美，倡导健康、有品质的居家生活，同时在实践中体会劳动精神，接受锻炼，磨炼意志，增强感恩意识、责任意识，培养学生正确劳动价值观和良好劳动品质。接下来，我们将向同学们分享物品整理和室内卫生相关知识，培养学生积极的劳动精神，让学生具有必备的劳动能力，养成良好的劳动习惯和品质。

第一节　物品整理

一个优秀的人，在各个方面都会表现得十分出色，包括生活、学习、工作，甚至整理物品也会井井有条。干净整洁的生活环境，实际上也是优秀的一种体现。那些能够把自己房间打扫得一尘不染，房间中的所有物品都摆放得整整齐齐的人，总能够给人一种无限的好感。

那么如何将房间打理得井井有条？你是否也有这样的困扰，每隔一段时间就得专门腾出时间来收拾房间，但是没过几天整个房间就又乱了。应该还有很多人觉得房间不够大，没有足够的收纳空间。其实，想要让房间干净整洁、井然有序，你只需要掌握正确的整理物品的步骤和方法。

一、学会断舍离

整理物品首先要学会断舍离。断舍离是一种生活态度，是把那些非必需、不合适、过时的东西统统断绝、舍弃，并切断对它们的眷恋，断舍离之后能使生活更加简单、干净。关于"整理"有 3 个境界：一是丢掉明显没有用、不能再用的东西；二是舍弃还能用，但自己不会再用的东西；三是主动舍弃不适合自己的人或事物。你能做到哪个境界呢？

在整理家庭物品之前，请先好好考虑一下，哪些物品是真的有必要保留的。如不记得上一次使用时间的东西、好几年没穿过的衣服、因为便宜买多了的小玩意儿等。还有一些物品是"可能将来什么时候会用到"的，很多时候那个"什么时候"永远都不会到来，而当真正需要它的时候，却找不到这个物品。因此，我们只要留下真的有必要的物品，扔掉不需要的物品，就会有足够的收纳空间，生活物品的存放和拿取也会变得简单、轻松。

在整理物品时，我们把物品分类为"需要""不需要""保留"，然后再检查"保留"的那些物品。对于那些念旧、不习惯扔东西的人来说，保留的东西会很多。如果你是独居，可以直接决定物品去留；而当家中有其他家庭成员时，一定要尊重家人的意见，不要擅自处理家人的物品，必须由物品拥有者来决定需要或不需要。通常家庭主妇在整理家庭成员感兴趣的收藏或孩子们以前的玩具时，都会认为"这些物品丢了也无所谓"，但是每个物品所承载的回忆和感情，只有拥有者才了解，因此即使是家人，也要由本人决定"需要"或"不需要"。重点在于，请让所有家人了解，家人们共同参与是让居家环境干净、清爽的关键。

(一)需要的物品

(1) 最近一年里，家人使用过，而且之后还会继续使用的物品。

(2) 虽然有一年以上没有使用过，但是预计将来什么时候会使用的物品。

(3) 经过认真思考，觉得还是不能扔掉的物品。

(二)不需要的物品

(1) 最近两年内，家人都没有使用过，而且也没有预计要使用的物品。

(2) 坏掉的物品，或者有不能清除掉的污垢的物品。

(3) 不是个人爱好的物品。

(三)保留的物品

将所有物品分成"需要"与"不需要"两种，在大多数情况下，只要看一眼就能决定它们的去留，若是 5 秒内无法判断，就可以暂时放在保留区内。如果这样还保留了一些无法抉择的物品，就把它们放在家中醒目的位置，看看 3 个月内是否会用到。如果没有用到，就安心地把它作为不需要的物品处理。

二、物品整理指南

(一)用不到的物品要丢弃

1. 过期的食品、化妆品要丢弃

有些老年人，舍不得丢弃过期的食品和化妆品，但留下只会占用空间，因此，一旦发现物品过期，就要立刻丢弃。

正规的食品都会标注生产日期和保质期，一般不容易吃到过期食品，但化妆品、保养

品类的物品很容易忽略使用期限。一般基础保养的物品，使用期限是半年到一年；而彩妆无论拆开与否，购买后两年到三年内都一定要用完。

2. 损坏、不实用的物品要送修或回收

通常不经常整理物品的人，家里一定堆满了坏掉的家电与不实用的物品。因为"修好就能用"而一直摆在身边的物品，可以拿去修理，若是觉得不值得修理则可以考虑丢掉。

此外，不是只有丢掉才是处理，舍不得丢的物品也能通过回收再利用发挥其功能。

(1) 义卖会：以免费提供义卖物品为原则。一般来说，非营利组织、地方政府与学校都会举办义卖会。许多义卖会只接受新品或未使用过的物品，参加义卖会时请务必询问主办单位的要求。

(2) 跳蚤市场：只要支付摊位费用，就能售卖自己不用的物品，举办时间、规模、报名费各有不同。

(3) 上网拍卖：上网拍卖的好处，就是只要配备齐全，一天 24 小时都能贩售商品。目前有许多拍卖网站可供选择，不妨先找到适合自己的拍卖网站。

(4) 二手店：专门收购闲置物品的店铺。有些店家专门收购衣服或书籍，也有不限收购商品种类的店铺，形式多种多样。

(二)检查家中物品库存

1. 设定原则，避免重复购买

日常用品存放时，一定要以"能放进限定场所的限定容量"为原则。若是将日常用品固定存放在其他地方，一定要维持最低数量。因此，决定好收纳场所与物品数量后，就要避免重复购买，如此才能有不浪费物品与空间的精简生活。

2. 纸袋与一次性餐具只留下必需的数量

店家纸袋、外卖附赠的一次性筷子等餐具，大多数人觉得这些物品用得到就越积越多。丢掉这些物品确实有点可惜，需要时又很好用。纸袋只要依尺寸大小排列，留下最低数量，需要时就能立刻拿出来用；一次性餐具只要在固定地方放置一定数量，要用时也能随时找到。因此，只要依照用途留下必需的数量即可。若不加以管理，只会囤积一堆没用的物品。

(三)不堆积纸类文件

1. 报纸与杂志要边剪边阅读

报纸与杂志也是很容易囤积的纸类，很多人会基于"待会儿再看或再剪报"的想法，于是报纸与杂志就会越积越多，等看到堆积如山的报纸与杂志，就不想处理了。因此，遇到想要保留下来的信息，最好一边阅读一边剪报，将剪贴或资料夹放在阅读报纸与杂志的地方，如此就能轻松地处理。

2. 广告单与发票要当场分类

广告单与发票一不注意就会越积越多，建议将它们放在小托盘里，规定自己只留存

"这个托盘放得下的数量";也可在玄关放置垃圾桶,不需要的看完就能当场丢掉。对于需要保存的广告单与发票也要定期检查,过期就丢掉。发票在确认内容无误后,只留下报销需要或后期维修需要的发票即可。

3. 更新速度快的书籍时效过了就丢掉

对于爱书人来说,最难丢掉的就是书,不过以最新信息为卖点的书籍,如资格考试资料、金融业相关书籍、旅行信息、店家指南等,一旦过时就再没有用处,这类书籍只要超过发行日三年即可丢掉。整理书柜时,除了要丢掉再也不会看的书之外,还可将其进一步细分为"常看""偶尔阅读"和"不看却想保留"的书籍。

(四)纪念品的整理原则

1. 照片与录像带只留下适当数量即可

很多人都不知道该如何处理照片与录像带。无论是多么重要的影像记录,若是不知道哪些回忆放在哪里,拥有再多也是废品。既然是重要回忆,只要留下适当的数量即可,方便自己想看时随时拿出来看。

照片要去粗取精,只留下喜欢的部分。遇到角度类似的照片,只留下拍得最好的那一张即可。影片也是一样,一拍完立刻剪辑,留下必要片段,养成不让物品越积越多的习惯。

2. 决定自己儿时作品的去留

绘画作品既是自己的成长记录,也是充满回忆的纪念品,同样很难处理,保证留下来的都是自己最重要的作品即可。充分运用儿时的作品装饰家庭,也是很好的收纳方法之一。

(五)详细清单

根据分类详细清单,一一整理,只留下必要的东西,之后才能有效利用收纳空间。用不到的物品详细清单如表 1-1 所示。

表 1-1　用不到的物品详细清单

玄关篇		鞋柜篇	
1	过期的优惠券	1	变形、有瑕疵的旧鞋子
2	不用的钥匙扣	2	去年过季没穿过的鞋子
3	无用的宣传单和纸张	3	单只的、脏的一次性拖鞋
4	不知道用处的钥匙	4	不合脚、穿起来不舒服的鞋子
5	快递包装盒、包装纸	5	不穿且洗不干净的拖鞋
6	不能用、不会再用的雨伞	6	落灰变形的旧鞋盒
7	多余的塑料袋、无纺布袋	7	被压坏的简易鞋架
8	积攒起来但没用过的绳子	8	过期的、不能再用的鞋油
9	变钝生锈的剪刀、开箱刀	9	不会再用的鞋撑、鞋拔子

客厅篇		衣柜篇	
1	找不到对应产品的电线	1	尺寸偏大或偏小的衣服
2	旧的手机壳及配件	2	买回来一年以上没拆吊牌的衣服
3	再也用不上的内存卡	3	泛黄的白衬衫
4	不知道用处的螺丝、配件	4	有明显污迹的衣服
5	买东西送的不用的赠品	5	破旧不会再穿的睡衣
6	过期的药品及保健品	6	变形的衣服或内衣
7	品质不好、不喜欢的装饰品	7	破旧的包包
8	缺零件的成套娱乐工具	8	不能用的旧床单、旧枕套
9	空瓶子(饮料、零食等)	9	厚重发黄的棉花被芯

厨房及食品篇		书房及书柜篇	
1	生锈或坏掉的厨具、餐具	1	不会再看的笔记本
2	脏、旧的洗碗布	2	不再翻看的杂志
3	发霉、破损的砧板	3	发黄的报纸
4	不再用的购物袋、食物盒、打包盒	4	以前收到的贺卡
5	过期的食物、调料品	5	写不出字的笔
6	开了很久没吃完的零食	6	没有替换笔芯的笔
7	受潮的糖果、融化的巧克力	7	往年的日历
8	不知道冷冻多久的食物	8	干掉的胶水
9	方便面的调料包、外卖剩下的酱料	9	无用的宣传资料

文件篇		浴室及化妆品篇	
1	已损坏家电的说明书	1	超过半年的牙刷
2	超市、外卖店、商店的传单	2	变硬的毛巾
3	过了保修期的保修卡	3	打开很久没用的沐浴露、洗发水
4	购物小票、单据	4	失效的芳香剂
5	过期发票	5	过期的发膜、面膜、护肤品、化妆品
6	用不到的名片	6	干掉的指甲油
7	不用的会员卡	7	打开很久没用完的粉底液
8	过期的优惠券	8	两年没用完的润唇膏
9	用过的机票车票	9	掉毛的粉底刷

三、决定放置物品的场所

不管什么样的物品，都需要有一个"家"。如果现在问你，你家的指甲刀放在哪里？能很快准确回答的人很棒。但是也会有很多人犹豫，开始回忆"啊？在哪里呢？应该是放在那里了，不过……"依靠之前使用时的记忆回答的人要注意了，能保证很久没用的物品还能记起来吗？还会有人说，"我有好好收拾，但是不知道家里人使用后放在什么地方了"。只有自己一个人收拾，家庭其他成员不整理房间，这样家里依然会一团乱。想要干净、整洁的房间，需要有一个无论是谁都能做到的收纳方法。

整理物品需要确定每个物品的放置场所。你要将所有的物品都放置在"家"中。所谓的"家"就是物品的放置场所，如果这个不能决定，物品的位置就会一次次地改变，这也就是平时"总是找不到东西"的根源所在。决定这个"家"的关键在于物品的使用频率。

【小技巧】

根据使用频率，将必需的物品分为"每天生活中，一定能够使用到的物品""偶尔会使用到的物品""偶尔想起才会使用的物品"这三大类。每天使用的物品和一年才使用一次的物品，放置场所当然是不同的，使用频率较高的物品要放置在方便存取的地方。例如，起居室中所放的物品当然是起居室中使用频率高的物品。当没有放置场所时，要把物品放置在距离使用场所最近的地方。

(一)决定物品必须放置的位置

一般情况下，使用之后，手里拿着的物品不知道该放在什么地方。为了避免这种情况的发生，就要清楚每样物品应该放在什么地方，如此就不会因为不知道把物品放在哪里苦恼，也可以避免要用的时候找不到物品的情况。可以在装物品的抽屉和箱子外面写上物品名称，一目了然，或是做个清楚的记号。钥匙和文具等小物品可以放在笔筒里。另外，同样的物品放在一起。桌上的遥控器收拾到一起看上去也整齐有序。

(二)在使用的场所放置

在你的身边散落着各种物品，使用的物品是从什么地方拿来的，就应该放回到哪里。如果是从壁橱、厨房、书房、储藏室、玄关这些地方拿来，只要把物品放回去就能保证房间的整洁。最好的方法是物品就在其摆放的场所附近使用，如此用完后一伸手就能把物品放回去。

(三)把放物品的地方固定下来

决定了物品必须放置的位置，就要养成用后将其放回去的习惯。这其实不是什么困难的事情。开始的时候可能比较困难，但是两三次之后就会慢慢养成习惯。养成习惯后，就算无意识也会把物品收拾整齐。

四、物品收纳

为了能够非常方便地拿到自己所需要的物品，就需要选择不费劲的收纳方法。一旦决定了物品放置的场所，接下来要做的事情就是决定如何收纳。它的窍门在于能够方便地存取。这里所说的"方便"，就是指要尽量做到将拿到自己所需物品的时间和步骤减少到最少。

(一)收纳四原则

折叠、直立、集中、四方形摆放，这四项收纳原则不仅适用于衣物，还适用于其他物品。

1. 折叠

蓬松柔软就是包含着空气，所以通过折叠可以把多余的空气排挤出来。物品体积的缩小就能得到更多的收纳空间。

2. 直立

直立就是把所有能直立的物品都直立起来，把折叠好的衣物都直立放入收纳体中，直立存放可以最大限度地利用收纳的垂直空间，同时还有助于一眼掌握物品的总量，可谓一举两得。

3. 集中

集中就是把同类物品集中摆放在一个地方，可以按"先按人分"，再按"物品种类分"，最后按"物品材质分"的顺序进行选择分类。

4. 四方形摆放

收纳物或收纳的场所选择四方形的最合适。利用空箱子来做收纳空间的时候，优先选择方形的箱子而不是圆筒形的。

总之，收纳原则就是能叠的都叠起来，能立的都立起来。一旦你这么做了，物品占的空间就会大大缩小，剩余的空间也就会变得富余。

(二)收纳工具

1. 隐藏性收纳工具

刚进家门的第一印象很重要，隐藏收纳可以使玄关保持清爽、整洁。除了鞋子要注意之外，还有一些外出常用的物品，最容易堆放在玄关区域。如果利用小型收纳工具，把出门必备物品挂在门背后，即使再容易丢三落四的人也不会忘记。而包包、外套等最容易到处乱放，我们要为这一类物品设定固定位置将其收纳起来。为了节省空间，可以直接选择顶天立地的杠杆，搭配挂钩之后收纳物品，既美观又简约。

2. 抽屉收纳工具

客厅收纳要注重"隐藏"与"展示"的收纳比例，依据空间大小调整物品数量。客厅里的生活物品最多，如剪刀、指甲刀、钢笔、纸等小物品，堆在一起乱糟糟的，但想找的时候又找不到，非常让人苦恼。为了解决这个问题，可以为每种类型的物品"定位收纳"，即遵循"一个类型，一个抽屉"的规则。如果是比较大的抽屉，可以再利用分隔盒将小物品分隔放置。

3. 纸质类收纳工具

纸质类的物品，如说明书、收费单据等，可以利用文件盒集中起来收纳。分类标识明确到每一类型的资料，如此等到查找的时候才不会浪费时间。书立架不仅可以固定书本，还可以固定其他物品。如果有收纳纸袋的习惯，也可以用书立架来固定，非常方便日常的取用。底部带轮子的收纳盒，移动方便，可随时移动到需要的地方。像遥控器等常用的物品，使用这种移动且又固定的收纳方式，即使其随着主人移动，也不怕丢了。

4. "方便性"收纳工具

在厨房和餐厅区域，要依照使用频率分类归置物品。平时经常用到的物品，不需要藏在柜子里，墙面的区域要好好地利用，可以将层板、杠杆+S钩、架子等活用起来。有了墙面"分担"了物品之后，就能腾出一部分的柜子空间。柜子内的物品，也要利用分隔层架，把垂直空间利用起来。这样既活用了柜子内的所有空间，又方便了我们拿取物品，一举两得。水槽下的空间则可以利用各种工具进行组合，如收纳杆和收纳盒搭配、大的收纳盒组合等。别小看这个区域，规划好了之后可以把各种备用物品收纳好。

5. 半透明收纳盒

卧室衣服、寝具、饰物等个人物品，我们可以依照物品的使用频率、物品种类进行定位收纳。每一双袜子、每一条腰带都有它们的位置。即使一时半会儿偷懒不想叠衣服，也不用担心，因为关上衣柜门外面看不出来，但是自己能知道衣服在哪里。用分层挂袋，一个帽子一层地收纳好。收纳首饰也是同样的道理，购买一个透明的多格收纳盒，就能一次收纳很多首饰，而且高级感满满，避免在抽屉里挑选缠绕一起的首饰的困扰，这样分门别类地放置首饰，存取方便。卫浴区域更注重"方便性"，要随时保持整洁清爽。利用镜柜收纳常用的物品，把垂直空间用到极致。镜柜旁边可以粘贴挂钩，两个挂钩倒着粘贴，又是一个收纳工具。另外，洗手台下的水槽柜，也可以创建一个储物空间，并养成定期收拾的习惯。

如果浴室储物空间不够，可以留意一些缝隙位置，测量一下距离，增加这一类抽屉收纳盒。根据个人爱好不同，收纳的地方也有很多。除了壁橱、橱柜、盒子以外，还有各式的家具可以增加收藏的空间。家具中架子的收纳功能很强，也很受欢迎。架子有不同的材料和设计，可以根据其不同的特性选择适合自己的架子。金属架子有不同的高度、宽度、深度可以选择，架子的高度还有2～3cm可以调节。金属架子可以放在家具的间隙中，收纳能力也很强。其零件简单，组装容易，利用篮子、钩和书档等小物品收纳更多的物品。网眼状的架子，小物品容易从空隙掉下去，所以对收纳的物品大小有限制。有的架子很坚固，承重可以达100kg以上。还有一些架子具有耐水性，在厨房和浴室使用也完全没有问题。架子的颜色有黑色、灰色和彩色，不过基本上还是以金属色为主。这种金属架子很容易买到，价格不贵，零件也便宜。

木制的开放性架子是在木制的柱子上用螺钉固定隔板，隔板的间距有5～6cm可以调整，也可以改变组合方式。因为隔板的间距可以调整，所以也可以根据需要增加隔板，喜欢自然素材的人可以购买。其缺点是不能承重，容易摇晃，但可以在背后增加木材以加强固定。这种架子售卖的地方也很多，它们大多是金属的柱子，木制或玻璃的隔板。尺寸是固定的。根据材料和设计的不同，价格各异，但总体来说价格略高。有的柱子是塑料的，隔板是木制的，不用钉子或者螺丝，其本身也比较轻，女性和孩子也很容易组装。可以收纳很多东西的木制柜子，可利用范围广并且价格相对便宜，是很多人的首选。它们可以任意组合，变化多样，很多收纳高手都大力推荐。而很多部件和零件的生产，让收纳变得更简单。其颜色很多，可以根据爱好选择。

要选择适合书本尺寸的书柜。有的书柜隔板高度可调，有的不可调。因此，尽量选择能调整隔板高度的书柜，根据自己需要进行调节。这种柜子与书架相比要深一点儿，高度也可以调节，还可以根据需要增加隔板。当然价格比书架会贵一点。

(三)整理计划

1. 划分范围与时间慢慢整理

若是想一次整理完所有空间，很快就会感到厌烦，因此，最好能以最轻松的方法进行整理。不要花很长的时间完成浩大的工程，而是以"今天花15分钟整理好第一层抽屉"的方式，设定小范围的空间限时整理，这才是聪明的做法。一旦完成整理后就停手，绝对不多做，如此就能善于利用日常生活的零碎时间轻松完成整理，而且也能激发下次整理的动力。

整理时，请先挑选出不要的东西，如此一来，即使还没整理完时间就到了，家里也不会过于凌乱。整理有限的空间，重新检视收纳物品，就能顺利完成整理工作，长期坚持自然可以轻松打造简洁空间。

2. 机械式地完成整理，锁定应该收拾的物品

遇到不同类型的物品散落各处，不知应该从何处开始收拾的情形时，不妨先锁定应该收拾的物品，设定"只收衣服""只收书籍""只收孩子的物品"等原则后，再开始整理。只要机械式地收拾限定物品，就不会感到负担过重，而且只收拾一个房间，无须来回进出其他房间，因此，简化了整理步骤。

居住环境越来越整洁，也会让人越来越有干劲。从体积较大、相对醒目的物品开始整理，效果会更好。另外，收拾空间中数量最多的物品，就能获得"整理完毕"的成就感。

五、不同空间收纳

(一)玄关和鞋柜的收纳

玄关附近，鞋子有时多到鞋柜都装不下，各种小物品乱七八糟。严格选择后留下必要的物品，然后用可以节省空间的收纳方法来整理。

(1) 将鞋柜分为容易存取的地方和不容易存取的地方，根据鞋子使用的频率分开放置。

(2) 不好存取的地方可以收纳不是当季的鞋子。推荐使用袋子收纳，特别是沙滩鞋、拖鞋、孩子的鞋子等。与用箱子存取相比，其占用地方较小。

(3) 如果鞋柜上方的空间过高，自己可以加上隔板。

(4) 在鞋柜下面放上砖，可以摆放家人每天都要穿的鞋子、小孩的鞋子。

(5) 折叠伞、刷子也可收在鞋柜里。

(6) 外出时需要的小物件等可以收纳在此。在鞋柜上用小盒子收纳笔记本、钥匙、手帕、剪刀、胶水、手表、伞等，慢慢养成习惯就可以避免找不到东西的情况了。

玄关和鞋柜按以上6点收纳，就会焕然一新。整理前如图1-1所示，而整理后则如

图 1-2 所示。

图 1-1　鞋柜整理前

图 1-2　鞋柜整理后

(二)壁橱的收纳

壁橱是家里的收藏空间中容量最大的地方，具有很强的收纳能力。但是，能很好利用的人很少。因为壁橱空间没有架子而使其 50%的空间都不能很好地收纳。如果一口气塞进去很多物品，时间长了会慢慢忘记放在下面和里面的物品都有什么。壁橱太深了而且没有架子和间隔，因此收拾小的物品很不方便。究其根本，以往壁橱一般只是收纳被子，不需要间隔，而现在壁橱常常会用来放置其他的物品，因此要好好利用壁橱的空间进行收纳。

(1) 用架子、隔板、抽屉等小物品分割。

(2) 经常使用的物品要放在最容易存取的地方。

(3) 根据用途决定收纳的地方。

(4) 抽屉放在视线下面。

(5) 轻的物品放上面，重的物品放下面。

高处：很难存取的地方，可以放大箱子和棉被。前面有把手的收纳箱很方便。其可以放置一些根据季节变化才使用的物品和不常用的旧物品，但是不能放重的物品。而里面是用梯子也够不到的地方，可放置暂时不用的物品。

中间：存取最轻松的"黄金区域"，可以收纳日常使用的物品。收纳衣服可以使用抽屉和衣架。如果仅仅放被子可以把大收纳箱放在下面，有效利用空间。里面的位置虽然看不见，但是比较容易拿到，可以用架子隔开，把小东西放在箱子里，收纳衣服和包这样的东西，以及家庭急救箱、杂货、不常用的书和旧杂志等。

低处：蹲下取东西也很方便，可以放衣服、熨斗、吸尘器、孩子的玩具等。放一些经常使用的物品，可以使用衣架、专用的架子、抽屉、柜子等。里面可以收纳家电等不常使用的物品，但是要注意防潮。

掌握了壁橱收纳的基本技巧，就可以合理利用壁橱的空间了。

(三)厨房的收纳

对家庭主妇来说，待在厨房的时间比其他房间都多。要为家人烹制美味佳肴，厨房一定要干净卫生。人们通常会认为厨房很难收拾，但若以"烹调"为目的，就会变得很简单。

一是以最小幅度的动作存取；二是各种尺寸、形状的东西都要好好收拾；三是保持清洁。

(1) 即使在狭窄的厨房，经常拿菜和调味品也会让人劳累。想要好好地烹调，在冰箱—烹调台—收纳架"之间最好保持移动 2～3 步的距离。物品放在只需要伸手或者跨一步就能拿到的地方。

(2) 放在厨房外的物品也要注意，经常使用的物品要放在容易拿取的地方，重的物品要放在下面，容易受潮的物品摆放要避开水。具体的摆放如下。厨柜上面太高不容易拿取就放置长期不用的物品，而比较容易拿到的地方就放调味料等易受潮的物品。料理台是容易拿取物品的地方，因为空间少，可摆放经常使用的调味品、洗涤剂和海绵等。

(3) 厨房抽屉的摆放如下。容易拿物品的地方：按顺序摆放勺子、量杯、剪刀、开瓶器等频繁使用的物品。下面的架子因为有排水管所以没有固定的架子，可以避开排水管使用一些架子摆放托盘之类的物品。不用蹲下就可以轻松存取的地方可以放置经常使用的工具和大的盘子等。最下面一层很潮湿，可以摆放瓶子之类不会受潮的物品或者不经常使用的、沉重的工具。

(四)浴室周围的收纳

浴室、厕所、洗脸台、洗衣机周围有很多洗涤剂、毛巾等小物品，不仅收拾起来很麻烦，而且也不容易摆放整齐。既要方便使用又要整洁，应该怎么整理呢？这些地方的整理有如下几个共同点：因为潮湿所以要注意排水和通风，保持清洁和干燥；小物品分类后收纳；不方便暴露的物品用门或者帘子遮挡。

洗衣机周围的收纳要点：洗衣机周围本来就很狭窄但是物品很多，要确保收纳的空间，必须要好好整理零零碎碎的小物品。架子是必需的，最少也要 2～3 层。上面可以摆放毛巾、亚麻布之类的物品，下面(视线高度)可以摆放衣架和洗涤剂等物品。洗衣机的旁边也可以放置一些小盒子，瓶状的洗涤液之类的物品。

(五)书籍和杂志的收纳

书籍和杂志不断地增加，很多人因此感到头痛。直接放在地板上？壁橱放不下怎么办？最理想的状态是想看书的时候马上就能拿出来看。有人喜欢把书放在显眼的地方，觉得书籍的收藏也是室内装饰的一部分。想用喜欢的书籍和杂志装饰房间的人，应该学习合适的收纳方法。

(1) 放在能看到的地方。放在看得见的地方，想看书的时候也能很方便地拿出来，收纳也很简单，利用标准的书架。其收纳量很大，样式不错，设计也很好，也有丰富的种类可供选择。但如果毫无章法只是放满书就不好看了。书的数量不能超过全部空间的 80%，剩下的空间要用植物或者其他装饰品来装饰。

(2) 装饰性地收纳。海外的杂志或画本等的封面都很好看，同时，封面好看的书籍也有很多。若都收起来看不见也很可惜，可以把书的封面朝外摆放，既节省了空间，又是很好的装饰。

(3) 隐藏地收纳。有人不喜欢把书放在可以看见的地方，觉得那样颜色杂乱，物品乱七八糟，破坏了装修风格。收纳的方法也有很多，如收到壁橱中、用家具遮挡、放在床下和沙发背面等。

(六)衣柜的收纳

我们无论多忙，最少半年都要收拾一次衣服。从春夏到秋冬，从秋冬到春夏，穿的衣服完全不同。春夏穿的衬衣和外套在冬天还可能会穿，所以放置的地方要方便存取。但是冬天的毛衣和大衣在春夏完全没有穿着的机会，所以可以收纳在不容易拿取的地方。而且秋冬的衣服因为质地比较厚，收纳起来比较麻烦。首先按照之后的季节会不会穿来分类，要穿的衣服放在容易拿取的地方，不穿的衣服就收纳在不容易拿取的地方。而且，因为收纳空间有限，所以只收纳有必要的衣服，不要为了不穿的衣服浪费空间，比如，3 年都没有穿过的衣服就可以扔掉。因此，春夏穿的衣服放在容易拿取的地方，春夏不穿的衣服放在不挡道的地方，而 3 年以上不穿的衣服就处理掉(扔掉或者卖掉)。其次根据袖子长度和形状仔细分类，春夏的衣服大多很薄且袖子短，所以叠起来可以变小，拿的时候也方便，因此可以选择浅的抽屉来收纳，如果放在深的抽屉里，拿取会很不方便，也可以在衣服中放入隔板或者小物品，防止衣服混乱。而长款的衣服要挂起来，裙子之类的长款衣服还有质地薄、容易皱的衣服，都要挂在衣架上，穿着频率高的衣服也可以挂起来。

对于秋冬的衣服，春夏的时候可以把其收纳在平时不用的壁橱和柜子里，还可以放进盒子里，合理利用收纳空间。毛衣和大衣这些秋冬衣服比较贵重，因此收纳的时候记得防虫。收纳用品的盖子最好能反复打开，能清楚地看到收纳衣服的情况，即使不穿也能看得清楚。

另外，收纳的时候也要进行简单分类。比如，初秋穿的薄衣服和自己喜欢的衣服可以放在容易拿取的地方。围巾、手套这样的小物品可以装在袋子里和衣服放在一起。

(七)小件物品的收纳

衣服和书籍收拾起来相对简单，只需要放置在固定的地点即可。但是像化妆品、文具、杂货等小物品，形状各异，大小不一，七零八落，收拾起来非常麻烦。如果用一般的收纳用品，和其他物品混杂在一起又会变得乱七八糟。而且上面的物品压住下面的物品，找起来也很麻烦。因此，收纳小件物品也有技巧，稍微花点心思就可以将它们收拾整齐。首饰、装饰品这样的小物品可以用小袋子装起来，根据不同类型装在不同的袋子里汇总后收纳，这样就不用担心找不到，携带也很方便。

细长状的物品可以装在瓶子里，因为平放既占地方又不容易拿取。文件和影碟等平放也不方便，竖起来就方便多了。用抽屉装小物品，可以用托盘分开，这样使用的时候就会很方便拿取。若用金属架则可以尽量使用一些小配件，增加收纳空间。

【知识拓展】

衣物整理"四部曲"

第一，清空。先把衣柜里的各种衣服及物品全部清出来。

第二，分类。按当季和换季分类，把不能穿的清理掉。

第三，归纳。该挂着的就挂着，已经换季的及不经常穿的衣物，就用收纳箱收纳起来。

第四，定位。衣柜分为三大区。最上一层，放置不经常用的，比如床上用品，以及不经常穿的和已经换季的；中间层就是我们所说的黄金区，可以放置平时天天穿的，伸手就拿得到的，空间足够多，挂衣区可以把衣服单挂，裤子另外分开挂；最下一层，将贴身的小衣物与袜子叠好，可以用小收纳盒分开收纳。当然，日常习惯也要养成，洗干净收回的衣服应马上分类归纳到固定位置。

【实践锻炼】

如何合理收纳宿舍的桌面、衣柜等空间。

第二节 室内卫生

家是人们生活居住、工作、学习和娱乐的重要场所，是人们停留时间最长的室内环境。家中卫生状况与健康密切相关，若不经常打扫室内卫生，会使细菌和病毒在不被人们注意的角落里生长繁殖，稍不留神就使我们患上伤风感冒、皮肤过敏、腹痛腹泻等疾病。据调查，中国城市居民每天的室内活动时间将近 22 小时，近年来，居室环境导致的健康问题日益突出，越来越多的人开始关注居室环境对身体的重要性。下面，我们介绍如何在日常生活中发现并处理这些问题。

家庭清洁卫生应掌握家庭清洁的一般常识，家庭清洁具体包括卧室清洁、客厅清洁、厨房清洁、卫生间清洁、家庭环境卫生等。

一、家庭清洁的一般常识

(一)清洁布的选用

清洁布应具有吸水性好，不掉屑、耐洗涤等性能，不含任何化学和药物成分，能够清除灰尘、霉菌、杂菌、油污、水印、烟灰等污渍。

清洁要领：使用清洁布清洁的时候，先用湿布擦拭污渍，再用干布擦拭效果会很好。用湿布擦拭的时候要先将其拧干，这样能较好地消除污渍，剩下难以擦拭的污渍再用干布擦一下即可。清洗清洁布时不要用碱性漂白剂，以免清洁布变色，可用肥皂水清洗，洗后展开晒干即可。

(二)清洁剂

1. 地板清洁剂

(1) 用途：清洁去污，保护地板，增加光泽，增强耐磨性。

(2) 清洁要领如下。

第一，适用范围广，主要适用于清洗瓷砖、各类木质地板、竹质地板、复合地板、塑料地板、大理石、马赛克、水磨石等材质的地板。使用地板清洁剂前，一定要认真阅读产品使用方法及适用范围，根据地板材质选择。

第二，使用时打开门窗通风，先将适量的地板清洁剂倒入水桶内稀释后再用于地板清洁。角落或地板缝等不易清洁的地方，可以用旧牙刷直接蘸地板清洁剂刷洗，也可以直接将地板清洁剂倒在抹布上擦拭，然后再以清水冲洗。

第三，勿让儿童触及清洁剂，使用时避免与眼睛和伤口接触，如果不慎入眼就立即用清水冲洗。

2. 地毯清洁剂

(1) 用途：清除地毯上顽固污渍，柔软地毯纤维，增加亮度，保养地毯。

(2) 清洁要领如下。

第一，地毯的日常清洁一般使用吸尘器进行每日去尘保洁，定期 2～3 个月进行全面的清洗消毒。平时地毯上散落的污渍应及时去除。

第二，干粉地毯清洁剂既有液体清洁剂的优点，又不会浸湿地毯，洗后不影响使用，操作方便，只需用刷子和吸尘器来回法或圆圈法刷洗。

3. 家具上光清洁剂

(1) 用途：在家具的表面打上一层蜡，保护家具免受潮湿、划伤，使家具看起来光泽而且表面不会吸尘。

(2) 清洁要领如下。

第一，使用前，要检查漆膜表面是否完好无损。

第二，用一小块干抹布将适量上光蜡涂开，再用一块大些的干抹布分块将蜡擦匀，以不留下蜡痕为宜。

4. 玻璃清洁剂

(1) 用途：去除玻璃表面上的尘污，在玻璃表面形成光亮薄膜，不挂水、防雾防污，使玻璃长久保持明亮光洁。

(2) 清洁要领如下。

一般采用喷雾型清洁剂，直接喷在玻璃上，边喷边擦，操作简便。

5. 空调清洁剂

(1) 用途：深入散热片内部，去除散热片上的污垢和细菌，清洁、杀菌一步到位，令空调洁净如新。

(2) 清洁要领如下。

第一，在空调首次开机前清洗一次，日常可两个月清洗一次。

第二，关闭电源，拔去插头，保持室内空气流通。

第三，打开空调面板，取下过滤网，露出散热片；扳去空调清洁剂上的保险片，充分摇匀，离散热片5厘米处自上而下喷洒。

第四，喷洒结束后等候15分钟，再运转空调制冷程序15～30分钟。

6. 空气清新剂

(1) 用途：释放香精，起到驱避污浊空气异味，清新提神的作用。

(2) 清洁要领如下。

第一，家居空间内选择喷雾型的空气清新剂，以便随时使用，保持居室芳香。

第二，卫生间选择固体或液体类空气清新剂，可持续一周或几周。

第三，衣柜、鞋柜、书柜内选择纸片(袋)空气清新剂。

7. 厨房用清洁剂

1) 餐具清洁剂

(1) 用途：通过表面活性剂使油脂等污垢乳化、分散、溶解于水中，起到去污的作用。

(2) 清洁要领如下。

洗餐具时，餐具清洁剂的浓度视油污的多少而定，一般控制在1升水加1～3毫升洗涤剂，浸泡时间为2～5分钟，擦洗后用流动水冲洗干净即可。

2) 蔬果清洁剂

(1) 用途：有效清除蔬菜、水果表面的污垢和残留农药，也可用于餐具洗涤。

(2) 清洁要领如下。

在洗菜池或盆中先将蔬菜、水果表面的泥土洗去，然后在清水中加入果蔬清洁剂，将之调配成浓度为0.1%左右的溶液，搅拌一下，将蔬菜、水果放在里面浸泡5分钟左右，捞出后用自来水漂洗3～4次即可。

3) 油烟机清洁剂

(1) 用途。使油污溶解、脱落，进而流入油杯。

(2) 清洁要领如下。

油烟机要经常清洁，不要定期清洁。只要每次做完饭后喷上油烟机清洁剂，过一会儿再擦即可，不必拆洗，操作简便。

【小技巧】

用厨房重油污清洁剂时，需戴上皮手套，以防伤手。

4) 氧化漂白剂

(1) 用途：漂白、去除杂菌及除霉除臭。

(2) 清洁要领如下。

先用冷水溶解，使之变成漂白溶剂，再用清洁布擦拭。

8. 卫生间用清洁剂

1) 坐厕清洁剂

(1) 用途：高效除垢，起到除臭、漂白、杀菌和消毒的作用。

(2) 清洁要领如下。

第一，日常可用块状或悬挂式洁厕剂置于坐厕水箱中，随时自动清洗。

第二，清洗一些顽固污渍，可选用强力型的人工坐厕清洁剂。

2) 浴室清洁剂

(1) 用途：具有良好的去污能力，快速去除浴室表面的污垢及异味，恢复瓷器表面的光洁，对瓷面有一定的保护作用。

(2) 清洁要领如下。

直接喷在洗脸盆、浴盆、卫生间瓷砖及地面等表面进行清洁除污。

(三)清洁工具

1. 吸尘器

(1) 用途：吸走灰尘等垃圾。

(2) 使用要领如下。

将吸尘器的吸嘴紧贴着地面，慢慢移动，重点清洁房间角落、床边、桌脚附近的灰尘，垃圾装满后，将垃圾袋拉出来倒掉即可。

2. 擦拭用品

(1) 旧布——可以将一些吸水性好的旧衣服改成方形碎布，用来擦拭家具和门窗上的灰尘。

(2) 拖布——用于擦拭地板、墙、天花板等地方，湿拖布和干拖布交替使用效果更好。

(3) 抹布——应准备多块区分使用。抹布最容易滋生细菌，用后应及时清洗，然后放在通风处及时晾干，若抹布太脏要及时更换。

(4) 桶——用于盛水以清洗抹布等擦拭用品。

(5) 滚刷——多用于擦拭窗户，还可以擦拭浴室墙壁上的水汽。

(6) 钢丝球——禁止用其清洗不粘锅、家具、餐具、灶具等的油漆表面。

3. 刷洗用品

(1) 海绵——可以应用于厨房、浴室等地方，蘸上肥皂水使用，去污渍的效果更好。

(2) 旧牙刷——清洁瓷砖缝等细小的地方。

(3) 棉签——擦拭遥控器等小物件的细小部分，还可用于清除地板缝里的污垢。

(4) 浴刷——用于刷洗浴室地板等。

(5) 厕刷——厕刷有很多毛，是比海绵还软的刷子，主要用来清洁坐便器。

(6) 方便筷子——可以卷起抹布清洗窄口容器里的污垢。

(7) 橡胶手套——保护皮肤。

4．扫、掸用品

(1) 扫帚、撮箕。

(2) 地板刷——用来清洁客厅或卧室地板。

(3) 掸子——静电除尘，杜绝灰尘飞散。

5．洗地机

洗地机是一种适用于硬质地面清洗同时吸干污水，并将污水带离现场的清洁机械，具有环保、节能、高效等优点。

洗地机的使用要领如下。将清水注入清水箱，透过水箱可以看到清水的用量情况。根据水箱水量，按比例加入专用清洁剂。然后启动开始按钮，选择洗地程序即可。将洗地机的底盘紧贴地面，慢慢移动，重点清洁房间角落、床边、桌脚附近的灰尘，若污水桶达到最高位，则需及时取下污水桶，倒出污水。

二、卧室清洁

卧室作为每日在家停留时间最长的场所，很少出现明显的卫生问题，但是床单、枕头上的细菌则不容忽视。卧室清洁通常分为以下几个步骤。

第一步，打开窗帘。拉窗帘，开窗通风。检查窗帘是否有掉钩、脱轨或破损现象，窗户拉手是否灵活好用。另外，关掉房内多余照明灯。

【小技巧】

平时窗帘的清洁只需掸一掸，将污垢掸落即可，如果太脏就要手洗、机洗或拿到洗衣店里去洗。

第二步，清理垃圾。卧室很少出现明显的卫生问题，一般垃圾都会及时清除。

第三步，清扫墙壁。首先，用鸡毛掸子将房内四壁掸一遍；其次，用洁净的微湿抹巾将墙面按顺序轻轻擦拭一遍。需要注意的是，墙壁上不要留下擦拭痕迹。

第四步，清洁玻璃窗。用干净的湿抹布将窗框擦净，再用撕碎的报纸卷成团或用干抹布，两手夹着玻璃像画圆似的擦拭，直至擦净。

第五步，整理床铺。日常将床单、被套整理平整即可。但是建议大家能够每 7～15 天对这些贴近肌肤的物品进行清洗、擦拭、曝晒，如此能够有效清除螨虫和微生物，保障你的皮肤健康。

第六步，房内抹尘。首先，准备干、湿两块抹布；其次，从房门门框开始，用湿抹布擦拭一圈各种家具；再次，用干抹布按顺时针方向抹一圈踢脚线；最后，用柔软的干抹布擦拭电器、镜子及其他遇湿易腐蚀物品。

第七步，清洗杯具。

第八步，地面清洁。用吸尘器对房内的地面从里至外进行吸尘，再准备干湿两块抹布，从房门门框开始，先用湿抹布擦拭地面一圈，最后用干抹布按上述操作再将地面擦拭一圈。

地面清洁要按以下顺序。由里向外，从左到右，由角、边到中间或到阳台处；或者由小处到大处，由床下、桌底、沙发底下到居室较大的地面；或者先擦干净处再擦脏处，先明处后暗处，先擦里边后擦外边，先擦拭后摆放。

第九步，清洁完毕后，再环视一下房间，最后检查一遍。

第十步，卧室关窗，拉上纱帘，关门。

三、客厅清洁

客厅作为全家人活动最频繁的场所，也是展示主人居家品位的地方，难免会展示很多细节。复杂的墙面造型装饰：传统欧式风格中最常见的房顶石膏线和复杂造型的软装饰就是容易积灰的死角。全开放式柜子是家里积灰的"重灾区"，特别是不太透风的房间，每一粒灰尘都能在此"安家乐业"，只要一段时间不打扫，你就会发现柜子的层板和摆件、书籍上都蒙上了厚厚的一层灰。固定在墙上的开放式置物架也是如此，除了有一层经常会用到，其余那些站起来也不容易拿取物品的层板都容易落灰，是家居清洁中令人苦恼的一点。窗槽缝隙因客厅的窗户经常打开通风，日积月累难免会有很多灰尘、小虫子落于缝中，人们平时很难想起来清洁这里，也不容易完全清理干净，这时候只需一个缝隙清洁刷就能解决这个卫生死角问题。

(一)日常清洁

日常清洁通常分为以下几个步骤。

第一步，拉开窗帘。

第二步，清理垃圾。收取垃圾：将用过的烟灰缸、脏的杯子、水果盘统一收到厨房等待清洗。垃圾桶换上新的垃圾袋。

第三步，清扫墙壁。

第四步，清洁玻璃窗。

第五步，整理茶几、地面、沙发。清理茶几上的杂物；清理地面杂物；对坐过的沙发、沙发套进行拉平整理。

第六步，客厅内除尘。首先，准备干、湿两块抹布；其次，从客厅门框开始，用湿抹布擦拭门牌、门面、门框及各类家具；再次，用干抹布按顺时针方向擦一圈踢脚线；最后，用干抹布擦拭电器、镜子及其他遇湿易腐蚀物品。

第七步，清洗杯具。

第八步，地面清洁。客厅地面大多为石材地面，遵循先清洗，再打蜡，最后抛光的保养程序。

第九步，清洁完毕后，再环视一下房间，最后检查一遍。

第十步，客厅关窗，拉上纱帘。

(二)专业保洁

1. 各类沙发的清洁保养

(1) 皮沙发清洁通常分为以下三个步骤。

第一步，吸尘，除去表面灰尘。

第二步，用一块干净湿布抹去沙发表面上的尘埃，再用皮革护理剂(碧丽珠等)喷一遍。

第三步，每月用沙发喷雾剂，在距离污渍大约 25 厘米的位置喷一下，然后用干净湿布轻轻擦拭。

【小技巧】

皮沙发上的圆珠笔迹，用橡皮轻轻擦拭去除。皮沙发不要摆放在阳光直射的位置，也不要放在空调直接吹的位置。

(2) 布艺沙发清洁通常分为以下两个步骤。

第一步，平时可用吸尘器清扫灰尘。

第二步，彻底清洁时，将毛巾或沙发巾浸湿后拧干，铺在沙发上，再用木棍轻轻抽打，尘土就会吸附在湿毛巾上或沙发巾上。接着用干净抹布蘸上溶解的洗涤剂并拧干，从污渍的外围开始按顺时针或逆时针朝一个方向往中间擦拭，然后用温水浸泡的抹布在污渍周围将洗涤剂擦拭干净。清洗完毕后，用干布或纸吸附表面水分。

四、厨房清洁

厨房作为生活垃圾的"重灾区"，非常容易滋生细菌，除此之外，油烟、天然气等对人体不利的有害气体也"栖身"于这个角落。我们在日常清洁时能做的是在厨余、饭后及时处理食材残余，清洗干净餐具、厨具，定期清洗油烟机油网上的油渍。油烟机清洁小贴士：将小苏打、洗洁精、热水混合，放入白醋，这就是人人都能制作的家用清洁剂。如果油污很重，可以先用筷子将表面油污刮掉，最后用钢丝球蘸取清洁剂擦除；保持厨房通风干燥；从烹饪开始至结束后几分钟，都要开启抽油烟机排出气体，避免厨房器具沾上油烟。

(一)日常清洁

日常清洁通常分为以下几个步骤。

第一步，开窗通风。

第二步，清洁墙壁。将清洁剂直接喷于天花板及墙壁表面，停留 10 分钟后，用干净的湿抹布擦拭。砖缝处用旧牙刷刷洗。

第三步，清洁煤气或天然气管道。将清洁剂喷至纸巾上，待纸巾湿透后覆盖在煤气或天然气管道上。停留 10 分钟后用纸巾擦洗或用刷子刷洗干净。

第四步，清洁油烟机及不锈钢灶面。将清洁剂直接喷于油烟机及不锈钢灶面表面。停留 10 分钟后用干净的湿抹布擦拭。另外，单独取下油烟机的油杯及风扇，直接喷上油污清洁剂。停留 10 分钟后用百洁布刷洗干净。

第五步，用硬棕刷在流水下刷洗案板。

第六步，用洗洁精清洗碗柜内的物品。用干净湿布擦拭碗柜，更换隔层上的垫纸。

第七步，用旧牙刷蘸清洁剂刷洗洗菜篮(筐)，然后用水冲洗干净。

第八步，用清洁剂清洗台面、水槽及地面。

第九步，环视检查一遍，关窗。

(二)专业保洁

专业保洁通常分为以下几个步骤。

1. 各类不锈钢(铜)制品

第一步，准备擦铜油、不锈钢清洁剂、柔软平纹抹布。

第二步，将抹布叠四折。

第三步，将清洁剂适量、均匀地涂抹于叠好的抹布上后，就应立即均匀地用力擦拭不锈钢(铜)器具表面，不能等清洁剂干燥后再擦拭。

第四步，用干净的抹布擦净器具上的清洁剂。

第五步，等擦净器具表面后，再用干净的抹布快速反复用力擦拭器具，直至光亮为止。

2. 不锈钢水槽

用柔软的海绵蘸上牙膏沿着不锈钢的纹路擦拭，细小部分用牙刷，最后用水冲净后擦干。

3. 各类厨房锅具

(1) 铁锅。

将新买回来的铁锅放在火上，用猪肉皮在加热的铁锅上来回蹭，将锅内部整体蹭一遍，直到肉皮蹭薄，冒大烟即可。每次使用后要将锅刷洗干净，晾干后再收存。

(2) 砂锅。

新砂锅使用前，要用淘米水煮一下，防止渗水，从而延长使用寿命。另外，其在每次使用冷却后应立即清洗，不宜浸泡，且冲洗干净后，要用干毛巾擦干。

(3) 油炸锅。

将清洁剂直接喷于油炸锅表面，维持5分钟后用软刷刷洗，清水冲洗干净。

(4) 厨房卫生守则。

在厨房内要佩戴厨帽及穿围裙，围裙要经常保持清洁；最好不要在厨房内吃东西；不在厨房内的工作台、橱架和地板上坐卧；不在厨房内存放易燃物体或含有毒性的任何原料；认真做到墩、板、厨刀、冰箱、盛具生熟分开，标记明显，成品、半成品分开；餐具、容器应保持清洁，用后注意清洁；保持下水道畅通，具备防蝇、防鼠、防尘设施，做好灭鼠、灭蝇、灭蟑螂工作；等等。

五、卫生间清洁

卫生间是用水最多的区域，相对封闭温热，这就给细菌制造了温床。在日常使用中，我们可以经常开门或是开窗通风，将最常接触的门把手、冲水按钮、水龙头开关等地方进行定期消毒清洁。清洁小妙招如下。①水槽的清洁：将不锈钢表面润湿，洒上小苏打，涂抹成糊状，擦洗底部及四周；水槽的沟缝和台面的接合处等可用柔软的牙刷蘸上小苏打刷洗，再用水冲洗；水槽内的矿物质沉积可用低浓度的醋溶液去除。②水龙头的清洁：将土豆削皮后，用内侧擦拭水龙头，也可以用柠檬片擦拭水龙头上的污渍。③大理石台面的清洁：可用海绵和清洁剂清洗，如果再喷上一层亮光蜡，则能更好地减少污垢存留。④马桶的清洁：马桶里如有顽固的污垢则可以倒入适量的盐酸或者洁厕灵，再用刷子用力刷，最后用清水冲洗；发黄的马桶表面，可以用废旧的牙刷蘸牙膏刷洗，最后用干净的布将其整个擦干，就可亮白如新。⑤浴缸的清洁：用海绵蘸点牙膏刷洗脸盆和浴缸，可以很快除去污垢。花洒的清洁：花洒可以用食醋泡一下；花洒内的过滤网可以浸泡在白醋和水的混合溶液里 1 小时，也可以使用漂白粉和消毒液清洗。

(一)日常清洁

日常清洁通常分为以下几个步骤。

第一步，清洁卫生间必须按照程序进行，一步一环，环环相扣，步步除污，才能清洁彻底，除污干净。

第二步，清洁坐厕时要使用不同的清洁工具。

第三步，卫生间内用品要按规定位置摆放。

第四步，清洁标准：整洁干净、干燥无异味。

(二)专业保洁

(1) 洗脸盆。

每次用完后立即用海绵或抹巾将洗脸盆整个擦拭一遍。接着将清洁剂喷在洗脸盆内壁和化妆台面上，用抹巾擦拭洗脸盆内壁和化妆台面。最后用湿抹布擦拭水龙头及手柄，用湿抹布将化妆台下面的洗脸盆底部擦拭干净。另外，用湿抹布擦拭化妆镜表面的污渍、水渍，将玻璃清洁剂喷在化妆镜表面，用干净抹巾擦拭化妆镜表面。

(2) 淋浴房(浴缸)。

清洗方法与清洗洗脸盆一样。

(3) 便器。

便器分坐便器和蹲坑两种。便器的清洗要点：便器内侧、水位的环形痕、便器内侧看不见的地方、出水口周围、坐圈内侧、便器外侧、便器盖的根部、便器水箱、便器四周地面等。

蹲坑的清洁：烧一壶开水备用→往蹲坑内喷入坐厕专用清洁剂→用带柄的刷子刷洗蹲坑内部、出水口周围、便器的黄斑及储水部位的环形斑→淋下热水，最后用清水冲洗干净。坐便器的清洁：用水冲洗坐厕内部污垢→掀起坐厕盖板和内侧坐板→将坐厕专用清洁剂喷入坐厕内壁→用坐厕刷刷坐厕内壁、上沿及出水口、入水口。如果坐厕带有水箱，则用坐厕水箱内的水冲洗坐厕内清洁后的污水。接着用湿抹布分别擦拭坐板和盖板的上、下两面，并复位。然后用湿抹布擦拭坐厕外部和水箱外部。最后将适量的坐厕专用清洁剂放入坐厕水箱中。

六、家庭环境卫生

搞好家庭环境卫生，要从源头上铲除病毒滋生的土壤，营造干净、整洁、卫生的居家环境。有条件的家庭应尽可能地搞好房前、屋后的绿化。阳台可以养月季花、菊花为主的花繁叶茂的花卉，室内可栽种橡皮树、龟背竹、文竹等阴性常绿植物，从而美化、点缀家庭生活环境，净化空气，陶冶情操。

(一)家庭生活垃圾处理

1. 及时处理原则

家庭生活垃圾每天都在源源不断地产生。这些小量垃圾也常常带有多种病菌和寄生虫卵，存放时间过长，其中的有机物质就会腐烂分解，散发出大量有害气体，污染家庭环境，危害人的身体健康。因此，家庭生活垃圾最好是即有即倒，日产日清。

2. 分类处理原则

科学处理生活垃圾，应按垃圾种类进行分类。比如，各种洗涮用水和残汤剩饭，可以倒入便池中冲掉；灰尘、果皮纸屑、菜叶、骨头、包装袋等固定垃圾，应装入垃圾容器或倒入垃圾通道内；废旧衣服、鞋帽、家具等大件废品，应及时整理，该卖则卖，该送则送，该扔则扔。家庭垃圾处理，切忌不分种类，乱泼乱倒、乱丢乱摔、乱堆乱放。

3. 袋装处理原则

袋装化是城市垃圾处理的方向。提倡袋装垃圾方式，是因为它的好处很多，例如，便于封闭集中，防止垃圾散乱，便于异地收集和运输，有利于环卫工人清扫，等。因此，家庭生活垃圾的处理，最好采用袋装方式，即将垃圾分别装入不同的塑料袋中，封口后放入指定的垃圾容器或通过垃圾通道处理掉。

(二)居室消毒

为了让住宅保持良好的清洁度，越来越多的人开始注重居室的消毒，家庭消毒成了很多人的日常工作之一。

1. 居室内空气消毒

(1) 天然消毒法。

利用日光等天然条件杀灭致病微生物，达到消毒目的，称为天然消毒法。日光由于热、干燥和紫外线的作用，具有一定的杀菌力。日光杀菌作用的强弱受地区、季节、时间等因素影响，日光越强，照射时间越长，杀菌效果越好。日光中的紫外线通过大气层时，因散热和吸收而减弱，而且不能全部透过玻璃，因此，必须直接在阳光下曝晒，如此才能取得杀菌效果。日光曝晒法常用于书籍、床垫、被褥、毛毯及衣服等的消毒。曝晒时应经常将被晒物翻动，使物品各面都能与日光直接接触，一般在日光曝晒下 4～6 小时即可达到消毒目的。通风虽然不能杀灭微生物，但可在短时间内使室内外空气进行交换，减少室内致病微生物。通风的方法有多种，如通过门、窗或气窗换气，也可用换气扇通风。居室内应定时通风换气，通风时间一般每次不少于 30 分钟。

(2) 物理灭菌法。

利用热力等物理作用，使微生物的蛋白质及酶变性凝固，以达到消毒、灭菌的目的，称为物理灭菌法。燃烧法是一种简单易行、迅速、彻底有效的灭菌方法，但对物品的破坏性很大，多用于耐高热，或已带致病菌而又无保留价值的物品，如被某些细菌或病毒污染的纸张、敷料，搪瓷类物品如坐浴盆；也可以用火焰燃烧消毒灭菌，如消毒坐浴盆时，应先将盆洗净擦干，再倒入少许浓度为 90%的酒精，点燃后慢慢转动浴盆，使其内面完全被火焰烧到，用此法时，要注意安全，须远离易燃或易爆物品，以免引起火灾。另外，煮沸法也是一种经济方便的灭菌法，一般等水开后计时，煮沸 10～15 分钟即可杀死无芽孢的细菌，可用于食具、毛巾、手绢、注射器等不怕湿而耐高温物品的消毒灭菌。高压蒸汽灭菌法是利用高压锅内的高压和高热进行灭菌，此法杀菌力强，是最有效的物理灭菌法。待高压锅上汽后，加阀再蒸 15 分钟，适合消毒棉花、敷料等物品。

(3) 化学消毒灭菌法。

化学消毒灭菌法是利用化学药物渗透细菌体内，破坏其生理功能，抑制细菌代谢生长，从而起到消毒的作用。一般是用化学药液擦拭被污染的物体表面，常用于地面、家具、陈列物品的消毒，如用 0.5%～3%的漂白粉澄清液、84 消毒液等含氯消毒剂(市场均有出售，但要注意有效期限及使用方法)擦拭墙壁、床、桌椅、地面及厕所。另外，也可以将被消毒物品浸泡在消毒液中，常用于不能或不便蒸煮的生活用具。浸泡时间的长短因物品及溶液的性质而不同。例如，用 1%～3%的漂白粉澄清液浸泡餐具、便器需 1 小时；用0.5%的 84 消毒液浸泡需 15 分钟；而用 0.02%的高效消毒片浸泡则只需 5 分钟，就可以达到消毒、灭菌的目的。若浸泡呕吐物及排泄物，不但消毒液浓度要加倍，而且浸泡时间也要加倍。熏蒸法是一种利用消毒药品所产生的气体进行消毒的方法，常用于对传染病人居住过的房间空气及室内表面进行消毒。

(4) 用空气净化器清新空气。

2. 厨房和浴室消毒

(1) 厨房地面、墙壁、家具、各类工具等可用温水加入 3%的漂白粉澄清液调配成消毒喷雾，通过擦洗达到消毒目的。

(2) 浴室内浴盆和淋浴擦洗间等处每周至少用消毒喷雾消毒和驱虫一次。为防止传染病蔓延，家庭成员最好做到毛巾和浴巾人手一套。

3. 其他家居用品消毒

(1) 常用毛毯、衣服、被褥和书籍等可放置在阳光下曝晒 6 小时，定时翻动，使物品表面均受到阳光照射，可达到消毒、灭菌的目的。

(2) 搪瓷制品、玻璃制品等可放入高压锅内，加水煮沸 20～30 分钟，可起到灭菌作用。

(三)居室杀虫

家是休息的地方，一旦有了虫子，就会影响家人的休息及身体健康。夏季气温较高，虫子比较活跃。特别是家里有人养花，稍不注意，花草附近就会有一群飞虫飞来飞去，不仅影响到花草的生长，甚至还会影响到整个居室的环境，给家人带来困扰。

1. 居室杀虫的主要方法

(1) 采用拍打、捕捉、洗涤、清扫、堵塞、水淹、烫、烧等杀虫法。

(2) 每天做好清扫整理工作，维持家居清洁干爽，清理卫生死角。

(3) 每三天检查家里的盆盆罐罐、地漏、下水道、花盆等有无积水，有盖子的盖上，能换水的勤换水。

(4) 每七天用化学杀虫剂毒杀或驱走害虫，最好选择植物性杀虫剂。用的时候关好门窗，然后往房间中喷洒。喷洒完后应立即离开房间，密封 0.5~1.0 小时。然后打开玻璃窗，关好纱窗、纱门。

(5) 每半个月检查室内家具、墙壁是否有裂缝，厨房及卫生间下水道、地板及窗户，以及冰箱的压缩机里面、微波炉里面、饮水机里面、电话机里面，有无蟑螂虫卵及成虫进入。

(6) 每月检查衣物有无蛀虫，衣箱内放入防蛀药品。

【小技巧】

(1) 辣椒驱除鼻涕虫。

辣椒可代替樟脑，置于箱柜中，防止虫蛀。

(2) 报纸油墨除虫法。

报纸的油墨味可驱虫。在放衣服的箱子底上铺一层报纸，再放入衣物(最好是深色衣物贴着报纸)，这样可使衣物免遭虫蛀，报纸应每半年换一次。

(3) 巧用微波炉除虫。

夏季暑热潮湿，家里储存的粮食、药材等易生虫子，只要将其放入微波炉内用高火力加热 2~5 分钟，待其冷却后收起，用时去除死虫即可食用。

(4) 柚子皮可防虫。

吃完的柚子，将柚子皮内的白筋撕下，放在通风处吹干后，再在阳光下晒干水分，待干硬后，用刺有小孔的塑胶袋装好保存。其可以用来做肉类去膻的辛香料；也可以放在橱柜的角落，防止虫蚁，或放入米缸内防小虫。

(5) 花椒驱虫法。

夏季粮食容易生虫。如果把花椒用纱布包成小包放在粮食表面，花椒散发出的气味，会使粮食里的虫子跑出来，同时外面的虫子也不会再进去。

(6) 醋水除虫。

在预防家庭菜园或香草等的病虫害上，值得推荐使用的是把 50 毫升的醋加入 500 毫升的水混合而成的醋水。用喷壶喷在叶或花的背面，植物就能很快成长，而且又有去除蚜虫或霉病的效果。

(7) 涮洗牛奶盒的水能赶走蚜虫。

牛奶对驱除蚜虫有很大的威力，其黏度有使蚜虫不能动弹的功效。在喝完的牛奶盒中加入少量水涮洗，再洒在有问题的叶或茎上，就能驱除蚜虫。

(8) 花椒水洗面袋可以防虫。

将要装米面的布面袋用花椒水浸泡半小时，然后捞出晾干，再把米面装入袋子，扎紧袋嘴，置于通风干燥处，防虫效果极佳。

(9) 烟丝可防蛀虫。

将普通烟丝撒在木制家具的边角能防蛀虫。而将香烟、雪茄放入衣橱、衣箱内，其驱虫防蛀效果则能和樟脑媲美。

(10) 用电熨斗杀寄生虫。

如果床上有寄生虫，可在睡觉前将电熨斗插上电源，待足够热后即在被褥上熨烫(要多熨几遍被褥的边角和褶皱处)，就可把藏在被褥里的寄生虫卵(螨虫)杀死。衣服上有寄生虫也可用此法。此外，蛲虫病患者的床铺上常有大量蛲虫卵，每天起床后，用电熨斗在床单上来回缓慢熨烫，就能将虫卵杀死。

(11) 巧除跳蚤。

室内若有了跳蚤，可取适量的香茅草放入盆内，将其点燃放在屋子中间，跳蚤闻到香气，便会跳入火盆中烧死。

(12) 金鱼洗涤灵可灭蚜虫。

过去花卉生了蚜虫，往往是给它喷些稀释后的敌敌畏，但比例很难掌握，放少了不管用，放多了会烧坏叶子，使之发黄。现在只要将金鱼洗涤灵往喷雾器里滴一些，兑上水，喷在长了蚜虫的花卉上，奇迹就会出现了。

(13) 茶渣可除蔬菜害虫。

对植物来说，很重要的成分是氮气。把含蛋白质的绿茶茶渣撒在家庭菜园的蔬菜根部，就能代替肥料使蔬菜长得好，也能消灭害虫。茶渣用平底锅炒过后再使用会更有效果。

(14) 烟丝防虫灭虫的妙用。

如果阳台上养有花草和种有蔬菜，夏天就非常容易生虫，只需将少许烟丝浸泡在水里1～2 天，然后过滤掉烟丝，并将溶液直接喷洒在花草、蔬菜的茎叶上，就可以防止一定的虫害。

2. 物理和化学防治方法

(1) 常打扫。

家居害虫以谷物害虫和储藏害虫为主。米虫、蟑螂等谷物害虫主要藏在米缸、面袋、橱柜等食物容器内，要定期清理厨房、卫生间等死角。把面粉、糖和其他食材密封；食物不要过夜，垃圾及时倒掉。蚂蚁、螨虫等储藏害虫经常出没在衣柜、隔间等密闭环境中，要注意定期翻动衣物，多晾晒。卫生间中的储水死角要保持干燥，及时清理花盆、花瓶、地漏等处的积水。

(2) 热水煮。

和人直接接触的物品，如抹布、餐具、厨具等可用高温蒸煮，起到消毒杀菌、清除虫卵的作用。即便是一些不经常使用的碗筷，也要经常清洗，避免互相污染。很久没有穿过的衣物、沙发罩、地毯、毛巾等经常接触的居室用品，建议至少 1 个月清洗一次。

(3) 低温冻。

在长时间超低温的环境下，大多数虫子很难存活。以蟑螂为例，达到-8℃就会冻死。在寒冷干燥的冬天，可定期将床垫、床单、被子、衣物等拿到室外晾晒，用低温冷冻的方法杀死虫卵。

(4) 少用药。

冬季开窗较少,因此除虫时不建议大量用药。但如果在上述治理后仍有虫子出没,可适当用药。例如,在厨房和卫生间等蟑螂、蚂蚁经常出没的地方,可以使用绿百灵杀虫粉剂,将粉末喷洒在蟑螂、蚂蚁经常活动的地方,如橱柜、抽屉、各种缝隙等边缝。在室内墙四周的踢脚线上和边角地面,形成药力包围。药量尽量施放均匀,洒成小于 1 厘米宽的药线,药效非常持久(一般可达 3~6 个月)。

(5) 勤通风。

冬季除虫时,通风工作要做好。因为打扫房间时,也是空气中污染物最密集的时刻。当清洁沙发、床垫或地毯时,隐藏的大量细菌、尘螨、皮屑也会飘浮在空气中。此时最好戴上口罩,开窗通风。喷洒除虫类制剂时,尽量把药剂喷在墙上、缝隙、角落里,不要喷在空气中,从而减少对人体的危害。特别是白天家里无人时,可适当通风来降低尘螨密度。

(6) 牢记"368"法则。

家居除虫要想不落死角,可以采用"堵三眼、封六缝、八查"的"368"法则。

堵三眼:要注意堵塞水管、煤气管、暖气管等管道通过的孔眼。

封六缝:要对墙壁、地板、门框、窗台(框)、水池和下水道等处的孔洞和缝隙用油灰、水泥和其他材料加以堵塞封闭。

八查:就是指检查桌、柜、椅、口(下水道口)、池(洗涤池)、案(厨房案板)、缝、堆(杂物堆),这 8 个地方都是虫子尤其是蟑螂容易藏匿进入的区域。

(四)居室灭鼠

老鼠居四害之首,对我们人类的生活影响很大。无论是高楼还是低矮的瓦房,都有它的身影。家中一旦出现老鼠,就一定要及时捕杀,因为通过老鼠传播的病毒和细菌很容易引起疾病和感染。鼠害的防治方法很多,常用的有灭鼠夹、鼠笼、鼠药、粘鼠板等方法。但使用老鼠药,也存在安全隐患,尤其是家里有小孩的情况下,还要考虑小孩会不会受到伤害。

1. 环境灭鼠

搞好环境卫生,清除住宅周围的杂草、随意堆放的物品,清扫室内外卫生,各种用具、杂物要收拾整齐,衣箱、衣柜、鞋帽及书籍等要经常检查。

2. 物理学灭鼠

物理学灭鼠又称器械灭鼠,应用较久,应用方式也较多。不仅包括各种专用捕鼠器,如鼠夹、鼠笼,也包括压、卡、关、夹、翻、灌、挖、粘和枪击等。

3. 生物学灭鼠

利用天敌灭鼠,如黄鼬、野猫、家猫、狐等,鸟类中的猛禽如鹰、猫头鹰等,还有蛇类。

4. 化学剂灭鼠

(1) 洗涤剂灭鼠法。

准备一个容器放米饭,米饭最好是油炸的,因为这样会散发香味,然后按 1∶1 的比例加入小苏打和白糖，再挤入少量洗洁精，最后倒在厨房的角落里即可。油饭是老鼠的最爱，加白糖，则会吸引老鼠卵。而小苏打和洗洁精则不一样，它们都是碱性的，会破坏老鼠的胃，因为老鼠的胃一般都是酸性的。老鼠一旦吃了，就会因为无法进食而死亡，如此就会导致老鼠死亡。

(2) 水泥灭鼠法。

我们将大米、玉米粉等食物翻炒，再加入一些食用油，这些都是为了吸引老鼠。最关键的一步是掺入一点干水泥，放在老鼠出没的地方，因为水泥会吸收老鼠肠道内的水分而凝固，导致老鼠腹胀而死。吃了含有水泥食物的老鼠，因为疼痛难忍，也会咬死其他老鼠。

(3) 石膏灭鼠法。

我们取 100 克面粉，加些石膏、八角炒熟，炒好以后放在鼠洞旁边或者老鼠经常出没的地方。在放置的时候旁边放一盆清水，因为老鼠吃了食物会口渴，渴了就会去喝水，而喝水使其肚子里的石膏吸水膨胀，导致其两三小时就会死亡。

【知识拓展】

最佳灭虫时机

天气越来越冷，经常出没在各处的虫子也不见了。大多数人认为虫子会被冻死，其实，虫子只是"藏"到暖和的地方过冬去了。而天冷的时候也是一年中最重要、最有效的防虫时机。趁着这个时候，如果能彻底清除虫卵和其滋生地，明年你家里就再也见不到虫子的踪影。

冬季是除虫最佳时机。气温低，虫子活跃度低，密度低，且集中隐匿，多数处于虫卵或冬眠状态。蟑螂、蚊子、螨虫、臭虫等都是最常见的家居害虫，以蟑螂为例，通常 1 只蟑螂可以繁殖 40 只小蟑螂，如不加以防治，任其自由繁殖，理论上一年后可繁殖成千上万只。利用其特点，冬季除虫，能减少大量的虫类繁殖。虫类在寒冷时更喜欢寄居在温暖的室内，而现代家居环境复杂，多缝隙死角，为它们提供了天然的栖息地，自我环境的防治非常有必要。害虫几乎都是本地"产"，大多数家居害虫主动长距离跨区域传播几乎不可能，即便是活动范围较大的蚊子，飞行距离也不过 400 米。因此，清除环境中的虫卵可有效控制害虫数量。

【实践锻炼】

- 如何做好居室卫生清洁？
- 掌握有害生物防治的基本常识，实际操作杀虫的流程。

第二章 家常饭菜烹饪

学习目的及要求

- 了解中国八大菜系。
- 了解中国美食制作工艺。
- 了解二十四节气饮食适宜与禁忌和推荐菜。
- 了解中国食疗文化。
- 掌握家常菜做法。

民以食为天。中华民族在 5000 多年的文明发展中，创造了独具特色的中国饮食文化。中国饮食文化有着长远历史，深受博大精深的中国文化的影响，不仅与中国传统文化教育中的哲学思想、儒家伦理道德观念、中医营养摄生学说相结合，还在文化艺术成就、饮食审美风尚、民族性格特征等因素的影响下，创造出闻名遐迩的中国烹饪技艺，形成各具特色的八大菜系和独具风味的各地小吃。中国饮食文化博大精深，可以从时代与技法、地域与经济、民族与宗教、食品与食具、消费与层次、民俗与功能等多种角度进行分类，展示出不同的文化品位，体现出不同的使用价值，异彩纷呈。中国饮食文化独具特色，突出养助益充的营卫论(素食为主，重视药膳和进补)，并且讲究"色、香、味"俱全；五味调和的境界说(风味鲜明，适口者珍，有"舌头菜"之誉)；奇正互变的烹调法(厨规为本，灵活变通)；畅神怡情的美食观(文质彬彬，寓教于食)等四大属性。其有着不同于海外各国饮食文化的天生丽质。中国饮食文化影响广泛，直接影响到日本、蒙古、朝鲜、韩国、泰国、新加坡等国家，是东方饮食文化圈的轴心。与此同时，它还间接影响到欧洲、美洲、非洲和大洋洲，像中国的素食文化、茶文化、酱醋、面食、药膳、陶瓷餐具和大豆等，惠及全世界数十亿人。中国的饮食文化高雅，除讲究菜肴的色彩搭配要明媚如画外，还要搭配用餐的氛围产生的一种情趣，它是中华民族的个性与传统，更是中华民族传统礼仪的凸显方式。总之，中国饮食文化是一种广视野、深层次、多角度、高品位的悠久区域文化，是中华各族人民在食源开发、食具研制、食品调理、营养保健和饮食审美等方面创造、积累并影响周边国家和世界的物质财富及精神财富。

《黄帝内经》提出："五谷为养，五果为助，五畜为益，五菜为充。"下面我们就从中国八大菜系、制作工艺、二十四节气饮食适宜与禁忌和推荐菜、食疗、家常菜谱几个方面了解一下中国饮食。

第一节 中国八大菜系

菜系是在选料、切配、烹饪等技艺方面，经长期演变而自成体系，具有鲜明的地方风味特色，并为社会公认的中国饮食的菜肴流派。

中国饮食文化的菜系，是在一定区域内，由于气候、地形、历史、物产及饮食风俗的不同，经过漫长的历史演变而形成的一整套自成体系的烹饪技艺和风味，并被全国各地承认的地方菜肴。

早在商周时期，中国的膳食文化已有雏形，以姜子牙(太公望)为代表。到春秋战国的齐桓公时期，饮食文化中南北菜肴风味就表现出差异。再到唐宋时，南食、北食各自形成体系。到了南宋时期，南甜北咸的格局形成。在清朝初年，川菜、鲁菜、淮扬菜、粤菜，成为当时最有影响的地方菜，称为四大菜系。到了清朝末年，浙江菜、闽菜、湘菜、徽菜四大新地方菜系分化形成。中国传统餐饮文化历史悠久，菜肴在烹饪中有许多流派。清代形成鲁、川、粤、苏四大菜系(徐珂创作的《清稗类钞》中的排序，下同)，闽、浙、湘、徽等地方菜也逐渐出名，后来形成了中国的"八大菜系"，即鲁菜、川菜、粤菜、江苏菜、闽菜、浙江菜、湘菜、徽菜。八大菜系口味如下。

鲁菜：口味以咸鲜为主。原料讲究质地优良，以盐提鲜，以汤壮鲜；调味讲究咸鲜纯正，突出本味。其火候精湛，精于制汤，善烹海味。

川菜：口味以麻辣为主。菜式多样，口味清鲜、醇浓并重，善用麻辣调味(鱼香、麻辣、辣子、陈皮、椒麻、怪味、酸辣等)。

粤菜：口味以鲜香为主。选料精细，清而不淡，鲜而不俗，嫩而不生，油而不腻。擅长小炒，要求火候和油温恰到好处。同时还兼容许多西菜做法，讲究菜的气势、档次。

江苏菜：口味以清淡为主。用料严谨，注重配色，讲究造型，四季有别。烹调技艺以炖、焖、煨著称；重视调汤，保持原汁，口味平和；善用蔬菜。其中，淮扬菜讲究选料和刀工，擅长制汤；苏南菜口味偏甜，善用香糟、黄酒调味。

闽菜：口味以鲜香为主，尤以"香""味"见长。其具有清鲜、和醇、荤香、不腻的风格。同时，闽菜具有三大特色：一是善于红糟调味，二是善于制汤，三是善于使用糖醋。

浙江菜：口味以清淡为主。菜式小巧玲珑，菜品鲜美滑嫩，脆软清爽。其运用香糟、黄酒调味。烹调技法丰富，尤其在烹制海鲜、河鲜方面有其独到之处。口味注重清鲜脆嫩，保持原料的本色和真味。菜品形态讲究，精巧细腻，清秀雅丽。其中，北部口味偏甜，西部口味偏辣，东南部口味偏咸。

湘菜：口味以香辣为主，品种繁多。色泽上油重色浓，讲究实惠；口味上香辣、香鲜、软嫩，重视原料互相搭配，滋味互相渗透。湘菜调味尤其注重香辣。相对而言，湘菜的煨功夫更胜一筹，几乎达到炉火纯青的地步。煨，在色泽变化上有红煨、白煨，在调味方面有清汤煨、浓汤煨和奶汤煨。小火慢炖，原汁原味。

徽菜：口味以鲜辣为主。其擅长烧、炖、蒸，而爆菜、炒菜少，重油，重色，重火功。重火功是历来的，其独到之处集中体现于擅长烧、炖、熏、蒸类的功夫菜上，不同菜肴使用不同的控火技术，形成酥、嫩、香、鲜独特风味。其中，最能体现徽式特色的是滑烧、清炖和生熏法。

第二节 制作工艺

大家都知道中国有八大菜系，但是很多人不知道这八大菜系竟然包括 24 种制作工艺。汉族人发明了炒、烧、煎、炸、煮、蒸、凉拌、淋等烹饪方式，后来又向其他民族学习了扒、涮等烹饪方式。后来有人把所有的这些制作工艺总结到一起，形成了炒、爆、熘、炸、烹、煎、贴、烧、焖、炖、蒸、氽、煮、烩、炝、腌、拌、烤、卤、冻、拔丝、蜜汁、熏、卷 24 种制作工艺。

1. 炒

炒是最基本的烹饪技法。其原料一般是片、丝、丁、条、块，炒时要用旺火，要热锅热油，所用底油多少随原料而定。根据原料、火候、油温高低的不同，其可分为生炒、滑炒、熟炒及干炒等方法。

其代表菜——农家小炒肉的做法如下。

(1) 将原料洗净，五花肉和瘦肉都切片备用。

(2) 将瘦肉片加盐、鸡精、料酒、老抽还有生粉，抓匀后腌制 5 分钟左右。

(3) 待五花肉煎至黄色时，将切好的尖椒和蒜片放入，继续翻炒。很多做法会把五花肉盛出，这里不需要。

(4) 加入少许盐继续翻炒几下。

(5) 将腌制的瘦肉片放入锅中，翻炒片刻即可出锅，成品如图 2-1 所示。

图 2-1 农家小炒肉

2. 爆

爆就是急、速、烈的意思，加热时间极短。烹制出的菜肴脆嫩鲜爽。爆法主要用于烹制脆性、韧性原料，如肚子、鸡肫、鸭肫、鸡鸭肉、瘦猪肉、牛羊肉等。常用的爆法主要为油爆、芫爆、葱爆、酱爆等。

其代表菜——芫爆肚丝的做法如下。

(1) 将生猪肚用碱、醋搓洗，去白油、杂质后用清水洗净，用开水氽后另换水。

(2) 加入葱段、料酒、姜片用微火煮透，捞出切细丝。

(3) 葱切丝，蒜切片，香菜切段。

(4) 起锅放油烧热，放葱丝、蒜片爆香，加入肚丝翻炒，加入料酒、盐、姜汁、味精、醋，最后放胡椒粉、香菜，淋少许香油翻炒，出锅装盘即可，成品如图 2-2 所示。

图 2-2　芫爆肚丝

3. 熘

熘，是用旺火急速烹调的一种方法。熘法一般是先将原料经过油炸或开水氽熟，然后另起油锅调制卤汁(卤汁也有不经过油制而以汤汁调制而成的)，然后将处理好的原料放入调好的卤汁中搅拌或将卤汁浇淋于处理好的原料表面。

其代表菜——熘三样的做法如下。

(1) 将猪肚、猪肝、猪大肠分别煮熟，捞出；猪肚、猪大肠切成块状，猪肝切稍厚一点儿的片；加少许淀粉、水，搅动均匀上浆。

(2) 尖椒、胡萝卜切片(尖椒借味，可多放一些，而胡萝卜则作点缀之用)，葱切花，姜、蒜切末。

(3) 调制卤汁。将酱油、盐、味精、白糖、花椒面放在一个小碗中搅匀，调好口味，然后将淀粉用水调释后，放一点儿在调料碗中(不宜多放，此菜挂薄芡)。

(4) 滑油：起锅倒油(多放)，油烧五成热时，将切好的主料、辅料一起倒进油锅中，稍炸即捞出，控干油。

(5) 另起锅，放少许油烧热，加入葱花、姜末、蒜末和料酒炝锅。

(6) 把调好的卤汁倒入锅中，待卤汁沸起时，将主料、配料一起放入锅中，翻动炒锅，以使卤汁均匀裹在食材上，少时即可出锅，成品如图 2-3 所示。

图 2-3　熘三样

4. 炸

炸是一种旺火、多油、无汁的烹调方法。炸有很多种，如清炸、干炸、软炸、酥炸、面包渣炸、纸包炸、脆炸、油浸、油淋等。

其代表菜——软炸虾仁的做法如下。

(1) 虾仁洗净，并挑去虾线。

(2) 将鸡蛋打散，加盐与黑胡椒打匀。

(3) 虾仁裹蛋浆并裹面粉，备用。

(4) 锅内倒入宽油，加热。

(5) 虾仁下锅炸。

(6) 根据个人口味，盘中撒上椒盐即可，成品如图2-4所示。

图2-4　软炸虾仁

5. 烹

烹有两种：以鸡、鸭、鱼、虾、肉类为料的烹，一般是把挂糊的或不挂糊的片、丝、块、段用旺火油先炸一遍，锅中留少许底油置于旺火上，将炸好的主料放入，然后加入单一的调味品(不用淀粉)，或加入多种调味品兑成的芡汁(用淀粉)，快速翻炒即可。而以蔬菜为主料的烹，则可把主料直接用来烹炒，也可把主料用开水烫后再烹炒。

其代表菜——炸烹里脊的做法如下。

(1) 将里脊肉切成3厘米长、1.5厘米宽、0.5厘米厚的片，放进碗内加入淀粉抓匀。

(2) 锅内加花生油烧至120℃左右时将里脊投入油中炸至断生捞出，待油温升至180℃左右时再将里脊入锅复炸并快速捞出，倒入漏勺内控净油。

(3) 碗内加入清汤、盐、酱油、料酒、白糖、醋兑成汁。

(4) 锅内留油50克，加上葱、姜、蒜烹出香味，倒入里脊和兑好的汁，加入香菜段、味精，急火颠翻几下，淋上香油装盘即成，成品如图2-5所示。

图2-5　炸烹里脊

6. 煎

煎是先把锅烧热，用少量的油刷一下锅底，然后把加工好(一般为扁形)的原料放入锅中，用少量的油煎制成熟的一种烹饪方法。一般是先煎一面，再煎另一面，煎时要不停地晃动锅，使原料受热均匀，色泽一致。

7. 贴

贴是把几种黏合在一起的原料挂糊之后，下锅只贴一面，使其一面黄脆，而另一面鲜嫩的烹饪方法。它与煎的区别是，贴只煎主料的一面，而煎是两面都煎。

8. 烧

烧是先将主料进行一次或两次以上的热处理，之后加入汤(水)和调料，先用大火烧开，再改用小火慢烧至或酥烂(肉类、海味)、或软嫩(鱼类、豆腐)、或鲜嫩(蔬菜)的一种烹调方法。由于口味、色泽和汤汁多寡不同，烧菜又分为红烧、白烧、干烧、酱烧、葱烧、辣烧等许多种。

9. 焖

焖是将锅置于微火上加锅盖把菜焖熟的一种烹饪方法。操作过程与烧很相似，但焖小火加热的时间更长，火力也更小，一般在半小时以上。

10. 炖

炖和烧相似，不同的是，炖制菜的汤汁比烧菜的多。炖先用葱、姜炝锅，再加入汤或水，烧开后下主料，先大火烧开，再小火慢炖。炖菜的主料要求软烂，口味以咸鲜味为主。

11. 蒸

蒸是以水蒸气为导热体，将经过调味的原料，用旺火或中火加热，使成菜熟嫩或酥烂的一种烹调方法。常见的蒸法有干蒸、清蒸、粉蒸等几种。

12. 氽

氽既是一种对有些烹饪原料进行出水处理的方法，也是一种制作菜肴的烹调方法。氽菜的主料多是细小的片、丝或丸子，而且成品汤多。氽是属于旺火速成的烹调方法。

13. 煮

煮和氽相似，但煮比氽的时间长。煮是把主料放于多量的汤汁或清水中，先用大火烧开，再用中火或小火慢慢煮熟的一种烹调方法。

14. 烩

烩是将汤和菜混合起来的一种烹调方法。其用葱、姜炝锅或直接以汤烩制，调好味后再用水淀粉勾芡。烩菜的汤与主料的量相等或略多于主料。

15. 炝

炝是把切配好的生料，经过沸水焯烫或用油滑透，趁热加入盐、味精、花椒油拌和的一种冷菜烹调方法。

16. 腌

腌是冷菜的一种烹饪方法，是把原料在调味卤汁中浸渍，或用调味品进行涂抹，使原料中部分水分排出，调料渗入其中。腌的方法很多，常用的有盐腌、糟腌、醉腌。

17. 拌

拌也是一种烹饪方法，操作时把生料或熟料切成丝、条、片、块等，再加上调味料拌和即成。

18. 烤

烤是把食物原料放在烤炉中利用辐射热使之成熟的一种烹饪方法。烤制的菜肴是在干燥的热空气烘烤下成熟的，其表面水分蒸发掉，凝成一层脆皮，而内部水分不能继续蒸发，因此成菜形状整齐，色泽光滑，外脆里嫩，别有风味。

19. 卤

卤是把原料洗净后放入调制好的卤汁中烧煮成熟，让卤汁渗入其中，晾凉后食用的一种冷菜烹调方法。

20. 冻

冻是利用动物类原料中的胶原蛋白经过蒸煮之后充分溶解，冷却后能结成冻的一种冷菜烹调方法。

21. 拔丝

拔丝是将糖(冰糖或白糖)加油或水熬到一定的火候，然后放入炸过的食物并翻炒，吃时能拔出糖丝的一种烹调方法。

22. 蜜汁

蜜汁是一种把糖和蜂蜜加适量的水熬制而成的浓汁，浇在蒸熟或煮熟的主料上的一种烹调方法。

23. 熏

熏是将已经处理熟的主料，用烟加以熏制的一种烹调方法。

24. 卷

卷是以菜叶、蛋皮、面皮、花瓣等作为卷皮，放入各种馅料，裹成圆筒或椭圆形后，再蒸或炸的一种烹调方法。

第三节　二十四节气饮食适宜与禁忌和推荐菜

顺应节气才能健康养生。春季养生要注意养阳，养肝、健脾；夏季养生重点是保养心脏，注意多喝水；秋季养生要注意保养内守的阴气，健脾、补肝、清肺；冬季养生宜敛阳护阴，养肾防寒。

一、立春

立春，俗称"打春"，为二十四节气之首，既是一个古老的节气，也是一个重大的节日。过去天子要在立春日，亲率诸侯、大夫迎春于东郊，行布德施惠之令；农村会在立春日推选一位老者，用鞭子象征性地打春牛三下，意味着一年的农事开始。民间艺人制作许多小泥牛，称为"春牛"，将其送往各家，谓之"送春"，而主人要给"送春"者报酬。其实质是一种佳节售货活动，却是皆大欢喜。也有的地方是在墙上贴一幅画有春牛的黄纸，黄色代表土地，春牛代表农事，俗称"春牛图"。立春节这一天，民间习惯吃萝卜、姜、葱、面饼，称为"咬春"。

当太阳到达黄经315°时为立春，公历2月3～5日交节。立春养生要注意防病保健。注意室内通风，加强身体锻炼。此外，还要注意口鼻保健。

饮食适宜与禁忌如下。

适宜吃辛、甘、温、发散的食品，口味宜清淡可口。主食推荐糯米、大米、玉米，蔬菜推荐白萝卜、韭菜、香菜、油菜、洋葱、辣椒、茼蒿、卷心菜、茴香、白菜、芹菜、菠菜、莴苣、竹笋、冬瓜、南瓜、丝瓜、茄子等。

禁忌食酸、涩收敛之味与生冷的食物，少食黏、硬、肥甘厚腻之物，以免伤及脾胃。蔬菜有西红柿。水果有柑橘、橙子、柚子、杏、木瓜、枇杷、山楂、橄榄、柠檬、石榴、乌梅等。

推荐菜为韭菜炒鸡蛋、豌豆炒牛肉、木须肉、萝卜羊肉羹、白菜炖豆腐。

二、雨水

雨水，不仅表示降雨的开始及雨量增多，而且表示气温的升高。雨水前，天气相对来说比较寒冷；雨水后，春风送暖，致病的细菌、病毒易随风传播，故春季传染病常易暴发流行。因此，应该保护好自己，注意锻炼身体，增强抵抗力，预防疾病的发生。雨水节气中，地湿之气渐升，且早晨时有露、霜出现，针对这样的气候特点，饮食应侧重于调养脾胃和祛风除湿。同时，此时气候较阴冷，因此可以适当地进补，如蜂蜜、大枣、山药、银耳等都是适合这一节气的补品。

当太阳到达黄经330°时为雨水，公历2月28～20日交节。雨水时节，天气变化不定，此时养生要注重养护脾脏，春季养脾的重点首先是调理肝脏，保持肝气顺畅。

饮食适宜与禁忌如下。

适宜多吃新鲜蔬菜、果汁多的水果及一些野菜。主食宜食小米等，蔬菜有胡萝卜、山药、韭菜、菠菜、油菜、豆苗、香椿、茼蒿、春笋、藕、荸荠、萝卜等，水果有柑橘、苹果、香蕉、雪梨、菠萝等，水产类有鲫鱼，其他有红枣、蜂蜜、莲子等。

禁忌辛辣、油腻食物，不得生食葱、蒜，花生宜煮不宜炒。

推荐菜为银耳莲子粥、红枣粥、红烧鲤鱼、猴头菇煲鸡汤、素炒茼蒿。

三、惊蛰

惊蛰，象征农历二月的开始，会平地一声雷，唤醒所有冬眠中的蛇、虫、鼠、蚁，家中的爬虫走蚁也会应声而起，四处觅食。因此古时惊蛰当日，人们会手持清香、艾草，熏家中四角，以香味驱赶蛇、虫、蚁、鼠和霉味，久而久之，渐渐演变成不顺心者拍打对头人和驱赶霉运的习惯，亦即"打小人"的雏形。惊蛰时节，乍暖还寒，气候比较干燥，人很容易口干舌燥、外感咳嗽。生梨性寒味甘，有润肺止咳、滋阴清热的功效，民间素有惊蛰吃梨的习俗。另外，咳嗽患者还可食用莲子、枇杷、罗汉果等食物缓解病痛，饮食宜清淡，油腻的食物最好不吃，刺激性的食物，如辣椒、葱、蒜、胡椒也应少吃。

当太阳到达黄经 345° 时为惊蛰，公历 3 月 5～7 日交节。惊蛰时节饮食起居应顺应肝的属性。此外，诸如流感、水痘、出血热等流行性疾病在这一节气都易暴发，要注意严加防范。

饮食适宜与禁忌如下。

适宜多吃新鲜蔬菜及富含蛋白质、维生素的清淡食物。蔬菜有菠菜、水萝卜、苦瓜、芹菜、油菜、山药、春笋、甜椒、洋葱。水果有梨，海鲜有螃蟹，其他有莲子、银耳、芝麻、蜂蜜、鸡蛋、牛奶等。梨性寒，不宜一次食用过多，否则反伤脾胃，脾胃虚寒的人不宜食用生梨。

禁忌食或少食动物脂肪类食物等，如羊肉、狗肉、鹌鹑；燥烈、辛辣刺激性的食物也应少吃，如辣椒、葱、蒜、胡椒。

推荐菜为虾仁菠菜、八宝菠菜、锅巴、凉拌银耳、香菇炒肉。

四、春分

春分这一天白昼、黑夜平分为各 12 小时，春分也正当春季(立春至立夏)三个月之中，平分了春季。"春分秋分，昼夜平分"，因此春分又称"日中""日夜分"。春分开始扫墓祭祖，也叫春祭。旧时民间有"春分吃春菜"的习俗，春菜是一种野苋菜，也称为春碧蒿。江南地区则有犒劳耕牛，祭祀百鸟的习俗。

当太阳到达黄经 0° 时为春分，公历 3 月 20～22 日交节。此时非感染性疾病中的高血压、月经失调、痔疮及过敏性疾病等较易发，要注意防护。

饮食适宜与禁忌如下。

适宜进食辛甘、偏温之物。主食选择热量高的，并要多摄取蛋白质，宜清淡可口。推荐食物有胡萝卜、卷心菜、菜花、小白菜、油菜、柿子椒、西红柿、韭菜等新鲜蔬菜，柑橘、柠檬、苹果等水果，牛肚、芝麻、核桃、莲子等干果，豆浆等饮料。

禁忌食用油腻、生冷及刺激性食物，禁忌过热、过寒饮食。因此，在做鱼、虾、蟹等寒性食物时，要放入葱、姜、酒、醋等类的温性调料，以防止菜肴性寒偏凉。在食用韭菜、大蒜等类菜肴时，要加入蛋类等滋阴之物，以使阴阳互补。

推荐菜为白烧鳝鱼、虾干炒菜花、红豆粥、大蒜烧茄子、荠菜粥。

五、清明

清明扫墓，祭祀祖先，由来已久，相沿成习。扫墓，又叫墓祭、祭扫、上坟。清明扫墓是因为惊蛰、春分已过，冰消雪化，草木萌芽，人们想到了自己的祖先坟茔，有没有狐狸、野兔穿穴打洞，会不会因雨季来临而塌陷，因此一方面到坟上清除杂草，整修树枝，给坟上添几锹土；另一方面准备一些祭品，烧几张纸钱，给树枝上挂些纸条，举行简单的祭扫仪式，以表示对逝者的怀念。另外，古代每逢这一天，人们聚亲约友，扶老携幼，趁着大好春光到郊外踏青。清明前后还有很多传统的丰富多彩的文体活动，如拔河、荡秋千、放风筝、打马球、斗鸡等。

当太阳到达黄经 15° 时为清明，公历 4 月 4~6 日交节。清明后雨水增多，自然由阴转阳，这时要注意清肝泻火，以防肝气升发太过或肝火上炎。

饮食适宜与禁忌如下。

适宜吃清凉的寒性食品，并减少甜食和热量大的食物的摄入。吃些柔肝养肺的食物，如荠菜、菠菜、山药等蔬菜。春天吃韭菜可暖身。其他有银耳、香菇、牛蒡、草鱼等，香蕉、橘子等性味清凉的水果也应吃些。

禁忌食用鸡和笋，能动肝火，导致慢性肺炎和高血压复发。避免吃辛辣寒凉的食物。有慢性病的人忌食"发"的食物，如海鱼、海虾、羊肉、笋等。

推荐菜为芹菜香干、红烧茄子、胡萝卜炒肉、清蒸草鱼、百合粥。

六、谷雨

谷雨，是春季的最后一个节气，有"雨水生百谷"之意。江南地区，俗称牡丹花为"谷雨花"，因其在谷雨节开花，故有"谷雨三朝看牡丹"之谚。另外，南方还有谷雨摘茶习俗，传说谷雨这一天的茶喝了会清火、辟邪、明目等。因此不管谷雨这天是什么天气，人们都会去茶山摘一些新茶回来喝。

当太阳到达黄经 30° 时为谷雨，公历 4 月 19~21 日交节。除了精神养生来调节情绪外，还可食用一些能缓解精神压力和调节情绪的食物。

饮食适宜与禁忌如下。

适宜食富含维生素 B、碱性、养阴润肺、暖胃健脾及调节人体情绪的食物。豆类有黄豆、大豆，蔬菜有白萝卜、胡萝卜、黄豆芽、西红柿、菠菜等，水果有葡萄、香蕉、橘子、草莓、柠檬等，其他有海带、天然绿藻类和瘦肉等。另外，宜食香椿，但不能过量。

禁忌过量饮食，减少高蛋白质、高热量食物的摄入。有风寒湿症的人忌吃芹菜、生黄瓜、柿子、柿饼、西瓜、螃蟹、田螺、海带等生冷性凉的食物，热症的人忌吃胡椒、肉桂、辣椒、花椒、生姜、葱白、白酒等温热助火之物。

推荐菜为香椿炒鸡蛋、香椿拌豆腐、海带银耳羹、草菇豆腐羹、炒黄豆芽。

七、立夏

立夏，是夏季的第一个节气，旧时乡间用赤豆、黄豆、黑豆、青豆、绿豆等五色豆拌和白粳米煮成"五色饭"，后演变为倭豆肉煮糯米饭，菜有苋菜黄鱼羹，称吃"立夏饭"。用红茶或胡桃壳煮蛋，称为"立夏蛋"，相互馈送。用彩线编织蛋套，挂在孩子胸前，或挂在帐子上。孩子们一般以蛋做游戏，相互用蛋相碰，以蛋壳坚而不碎为赢，谚语称："立夏胸挂蛋，孩子不疰夏。"疰夏是夏日的常见病，表现为腹胀厌食，乏力消瘦，多发于体质较弱的老人和小孩。尚有以五色丝线为孩子系手绳的习俗，称"立夏绳"。

当太阳到达黄经 45° 时为立夏，公历 5 月 5～7 日交节。立夏以后的饮食原则是"春夏养阳"，而养阳重在"养心"。此时胃病较易发，要注意防范。

饮食适宜与禁忌如下。

适宜吃清淡食物，应以易消化、富含维生素的食物为主，多吃一些酸味食品，除此以外，还要食用一些清淡平和、清热利湿的食物，适量补充蛋白质。蔬菜有洋葱、土豆、冬瓜、芹菜、西红柿、黄瓜、丝瓜、山药等，水果有山楂、香蕉、苹果、桃、草莓、西瓜等，干果有芝麻、核桃、花生等，水产类有海参、泥鳅、鲫鱼等，其他有黑木耳、瘦肉、蛋类、奶类等。

禁忌食用大鱼大肉和油腻辛辣的食物；不要过早或过多吃生冷的食物；少吃动物内脏、鸡蛋黄、肥肉、鱼子、虾等；少吃过咸的食物，如咸鱼、咸菜等；少食一些苦味食物。

推荐菜为冬瓜鲤鱼汤、炒丝瓜、葱烧海参、桂圆粥、糖醋藕。

八、小满

小满，华南地区有"小满大满江河满"的民俗谚语，反映了这一地区降雨多、雨量大的气象特征。此时气温明显升高，雨量增多，而下雨后，气温会急剧下降，因此要注意添加衣服，不要着凉受风而患感冒。小满是湿性皮肤病的易发期，饮食调养宜以清爽、清淡的素食为主，应常吃具有清热利湿作用的食物，如赤小豆、绿豆、冬瓜、黄瓜、黄花菜、水芹、黑木耳、胡萝卜、西红柿等。

太阳到达黄经 60° 时为小满，公历 5 月 20～22 日交节。此时人的生理活动处于一年当中最活跃的时期，故消耗的营养较多，需要及时进补。

饮食适宜与禁忌如下。

适宜以清爽、清淡的素食为主，常吃具有清热利湿、养阴作用的食物，食用一些清凉的食物，但不可过于寒凉。推荐蔬菜有黄瓜、胡萝卜、冬瓜、丝瓜、荸荠、藕、西红柿、山药等，肉类有鸭肉等，水产类有鲫鱼、草鱼等，水果有西瓜、梨、香蕉等。

禁忌肥甘油腻、生湿助湿的食物，如动物脂肪、海鲜鱼类；酸涩辛辣、性属温热助火之品及油煎熏烤之物，如生葱、生蒜、生姜、芥末、胡椒、辣椒、茴香、桂皮、韭菜、茄子、蘑菇及牛肉、羊肉、狗肉、鹅肉等。

推荐菜为熘鱼片、青椒炒鸭块、冬瓜草鱼、木耳黄瓜、芹菜拌豆腐。

九、芒种

芒种，是麦类等有芒作物成熟的意思。芒种日有祭花神的风俗。另外，芒种时节还有煮梅的食俗，这一食俗在夏朝便已经有了。煮梅的方法有很多种，简单的一种是用糖与梅子一同煮或用糖与晒干的青梅搅拌均匀使梅汁浸出，也有用盐与梅子一同煮或用盐与晒干的青梅搅拌均匀使梅汁浸出，比较考究的是，还要在里面加入紫苏。我国北方产的乌梅很有名气，将其与甘草、山楂、冰糖一同煮，便制成了消夏佳品——酸梅汤。

当太阳到达黄经 75° 时为芒种，公历 6 月 5～7 日交节。此时雨多且潮湿，天气闷热异常，极易伤脾胃。另外，由于天气闷热，人们经常生吃食物，因此痢疾高发，要注意防范。

饮食适宜与禁忌如下。

适宜以清补为原则。此时要多食蔬菜、豆类、水果，适当补充钾元素。以荞麦、玉米、红薯、大豆等含钾元素较高的粮食为主，水果为香蕉，蔬菜为菠菜、香菜、油菜、卷心菜、芹菜、大葱、青蒜、莴苣、土豆、山药等。

禁忌吃或是少吃油腻食物，以达到养护脾胃的目的；过咸、过甜、生冷性凉的食物也应不吃或是少吃。另外，做菜时可加点儿醋，以减少蔬菜中维生素的流失，同时也有杀菌作用。

推荐菜为红烧牛肉、香菇冬瓜球、豆豉炒苦瓜、西红柿炒鸡蛋、凉拌莴苣。

十、夏至

夏至，这一天虽然白昼最长，太阳角度最高，但并不是一年中天气最热的时候。夏至日是我国最早的节日。清代之前的夏至全国放假一天，回家与亲人团聚畅饮。俗语有"吃了夏至狗，西风绕道走"的说法，大意是人只要在夏至这天吃了狗肉，其身体就能抵抗西风恶雨的入侵，少感冒，身体好。正是基于这一良好愿望，成就了"夏至狗肉"这一独特的民间饮食文化。

当太阳到达黄经 90° 为夏至，公历 6 月 21～22 日交节。夏季出汗多，体内易丢失水分，脾胃消化功能也较差，因此常进稀食是夏季饮食养生的重要方法之一。

饮食适宜与禁忌如下。

适宜吃清淡，要多食杂粮以寒其体，宜多食酸味，常食咸味以补心。适宜的食物有西红柿、黄瓜、芹菜、冬瓜、莲藕、绿豆、草莓、杏仁、百合、莲子等。

禁忌食用肥甘厚味的食物，不可过量食用热性食物，以免助热。冷食瓜果不可过量，以免损伤脾胃；饮食不可过寒，故冷食不宜多吃。而火锅、烧烤和涮菜等，也最好忌口。

推荐菜为凉拌莴笋、冬瓜汆丸子、西红柿炒鸡蛋、绿豆汤、乌梅小豆汤。

十一、小暑

小暑，过去民间有"食新"习俗，即在小暑过后尝新米，农民将新割的稻谷碾成米后，做好饭供祀五谷大神和祖先，然后人人吃尝新酒等。据说"吃新"乃"吃辛"，是小暑节后第一个辛日。城市一般买少量新米与老米同煮，加上新上市的蔬菜等。因此，民间有"小暑吃黍，大暑吃谷"之说。另外，俗语还有"小暑黄鳝赛人参"的说法。黄鳝生于水岸泥窟之中，以小暑前后一个月的夏鳝鱼最为滋补味美。夏季往往是慢性支气管炎、支气管哮喘、风湿性关节炎等疾病的缓解期，而黄鳝性温味甘，具有补中益气，补肝脾，除风湿，强筋骨等作用。根据冬病夏补的说法，小暑时节最宜吃的是黄鳝，黄鳝蛋白质含量较高，铁的含量比鲤鱼、黄鱼高一倍以上，并含有多种矿物质和维生素。同时黄鳝还可降低血液中胆固醇的浓度，防治动脉硬化引起的心血管疾病，对食积不消引起的腹泻也有较好的作用。

当太阳到达黄经 105° 时为小暑，公历 7 月 6～8 日交节。此时刚进入伏天，"伏"是伏藏的意思，因此，人们应当减少外出以避暑气。

饮食适宜与禁忌如下。

适宜的食物以清淡、味香为主，饮食上要多注意卫生和节制，多吃蔬菜和水果。推荐食物有西红柿、山药、黄瓜、西瓜、苹果、蚕豆、绿豆、牛奶、豆浆等。

禁忌吃荤，最好是少食。另外，还要改变不良饮食习惯，不要喝过多的冷饮。少食荤温燥热、生冷寒凉的食物。

推荐菜为醋烹绿豆芽、素炒豆皮、蚕豆炖牛肉、西瓜西红柿汁、蒜泥黄瓜。

十二、大暑

暑是"炎热"的意思，大暑是一年中最热的节气，也是夏季的最后一个节气。冬补三九，夏补三伏。家禽肉的营养成分主要是蛋白质，其次是脂肪、微生物和矿物质等，相对于家畜肉而言，其是低脂肪、高蛋白的食物，其蛋白质也属于优质蛋白。鸡、鸭、鸽子等家禽都是大暑进补的上选。而我国台湾有大暑吃凤梨的习俗，认为这个时节的凤梨最好吃。

当太阳到达黄经 120° 时为大暑，公历 7 月 22～24 日交节。此时的人体容易被暑气、湿气等邪气侵扰，因此要重点防治中暑。饮食上要多吃防暑和健脾的食物。

饮食适宜与禁忌如下。

适宜多吃燥湿健脾、益气养阴的食物，及时补充水分及蛋白质。此时适宜的食物有山药、莲藕、土豆、西瓜、香蕉、大枣、莲子、绿豆、豌豆、海参、甲鱼、鸡肉、鸭肉、瘦肉、鸡蛋、牛奶、蜂蜜、豆浆、绿茶等。

禁忌过于油腻，否则极易伤胃，导致消化不良。生冷、辛辣香燥的食物及酒、葱、蒜等刺激性食物也应少食。

推荐菜为大蒜茄泥、炝拌什锦、苦瓜菊花粥、百合粥、绿豆南瓜汤。

十三、立秋

立秋的意思是暑去凉来，秋天开始，而立秋为秋季的第一个节气。民俗谚语有"立夏栽茄子，立秋吃茄子"的说法。立秋正是吃茄子的好时候，立秋前一天把瓜、蒸茄脯、香糯汤等放在院子里晾一晚，于立秋当日吃下。经过了苦夏，人们的体重大都要减少一点儿。秋风一起，胃口大开，想要增加一点儿营养，补偿夏天的损失，北方人谓之"贴秋膘"。吃味厚的美食佳肴当然首选吃肉，"以肉贴膘"。秋季饮食应以润燥为主，慎贴秋膘。秋季，天气渐渐转凉，人们的口、鼻、皮肤等部位会有干燥感，故应多吃生津养阴、滋润多汁的食品，少吃辛辣、煎炸食品。秋季宜食用清润甘酸和寒凉的食物。寒凉能清热；甘味食物的性质滋腻，有缓急、和中、补益作用；酸味食物有收敛、生津、止渴等作用。同时，中医认为，肺与秋气的关系十分密切，因此应多吃有润肺生津作用的食品，如百合、莲子、山药、藕、平菇、番茄等。

当太阳到达黄经 135° 时为立秋，公历 8 月 7～9 日交节。立秋会带来"秋燥"的相关疾病，应多吃一些润肺的食物。

饮食适宜与禁忌如下。

　　适宜多食滋阴润肺、养胃生津的食物，酸味果蔬也应常食用，包括萝卜、西红柿、山药、扁豆、藕、茭白、南瓜、豆腐、莲子、桂圆、糯米、粳米、枇杷、菠萝、乳品、红枣、核桃、蜂蜜、芝麻等。

　　禁忌吃或少吃辛辣、热燥、油腻的食物，少饮酒。进补时忌虚实不分、多多益善。另外，食用瓜类水果应谨慎，脾胃虚寒者更应忌食。梨吃过多会伤脾胃，胃寒腹泻者应忌食。

　　推荐菜为醋椒鱼、芝麻核桃羹、冰糖莲子羹、炝土豆丝等。

十四、处暑

　　处暑前后民间会有庆赞中元的民俗活动，俗称"作七月半"或"中元节"。处暑节气前后的民俗多与祭祖及迎秋有关。

　　当太阳到达黄经 150° 时为处暑，公历 8 月 22～24 日交节。此时气候变数较大，雨前气温偏热，雨后气温偏凉，易引发风寒感冒或风热感冒。

　　饮食适宜与禁忌如下。

　　适宜吃温补食物，饮食宜清淡，多吃些碱性和蛋白质含量高的食物。适宜的食物有芹菜、菠菜、黄瓜、苦瓜、冬瓜、南瓜、黄鱼、干贝、海带、海蜇、银耳、百合、莲子、蜂蜜、芝麻、豆类及奶类等。

　　禁忌油腻食物，不吃或少吃辛辣烧烤类的食物，包括辣椒、生姜、花椒、葱、桂皮及酒等。少喝冷饮。

　　推荐菜为芝麻菠菜、青椒拌豆腐、百合银耳粥、清炒苦瓜、老醋蜇头。

十五、白露

　　白露过后，气温开始下降，天气转凉。阳气在夏至达到顶点，而阴气则在白露兴起。到了白露，阴气逐渐加重，清晨的露水日益加厚，凝结成一层白白的水滴，因此称之为白露。白露节气是真正的凉爽季节的开始，很多人在调养身体时一味地强调海鲜、肉类等营养品的进补，而忽略了季节性的易发病，给自己和家人造成了机体的损伤，因此在白露节气要注意饮食。

　　当太阳到达黄经 165° 时为白露，公历 9 月 7～9 日交节，白露是天气转凉的标志。此时要避免鼻腔疾病、哮喘病和支气管病的发生。

　　饮食适宜与禁忌如下。

　　适宜多吃一些有祛痰平喘、润肺止咳作用的食物，宜以清淡、易消化且富含维生素的食物为主，包括竹笋、萝卜、胡萝卜、鲜藕、梨、苹果、红薯、小米、鸭肉、核桃、木耳、蜂蜜等。

　　禁忌吃或少吃鱼类海鲜、生冷腌菜、辛辣酸咸、甘肥的食物，最常见的有韭菜花、黄花菜、胡椒、带鱼、螃蟹、虾类、狗肉、蛋黄、乳酪等。

　　推荐菜为新鲜百合蒸老鸭、炒红薯玉米粒、小米枣仁粥、香酥山药、莲子百合汤。

十六、秋分

秋分，南方从这一节气起才开始真正入秋。

按农历来讲，立秋是秋季的开始，到霜降为秋季终止，而秋分正好是从立秋到霜降90天的一半。秋分时节，我国很多地区都要举行"竖蛋"的民俗活动。秋分节气标志着真正进入秋季，作为昼夜时间相等的节气，人们在养生中也应本着阴阳平衡的规律，使机体保持"阴平阳秘"的原则，按照《素问·至真要大论》所说，"谨察阴阳之所在，以平为期"，阴阳所在不可出现偏颇。要想保持机体的阴阳平衡，首先要防止外界邪气的侵袭。同时，秋燥温与凉的变化，还与每个人的体质和机体反应有关。要防止凉燥，就得坚持锻炼身体，增强体质，提高免疫能力。秋季锻炼，重在益肺润燥，如练吐纳功、叩齿咽津润燥功。饮食调养方面，应多喝水，吃清润、温润的食物，如芝麻、核桃、糯米、蜂蜜、乳品、梨等，可以起到滋阴润肺、养阴生津的作用。

当太阳到达黄经180°时为秋分，公历9月22～24日交节。此时要特别注重保养内守之阴气，起居、饮食、精神、运动等方面调摄皆不能离开"养收"这一原则。

饮食适宜与禁忌如下。

适宜多食酸味甘润的果蔬，以润肺生津、养阴清燥。饮食应以温、淡、鲜为佳，如藕、鸭肉、秋梨、柿子、甘蔗、黑木耳、百合、银耳、芝麻、核桃、糯米、蜂蜜、乳品等。

禁忌吃或少吃葱、姜等辛味之品，寒凉食物如瓜类也尽量少食，不吃过冷、过辣、过黏的食物。

推荐菜为海米焓竹笋、木耳粥、糯米藕、栗子鸡、蟹肉丸子。

十七、寒露

寒露时节，南岭及以北的广大地区均已进入秋季，东北地区和西北地区已进入或即将进入冬季。除全年飞雪的青藏高原外，东北地区和新疆北部地区一般已开始降雪。寒露饮食应在平衡饮食五味的基础上，根据个人的身体情况，适当多食甘、淡、滋润的食品，既可补脾胃，又能养肺润肠，可防治咽干口燥等症。

当太阳到达黄经195°时为寒露，公历10月8～9日交节。此时养生的重点是养阴防燥、润肺益胃，同时要防止剧烈运动、过度劳累等，以免耗散精气津液。

饮食适宜与禁忌如下。

适宜多食些甘、淡、滋润的食品，可健胃、养肺、润肠，同时要注意补充水分。这类食物包括萝卜、西红柿、莲藕、胡萝卜、冬瓜、山药、雪梨、香蕉、哈密瓜、苹果、水柿、提子、鸭肉、牛肉、豆类、海带、紫菜、芝麻、核桃、银耳、牛奶、鱼、虾等。

禁忌吃或少吃辛辣刺激、香燥、熏烤等类食品，如辣椒、生姜、葱、蒜类，因为过量食用辛辣会伤人体阴精。

推荐菜为百枣莲子银杏粥、酱爆鸡丁、甘薯粥、海米冬瓜、西红柿炖牛腩。

十八、霜降

霜降是天气渐冷、开始降霜的意思，是秋季的最后一个节气。霜降时节，养生保健尤为重要，民间有谚语"一年补透透，不如补霜降"，可见这个节气对我们身体的影响。霜降节气是慢性胃炎和胃十二指肠溃疡病复发的高峰期。老年人也极容易患上"老寒腿"(膝关节骨性关节炎)的毛病，慢性支气管炎也容易复发或加重。这时应该更注重饮食。

当太阳到达黄经 210° 时为霜降，公历 10 月 23～24 日交节。霜降表示天气更冷了。此时要注重补气养胃。

饮食适宜与禁忌如下。

适宜以平补为原则。适宜的食品有洋葱、芥菜(雪里蕻)、山药、萝卜、紫菜、银耳、猪肉、牛肉、梨、苹果、橄榄、白果、栗子、花生等。

禁忌食用或少食用辛辣食品，要少食多餐。

推荐菜为白果萝卜粥、五香牛肉、荔枝肉、花生米、大枣烧猪蹄。

十九、立冬

立冬，是冬天的第一个节气，其不仅仅代表着冬天的来临，严格来说，立冬是冬季的开始，万物收藏，规避寒冷的意思。人类虽没有冬眠之说，但民间有立冬补冬的习俗。在我国南方，立冬这一天人们爱吃些鸡、鸭、鱼、肉，而在台湾街头的"羊肉炉""姜母鸭"等冬令进补餐厅则高朋满座，许多家庭还会炖麻油鸡、四物鸡来补充能量。在我国北方，特别是北京、天津的人们爱吃饺子。饺子是来源于"交子之时"的说法。大年三十是旧年和新年之交，立冬是秋冬季节之交，故"交子之时"的饺子不能不吃。

当太阳到达黄经 225° 时为立冬，公历 11 月 7～8 日交节。民间把立冬作为冬天的开始。此时饮食应以增加热量为主，起居养生重点在于防"寒"。

饮食适宜与禁忌如下。

适宜适当食用一些热量较高的食物，特别是北方，同时也要多吃新鲜蔬菜，吃一些富含维生素、钙和铁的食物。适宜的食物包括大白菜、卷心菜、白萝卜、胡萝卜、绿豆芽、油菜、洋葱、西红柿、红薯、苹果、香蕉、枣、梨、柑橘、豆腐、木耳、蘑菇类、羊、牛、鸡、鱼、虾、海带、牛奶、豆浆、蛋类、核桃、杏仁等。

禁忌食用或少食用生冷食物，如螃蟹、海虾、西瓜和葡萄，但也不宜燥热。

推荐菜为黑芝麻粥、砂锅生姜羊肉、糖醋带鱼、菠菜汤。

二十、小雪

小雪，是反映天气现象的节令。雪小，地面上又无积雪，这正是"小雪"这个节气的本意。小雪后气温急剧下降，天气变得干燥，正是加工腊肉的好时候。小雪节气后，一些农家开始动手做香肠、腊肉，等到春节时正好享受美食。在南方某些地方，还有农历十月吃糍粑的习俗。古时，糍粑是南方地区传统的节日祭品，最早是农民用来祭牛神的供品，俗语有"十月朝，糍粑碌碌烧"的说法，指的就是祭祀事件。

当太阳到达黄经 240° 时为小雪，公历 11 月 22～23 日交节。此节气前后，天气阴暗，容易导致抑郁症反复，因此，要选择性地吃一些有助于调节心情的食物。

饮食适宜与禁忌如下。

适宜多食热粥。热粥不宜太烫，亦不可食用凉粥。此时适宜温补类食物，如羊肉、牛肉、鸡肉等。同时还要益肾，此类食物包括腰果、山药、白菜、栗子、白果、核桃等；而水果则首选香蕉。

禁忌食用过于麻辣的食物。

推荐菜为白菜豆腐汤、羊肉白萝卜汤、葱爆羊肉、酱爆鸡丁、核桃山药粥。

二十一、大雪

大雪，是表示这一时期降大雪的起始时间和雪量程度，它与小雪、雨水、谷雨等节气一样，都是反映降水的节气。此时，我国北方患感冒的人数较多，如能喝点大雪顺安养生汤，对抵抗寒邪袭之体表、口鼻很有益处，具体方法如下。第一，在大雪节气的前、中、后三天的酉时(17~19 时，肾经主时)食用大雪顺安养生汤。其具体做法为：将冬虫夏草 3克、狗肉 250 克、肉桂 3 克，用水煎煮(可放调味品)，然后将狗肉和汤一块喝，能够祛寒育肾。第二，从中医养生学的角度看，大雪已到"进补"的大好时节。在大雪至冬至期间，可食用下列食物：枸杞肉丝、木耳冬瓜三鲜汤。

当太阳到达黄经 255° 时为大雪，公历 12 月 6~8 日交节。此时也是食补的好时候，但切忌盲目乱补。

饮食适宜与禁忌如下。

适宜吃温补助阳、补肾壮骨、养阴益精的食物。冬季应多吃富含蛋白质、维生素和易于消化的食物，以及高热量、高蛋白、高脂肪的食物。温补食物有萝卜、胡萝卜、茄子、山药、猪肉、羊肉、牛肉、鸡肉、鲫鱼、海参、核桃、桂圆、枸杞、莲子等。

禁忌进补过量或乱补，不宜食用性寒的食品，如绿豆芽、金银花等，尤其脾胃虚寒者应忌食；螃蟹则属大凉之物，也不宜在初冬食用，否则会影响健康。

推荐菜为木耳冬瓜三鲜汤、红烧海参、萝卜牛腱煲、猪肉萝卜煲、蒜炒茼蒿。

二十二、冬至

冬至作为一个较大节日，古时有"冬至大如年"的说法，而且有庆贺冬至的习俗。北方地区有冬至宰羊，吃饺子、吃馄饨的习俗；南方地区这一天则有吃冬至米团、冬至长线面的习俗。很多地区在冬至这一天还有祭天祭祖的习俗。

当太阳到达黄经 270° 时为冬至，公历 12 月 21~23 日交节。此时节对高血压、动脉硬化、冠心病患者来说，要特别提高警惕，谨防发作。

饮食适宜与禁忌如下。

食用种类要多样化，谷、果、肉、蔬菜合理搭配，适当选用高钙食品。食物要温热熟软，并且要清淡。适宜食用胡萝卜、西红柿、梨、猕猴桃、甘蔗、柚子等。

禁忌盲目吃狗肉，虚实不分，无病进补。不宜吃浓浊、肥腻和过咸食物。切记萝卜不能与人参、西洋参、首乌同食，羊肉禁与南瓜同食。

推荐菜为酱牛肉、蒜蓉炒生菜、蒜蓉油麦菜、羊肉炖白萝卜、炒双菇。

二十三、小寒

小寒的意思是天气已经很冷，民间有"小寒大寒，冷成冰团"的谚语。从字面上看，似乎是大寒冷于小寒，其实在气象记载中，小寒期间要比大寒冷，人们常说"冷在三九，热在三伏"，而"三九"天就在小寒的节气内，因此小寒才是全年最冷的节气。年轻人注意在这个节气不要因过量食用肥甘厚味、辛辣的食物长出痤疮。到了小寒，老南京一般会煮菜饭吃，菜饭的内容并不相同，但都是菜与糯米一起煮的，十分香鲜可口。广州传统在小寒早上吃糯米饭，为避免太糯，一般是60%的糯米和40%的香米混合而成。

当太阳到达黄经285°时为小寒，公历1月5～7日交节。小寒节气正处于"三九"，是一年当中天气最冷的时候。此时人们应注意"养肾防寒"。

饮食适宜与禁忌如下。

适宜多食用一些温热食物来抵御寒冷对人体的侵袭。这些食物有韭菜、辣椒、茴香、香菜、荠菜、南瓜、羊肉、猪肉、狗肉、鸡肉、鳝鱼、鲢鱼、木瓜、樱桃、栗子、核桃仁、杏仁、大枣、桂圆等。此时比较适合吃麻辣火锅和红焖羊肉。

禁忌盲目进补，易造成虚者更虚，实者更实，使人体内阴阳平衡失调，出现许多不良反应。

推荐菜为当归生姜羊肉汤、山药羊肉汤、栗子烧白菜、麻辣火锅、红焖羊肉。

二十四、大寒

大寒是二十四节气中的最后一个节气，也是冬季的最后一个节气，表示天气严寒，最寒冷的时期到来。按我国的风俗，特别是在农村，每到大寒节，人们便开始忙着除旧布新，腌制年肴，准备年货。在大寒至立春这段时间，有很多重要的民俗和节庆，如尾牙祭、祭灶和除夕等，有时甚至连我国最大的节日——春节也在这一节气中。大寒节气接近春节，充满了喜悦与欢乐的气氛，是一个欢快轻松的节气。

当太阳到达黄经300°时为大寒，公历1月20～21日交节。大寒期间是感冒等呼吸道传染性疾病高发期，因此应注意防寒保暖。

饮食适宜与禁忌如下。

适宜多吃一些温散风寒的食物，以防风寒邪气的侵袭。饮食方面应遵守"保阴潜阳"的原则。饮食宜减咸增苦，宜热食，但燥热之物不可过量食用；食物的味道可适当浓一些，但要有一定量的脂类，保持一定的热量。宜食用的食材同"小寒"节气。另外，适当增加生姜、大葱、辣椒、花椒、桂皮等佐料。

禁忌黏硬、生冷食物，应少吃海鲜和喝冷饮。

推荐菜为双菇猪肚煲、萝卜炒虾仁、木耳烧豆腐、羊肉炖白萝卜、糖醋胡萝卜丝。

第四节 食 疗

一、食疗鼻祖

孟诜(公元621—713年)，为唐代汝州梁人(今河南汝州市)，著名医药学家。他既是孙思邈的真传弟子，又是与孙思邈齐名的唐代四大名医。其著作《食疗本草》是世界上现存最早的食疗专著，集古代食疗之大成，与现代营养学的原理相一致，对我国和世界医学的发展做出了巨大的贡献，被誉为"世界食疗学的鼻祖"。

二、原理介绍

中国传统膳食讲究饮食平衡，故提出了"五谷宜为养，失豆则不良；五畜适为益，过则害非浅；五菜常为充，新鲜绿黄红；五果当为助，力求少而数"的膳食原则。用现代语言来说就是，要保持食物来源的生物多样性，以谷类食物为主；要多吃蔬菜、水果和薯类；每天要摄入足够的豆类及其制品；鱼、禽、肉、蛋、奶等动物性食物要适量。

中国的传统膳食结构是非常合理的，但我国民众的饮食结构却越来越西化。资料显示，1997—2002 年，我国居民消费的十大类食物中，粮食和豆类食品的消费量分别下降了12.6%和 6.8%，糖类食品增长了 42.1%，植物油类、肉类、禽类和蛋类的消费分别上升了20%以上。这种局面的出现与洋快餐泛滥有关，洋快餐大多是油炸、烘焙加工的食品，肉类比例非常高，这种"吃肉才有营养"的错误导向是饮食结构西化的重要原因，而实际上，食物热量的 60%左右来自碳水化合物，25%来自脂肪，12%～15%来自蛋白质，如此才是理想的膳食构成比例。洋快餐的特点是"三高"和"三低"，即高热量、高脂肪和高蛋白质，低矿物质、低维生素和低膳食纤维。其营养严重失衡，因此国际营养学界称其为"能量炸弹"和"垃圾食品"。

实际上，在一些国人热衷于饮食西化的时候，以中国传统饮食结构为代表的东方膳食结构，却越来越为世人瞩目。

概括而言，中国传统膳食结构有四大优势。一是主、副食分明，传统膳食非常注重谷物的健康作用。二是关注新鲜蔬菜的健康作用。中国传统膳食新鲜蔬菜来源广泛，食用量大，"食不可无绿"已经成为中国传统饮食的原则。中国居民每个人一天大约要吃 500 克新鲜蔬菜，而德国只有 80 克，英国是 83 克，荷兰大约为 100 克，美国为 102～103 克，法国为 120 克。三是强调"可一日无肉，不可一日无豆""青菜豆腐保平安"的膳食原则。四是我们的传统膳食坚持了低温烹饪的方法，如主食馒头、米饭、面条、饺子、粥等烹制都在水中进行，采用 100℃左右的温度加热，比烘烤的温度要低得多。另外，爆炒菜肴也是短时间完成，这种烹调方式不仅有益于保持蔬菜的营养成分不流失，也满足了菜肴表面杀菌的需要，同时还减少了油脂的氧化。

因此，我们要坚持中华民族的传统饮食结构，学会食疗养生的方法，要多吃"自然造"的天然食物，少吃人造的加工食品。

三、中医食疗

食物疗法和药物疗法有很大的不同。食物治病最显著的特点之一，就是"有病治病，无病强身"，对人体基本上无毒副作用。也就是说，利用食物(谷、肉、果、菜)性味方面的偏颇特性，能够有针对性地用于某些病症的治疗或辅助治疗，调整阴阳使之趋于平衡，有助于疾病的治疗和身心的康复，但食物毕竟是食物，它含有人体必需的各种营养物质，主要在于弥补阴阳气血的不断消耗。因此，即便是病症诊断不准确，食物也不会给人体带来太大的危害。正如名医张锡纯在《医学衷中参西录》中所说"食疗病人服之，不但疗病，并可充饥，不但充饥，更可适口。用之对症，病自渐愈，即不对症，亦无他患"。因此，食物疗法适用范围较广泛，首先主要针对亚健康人群，其次才是患者。其作为药物或其他治疗措施的辅助手段，随着日常饮食生活自然地被接受。

药物疗法主要使用药物，药物性质刚烈，自古就有"是药三分毒"之说，主要是为治病而设，因此药物疗法适用范围较局限，主要针对患者，是治疗疾病和预防疾病的重要手段。如果随便施药，虚症用泻药，实症用补药，或热症用温性的药物，寒症用寒凉性质的药物，不仅不能治疗疾病，反而会使原有的病情加重，甚至恶化。因此用药必须十分谨慎。

食物疗法寓治于食，不仅能达到保健强身、防治疾病的目的，而且还能给人感官上、精神上的享受，使人在享受食物美味之时，不知不觉达到防病、治病的目的。这种自然疗法与服用苦口的药物相比迥然不同，它不像药物那样易于使人厌服而难以坚持，人们容易接受，可长期服用，对于慢性疾病的调理治疗尤为适宜。

此外，食疗用品在剂型、剂量上不像药物那样有严格的规定，不能随意更换，它可以根据患者的口味进行不同的烹调加工，使之味美色艳，寓治疗于营养和美味之中。

当然，食物疗法和药物疗法各有所长，因此在防病治病的过程中二者都是不可缺少的，应利用各自所长，应用于不同的疾病或疾病的不同阶段。食物疗法与药物疗法应相互配合，相互协同，相得益彰。

四、四季食疗

人生活在大自然中，与自然息息相关，人类的生存有赖于大自然提供的各种条件，人体与外在自然环境之间存在着既对立又统一的关系。因此，药膳食疗应遵循顺乎自然的法则，适应气候变化的规律，春夏季节应注意保养阳气，秋冬季节应注意保养阴液，如此才能起到良好的养生作用。

1. 春季：养肝健脾

宜用药物：天麻、米仁、党参、淮山、白芍等。
宜用食物：兔、鱼、鸡、木耳。

2. 夏季：清热养阴

宜用药物：石斛、燕窝、蛤士蟆、绞股蓝、野菊花等。
宜用食物：老鸭、鱼、冬瓜、西瓜、荷叶等。

3. 夏季：保肝护肝

宜用药物：枸杞叶、虎尾轮、牛奶根、香藤根、佛掌榕、石橄榄、金线莲、风柜斗草、鸭掌草、地参。
宜用食物：鸡、猪小肠、猪肝。

4. 秋季：滋阴润肺

宜用药物：麦冬、玉竹、芦根、石斛、菊花、百合等。

宜用食物：甲鱼、鱼、老鸭、泥鳅、芹菜、白果、白木耳、莲藕、梨等。

5. 冬季：益气滋肾

宜用药物：洋参、当归、熟地、太子参、虫草、杜仲等。

宜用食物：鱼类、禽类、黑芝麻、核桃、羊肉等。

第五节　家常菜谱

1. 人参茯苓生姜粥

原料：粳米100克，白茯苓20克，人参、生姜各5克。

做法：将人参、生姜切薄片，煎取药汁；把白茯苓捣碎，浸泡30分钟，煎取药汁。将两次煎药汁合并，分早、晚两次，同粳米煮粥服食。

功效：益气补虚，健脾养胃。适应于气虚体弱、脾胃不足、倦怠无力、面色苍白、饮食减少、食欲不振、反胃呕吐、大便稀薄等症。

2. 乌鸡山药汤

原料：乌鸡1只，山药200克，枸杞子20粒，大枣10颗，花椒、葱、姜、盐适量。

做法：乌鸡去内脏后洗净备用；山药去皮、切块，用清水浸泡以免变色；枸杞子洗净备用。锅中倒入足量的水，放入乌鸡，煮沸后撇去浮沫；加入枸杞子、大枣、花椒、葱、姜，转文火煲2小时后，加入山药；煮至山药软熟后加入盐调味即可。

功效：延缓衰老，强筋健骨，对骨质疏松、佝偻病及妇女缺铁性贫血症有一定的食疗功效。

3. 香菇鸡汤

原料：鸡半只，新鲜香菇100克，姜片、米酒、香油、盐、味精适量。

做法：将鸡洗净，切成块；香菇洗净沥干，去蒂后对切。将鸡肉块、香菇、姜片、米酒、水等一同放入汤锅中，用中火炖煮1小时后撇去浮沫，加入香油、盐、味精调味即可。

功效：化痰散寒，增强机体免疫功能。

4. 山楂冬瓜汤

原料：干山楂25克，冬瓜100克。

做法：将山楂、冬瓜连皮切片，加水适量煎煮20分钟即可，吃山楂、冬瓜，并喝汤。

功效：降血压，调血脂。

5. 荠笋拌肉丝

原料：熟猪腿瘦肉150克，荠菜100克，竹笋、白糖各50克，香油15克，酱油10克，味精1克。

做法：将竹笋洗净切开，放入沸水中烫熟，捞出冷却后切成细丝，放入碗内；将荠菜洗净，放入沸水中稍烫捞出，摊开冷却，晾干水分，切成细末，放入竹笋碗内；将熟猪腿瘦肉切成细丝，放入竹笋碗内，与竹笋丝、荠菜末拌匀装盘。将白糖、香油、酱油、味精放入小碗内调匀，浇在荠菜竹笋肉丝上面，拌匀即可。

功效：利肝和中，清热化痰，对咳喘、糖尿病、烦渴、失眠等有辅助疗效。

6. 苦菜炖猪肉

原料：猪瘦肉 250 克，苦菜、酢浆草各 30 克，葱段、姜片、精盐、味精适量。

做法：将苦菜、酢浆草洗净，切碎，用白纱布包好，扎紧。猪瘦肉洗净，切块，与纱布药包同放砂锅内，摆上葱段、姜片，加入适量水，炖约 1 小时至原料熟烂，拣去葱段、姜片和药包不用，加入精盐、味精调味即可。

功效：清热凉血，可辅助治疗肝硬化。

【实践锻炼】

你身边的美食都有哪些？美食背后有没有动人的故事？

第三章 着装服饰礼仪

　　"衣食住行"以"衣"居首。服饰是我国民族历史和文化的一个重要载体，在中国的礼仪中占有很高位置，曾有"衣冠之治"之说。得体的服饰穿戴对于提升人的气质、美化人的仪表、完善人的形象起着重要的作用。服饰礼仪就是要讲明，在什么样的具体情况下应当怎样打扮；针对不一样的个体，什么样的打扮是合乎大众审美的。在现实社会中，一个人的穿着打扮并不是个人的私事，还关系到对他人的尊重，是个人素养的体现。因此人们在日常社会交往中，应当遵循一定的审美惯例与审美规范。

第一节 着装基本礼仪

　　服装在日常交往中被视为人的"第二肌肤"。必要而恰当得体的服饰艺术，是日常生活和社交活动中不可或缺的。穿着不在于多少，也不在于名贵与否，而在于是否得体，也就是服装要和穿着者的身材、体形、肤色、年龄、气质、环境、职业、兴趣爱好等相协调。

一、着装的 TPO 原则

　　服饰礼仪的基本原则之一是 TPO 原则。T、P、O 分别是英语的时间(time)、地点(place)、场合(occasion)三个单词的首字母，其含义是要求人们在选择服装、考虑具体款式时，应当首先以时间、地点、场合这三个基本因素为前提，力求使自己的着装及服装款式与所处的时间、地点、场合相协调。

　　人们在公共场合和社交场所选择和穿着的服装会直接影响周围公众的心理，进而关系到人际关系与社交活动效果，因此全面掌握和灵活运用 TPO 原则尤为重要。

(一)服饰的时间原则

　　服饰的时间原则包含三个方面的含义。一是指每天早、中、晚这三个时间段，二是指每年春、夏、秋、冬这四个季节，三是指时代的差异和年龄的差异。

　　不同时间的着装规则对女士尤为重要，不像男士一套西装就能"以不变应万变"，女士的着装则随场合而变。职场工作时，女士多穿着正式套装，以体现专业性；晚上聚会时，就可多加一些修饰，如戴上有光泽的首饰或点缀一条漂亮的丝巾。另外，不同季节和天气还要选择不同色调和款式的服装。

通常情况下，户外活动居多时，穿着可相对休闲而舒适；而晚间的宴请、音乐会、演出、舞会等场合相对比较正规，且由于空间的相对缩小及人们的心理作用，对晚间活动的服饰往往给予更多的关注和重视，对着装礼仪的要求也就相对更加严格。

除一天的时间变化，还要考虑到一年四季的变化对着装者的生理和心理的影响。比如，夏天的服饰应以凉爽、透气、简洁、大方为原则，拖沓累赘的装饰，只会使周围的人产生闷热烦躁的感觉，穿着者自身也会因为汗渍或脱妆而显得失礼和局促不安。冬天的服饰应以保暖、轻快、简练为原则，穿着单薄会使人因寒冷而面色发青，嘴唇发乌，因此材质上要讲究内薄软、中保暖、外防风，款式上要讲究内贴身、中宽松、外收口。除此之外，着装还要顺应时代的潮流和节奏，过分标新立异的服饰都会令人侧目，使人产生心理距离。同时，着装还要考虑年龄的差异，尽管今天社会对年龄的差异更加包容了，但是如果着装者完全不考虑年龄，过分地装嫩或扮成熟，都会令周围人感到不适。

(二)服饰的地点原则

服饰的地点原则是指选择服饰要与其当时所处的环境相协调。从地点上讲，室内和户外、都市和乡村、工作场所和家庭、国内和国外等不同的地点，着装的要求和款式都相应有所不同。比如，在海滨浴场穿泳装是很正常的，但如果穿到单位或街市，就会格格不入。同样地，在高级雅致的办公室，在绿草丛生的林荫间，或在简陋狭窄的小巷里，如果一直穿戴同样的服饰给人的感受也会不同，或是给人身份与穿着不相配的感觉，或是给人刻板的感觉，或是显得华而不实。凡此种种不适的感觉都十分影响人际交往形象，而避免它的最好办法就是"入乡随俗""因地制宜"，尽量使着装与环境相协调。

(三)服饰的场合原则

服饰的场合原则是指服饰要与穿着场合的气氛相和谐。参加庄重的仪式或重要的典礼等重大公关活动，穿着一套便服或打扮得花枝招展、暴露性感，会使公众感觉此人轻率、缺乏教养，而从一开始就对其失去信心或产生不良印象。通常情况下，我们在参加一些活动时应事先有针对性地了解活动的内容和参加人员的情况，或根据以往经验，精心挑选和穿着合乎这种特定场合气氛的服饰，使你的服饰与场合气氛融洽和谐，这样，你从心理上会获得一种舒适感，也更容易实现社交融入并获得他人的认可。

二、着装的个性化原则

在社会交往中，着装若想取得成功，进而做到卓尔不群，就必须注意做到个性化原则，个性化原则包括个体性、整体性、文明性、整洁性、技巧性五个方面。

(一)个体性

在日常生活中，每个人都有自己的个性，有的人活泼开朗，有的人则稳重端庄，其实着装也是如此，既要做到对共性的认同，又不掩盖自己的个性，就需要遵从着装的个体性。个体性包含以下两层含义。

(1) 着装应该根据自身的特点，做到量体裁衣，让服装适应自己的身材、年龄、职业等特征，并且扬长避短。比如，职业女性的着装应给人干脆利落、稳重干练的感觉；身材稍胖的人士可尽量穿颜色较深或者竖条纹的服装，这样能够利用人的视觉弥补身材缺陷；脸型长的人士则应尽量避免佩戴拉伸脸部的项链或耳坠。凡此种种，全部做到位，才能使着装别具特色又合情合理。

(2) 着装应该创造并保持自己所独有的风格，在遵从适应性原则的前提下，在某些方面可以显示自己的与众不同之处。在日常生活和社会交往中，不应该一味地追赶潮流，或是完全随波逐流，别人穿什么自己就穿什么，根本不管这些所谓的时尚是否适合自己，致使着装千人一面，缺乏特色，有失个性和美感，年轻的女士更要注意这一方面。

(二)整体性

在日常生活和社交场合中的着装还应该进行整体性的设计和全方位的考虑，有时还要辅以精心的搭配。着装上要考虑服饰的各个部分既要自成一体，又要相互呼应与配合，达到和谐舒适的效果。在具体穿着中要做到以下两点。

(1) 按照服饰本身所约定俗成的搭配进行着装。比如，穿西服套装搭配皮鞋，如果你穿着干净利落的西服套装参加重要会议却穿着一双篮球鞋或雪地靴，就会非常不协调甚至是失礼。

(2) 服饰的各个部分应做到互相适应，局部服务于整体，力求展现着装的整体美，同时服饰搭配也要协调。

(三)文明性

日常着装还要文明大方，符合社会的道德规范、传统文化和常规礼仪。具体的做法与要求如下。

(1) 不穿过分暴露的服装。尤其是在那些正式的社交场合，袒胸露背或者暴露大腿、腋窝及隐私部位，在大庭广众之下赤膊，男士赤裸上半身等都是不文明、不礼貌、不合规的行为。

(2) 不穿过于薄透的服装。在正式的社交场合尽量不穿能够透视到内衣、内裤的服装，否则就会给人留下有失检点或为人轻浮的印象。

(3) 不穿过于紧身、短小的服饰。有的人为了标新立异或追赶时髦，在一些正式的场合穿小一号的服装，将身体裹得紧紧的，把自己的轮廓凸显出来，甚至穿着小背心、超短裙等服装，这些都是失礼的表现。

(四)整洁性

服装要保持整洁，避免肮脏、邋遢或褶皱，要尽量保持服装服饰的整齐、干净、卫生、完整。服装并非一定要高档华贵，但要保持清洁，并熨烫平整，穿起来才能大方得体，显得人精神焕发。服装整洁并不完全为了自己的形象，也是尊重他人的需要，这是良好仪态的第一要务。穿着套装时，尤其要注意衬衣袖口、领口的卫生，衬衣要每天清洗、熨烫。

(五)技巧性

着装的技巧性主要是指掌握穿衣之法，挑选合适的服装颜色，进行合理的搭配等。着装并没有特别的固定之法，但要按照日常生活和社会交往中的服饰原则来穿着，并且注意一些细节问题。比如，女士穿裙子时袜子的袜口不要露出在裙摆之外，男士的西装要取下袖口处的标签，等等。

三、着装的协调性原则

(一)着装要与环境相协调

总而言之，就是"入乡随俗"。比如，去政府机关或高级饭店应穿得尽量正规、得体、高雅；去参加晚会或娱乐场所就应穿得尽量时尚、个性；去公园或超市就可以选择相对休闲舒适的休闲服或运动装；居家则可以更为随便一些，穿着舒适的起居服。

(二)着装要与身材相协调

穿衣戴帽，各有所好，但仍需注意要让服饰符合自己的身材。比如，丰满肥胖的人就不要选择过于紧身、短小、膨胀或装饰繁杂的服装，那样会更加显胖。同时在色调选择上可选择一些相对颜色较深、有亚光效果或能使人产生视觉收敛效果的服装。

(三)穿着要与年龄相协调

在中国大众的传统服饰观念中，年轻人一般穿着色彩鲜艳、款式时尚的服装，显得年轻活泼；而老年人则以深色或保守的服装为主，从而显得老成持重。新时代中国开放的脚步从未停歇，人们穿着的观念也发生了明显的变化，尤其是随着生活水平的不断提高，社会发展的多样性为大众的服饰文化提供了广阔的发展空间。中老年服装在颜色、款式上发生了很大的变化，许多老年人也开始穿着色彩鲜艳、款式时尚的服装。近年来，服装款式的复古风更加流行，汉服已为越来越多的年轻人认知并接受，逐渐成为街头常见的穿着之一，这说明，年青一代通过自己的方式表达着自己的民族自信和文化自信。

(四)穿着要与职业和场合相协调

在正常的社会交往中，场合大致分为三种：公务、休闲和社交。通常情况下，公务场合属于工作环境范畴，一般应以传统、稳重、端庄、大方为主，可以穿着套装、套裙、制服、工作服等；休闲场合则可以以户外装、运动装、休闲装为主；而社交场合的着装相对要复杂一些，总体要根据具体的社交主题或社交场所确定，服装要时尚、典雅、个性，适合这个场合的服饰主要有礼服、时装、民族服饰等。

第二节 男士西装礼仪

交际场合中最常见、穿着最广泛的服装是西装。西装在造型上线条明快而流畅，使穿着的人显得挺拔潇洒、精神饱满、风度翩翩，给人稳重的感觉；西装在结构造型上也与人体相适应，使人的颈部、胸部、腰部等部位伸展舒坦，富有挺括之美；西装在装饰上胸前饰以领带，色彩夺目，给人一种潇洒考究的美感。而且，西装是社交场合公认的既合乎美观大方，又穿着舒适的服装，且男女皆宜，尤其是男士社交场合不可或缺的重要服饰。因为它既正统又简练，可保守可时尚，还能彰显各年龄段的气派风度，所以西装已经发展成为国际社会通用的服装，在各种社交场合都非常适合男士穿着。

西装的穿着有统一的模式和要求，只有符合这种模式和要求才能被认为是合乎礼仪的。

一、西装的分类与适用

西装有单件上装和套装之分，套装又分为二件套和三件套。一般非正式场合如旅游、参观、一般性聚会等，可穿单件上装配以各种西裤，也可根据需要、爱好和个人气质，配以牛仔裤、休闲裤、时装裤等。在半正式场合，如一般性会见、访问、较高级的会议或白天举行的较为隆重活动的场合等，应穿着套装，但也可视场合气氛需要选择格调较为轻松的色彩和图案，如花格呢、粗条纹、浅色套装都不失整洁且颇感青春时尚。但是在非常正式的场合，如宴会、正式会见、婚丧活动、大型记者招待会、正式典礼及特定的晚间社交活动等场合，要穿着颜色素雅的西服套装，以深色、单色最为适宜，花格、条纹和彩色等图案的选择会让人觉得不够严肃而显得失礼。

二、西装纽扣样式的选择与使用

西装的风格主要体现在纽扣样式上。西装的纽扣除实用功能外，还有重要的装饰和造型作用。西装通常有单排扣和双排扣之分，一些时尚款式还有无扣西装，但无扣西装一般不出现在正式场合中。其中单排扣又有单粒扣、双粒扣、三粒扣之别。在非正式场合，比如，家庭聚会中一般可以不系扣，能够显示穿着者潇洒飘逸的风度气质；但是在正式和半正式场合，比如，商业性活动或大型聚会中，则要求将实际纽扣即单粒扣、双粒扣的第一粒、第三粒扣的中间一粒都扣上，而双粒扣的第二粒，第三粒扣的第一粒、第三粒都是样扣(游扣)，不必扣上。双排扣以四粒扣和六粒扣为主，也有其他扣法。

三、西裤的穿着

西裤作为西服套装的另一个主体部分，要求与上装互相协调，共同构成和谐的整体。合体的西裤立档的长度以裤带的裤鼻正好通过着装者的胯骨上边为宜，裤腰大小以系扣后能够插入手掌为标准，裤长以裤脚接触脚背最为适合。穿着西裤时，裤扣要扣好，拉锁全部拉严。西裤配备的腰带一般在 2.5~3 厘米的宽度较为美观，材质最好是真皮，黑色腰带是最常见的通用选择，腰带系好后留有腰带头的长度一般为 12 厘米左右，过长或过短都不符合服装美学要求。

四、衬衫的选配

正规的社交场合穿着西装，衬衫是一个重点，颇有讲究。通常来说，与西装配套的衬衫必须挺括、整洁、无褶皱，尤其是领口和袖口。在正式场合中，衬衫是否与西装相配很重要，尤其是长袖衬衫的下摆应该塞在西裤里，袖口应该扣上不可翻起。在不系领带时，衬衫领口可以敞开一粒扣；如系领带，应配以硬领的衬衫，合领后领口以能够插入一个手指头的宽松度为宜。衬衫袖长以长出西装衣袖 1～2 厘米为合乎礼仪的要求。在夏季穿着短袖衬衫时，一般也应将下摆塞在裤内，但软领短袖衬衫可以例外。这些穿法都是每位男士穿着西装时必须记住并要做到的。

五、领带的选配

领带是西装的"灵魂"。在社交与公关活动中，不同的领带能给同一套西装带来不同的气质和风韵。领带不仅是西装的重要装饰品，也是西装的重要组成部分。领带的种类丰富，大体分为一般型领带和变型领带两种。一般型领带有活结领带、方形领带、蝴蝶结领带等；变型领带有阿司阔领带、西部式领带、线环领带等。以领带面料分，有毛织、丝质、皮制和化纤等材质。以花型分，有小花型、条纹花型、点子花型、图案花型、条纹图案结合花型、古香缎花型等。一般在正式或半正式场合，穿着西装时都应当系扎领带，领带的打法如图 3-1 所示。

图 3-1　领带的打法

领带的扎法也很有讲究，一般是扣好衬衣领后，将领带套在衣领外，然后将较宽的一片稍稍压在领角下，抽拉另一端，领带就自然夹在衣领中间，而不必把领子翻立起来。系领带最重要的部位是领结，不同的系法可以得到形状不同的领结。每个人可以根据个人习惯的手法、出席场合的要求和衬衫领子的角度选择自己的领带系扎方法，通常领子角度较小的宜选用小领结的扎法，而领子角度较大的宜选用大领结的扎法。但不论哪种系扎方法，领带系好后，两端都应自然下垂，上面宽的一片要略长于底下窄的一片，而不能相反，当然上片也不宜比下片长出过多，致使领带尖压住裤腰甚至垂至裤腰之下显得颇为不雅。如果有西装背心相配，领带就必须置于背心之内，领带尖亦不可露于背心之外。另外，领带的宽度不宜过窄，过窄会显得小气，宽度应与人的脸型、气质及西装领、衬衫硬领的宽度相协调。

六、西装的手帕与衣袋

有些社交场合要用到西装手帕，西装手帕能起到锦上添花的效果。装饰性的手帕一般是白色的，要求熨烫平整，要根据不同场合需要折叠成不同的图形，插在西装的上衣袋中。其中，隆起式是在郊游、户外、嬉戏场合中常见的装饰式样，方法是将手帕的边角插入袋内，外露部分呈自然隆起状，无造作感，不露棱角。褶皱式则相对大方、自然，它是将手帕的底端沉入袋底，棱角毕露，好像触角伸向天空，展示出一种无拘无束的姿态。花瓣式则好似花开时的花瓣一般，方法是沿手帕边缘做规则折叠，四角尖角参差不齐，半露于衣袋之外，形状宛若芙蓉出水，格调高雅，这种样式应用于社交礼仪场合。TV 折是英文"电视"一词的缩写，来源于西方电视快餐方盒的外形，它是将手帕接连对等折叠，平贴于袋内，边缘露出袋外 1 厘米左右。此外，三角形、三尖形、双尖形等样式的折叠方法较为简单，一般场合比较多见。

西装衣袋的整理也同样重要。上衣两侧的两个衣袋只作装饰用，不用于装物品，上衣胸部的衣袋是专装手帕之用，而票夹、钱夹、签字笔等物品可置于上衣内侧衣袋。西裤的左、右插袋和后袋同样不宜放鼓囊之物，以求臀围合适流畅，裤形美观。

当然，西装穿着中核心的三部分是西装、衬衫和领带的正确选用及穿戴，这三者间如果搭配和谐、整体协调则更会使穿着者风度翩翩、格外优雅而魅力彰显。一般情况下，深色西装搭配白色衬衫，是最普及也是最合适的选择。如果是杂色西装，配以色调相同或相近的衬衫，效果也是不错的。但如果带条纹的西装配以方格图案的衬衫，效果就不太理想了，条条块块给人散乱复杂的感觉，反之亦然。总之，西装搭配的原则是衬衫和西装在色调上要形成对比，西装的颜色越深，衬衫的颜色越要明快。同时，不能忘了领带的映衬作用。西装的色调稳重，领带的颜色可以相对明快；而西装的色调朴实淡雅，领带则应该华丽而又明亮，否则看上去会模糊不清，尤其当衬衫的颜色不明快时更应选配鲜艳的领带。当然，这也不是绝对的，还要看场合和穿着者的个人气质及喜好。假如西装与领带的色调一致，只要二者在颜色上有深浅变化，成为互补色或对比色，而这种对比又是整套西装中唯一的对比，也会产生特殊的视觉效果。需要注意的是，西装和领带的花纹(条纹型)不能重复，二者衣纹不一样，也可以相配，但图案规格不宜太大，否则看起来过于夸张另类。西装搭配如图 3-2 所示。

图 3-2　西装搭配

一般情况下，社交场合西装、衬衫、领带搭配的常见方法有黑色西装配白色或浅色衬衫，系银灰色、蓝色或黑红细条纹领带；中灰色西装配白色或淡蓝色衬衫，系砖红色、绿色或黄色领带；暗蓝色西装配白色或淡蓝色衬衫，系蓝色、深玫瑰色、褐色、橙黄色领带；墨绿色西装配白色或银灰色衬衫，系灰色、灰黄色领带；乳白色西装配红色略带黑色、砖红色或黄褐色领带互补的衬衫会更显优雅气度。

第三节　女士着装礼仪

服装不仅仅用来保暖，它更是社会活动的一种载体和工具。它通过颜色、花纹、图案、质地、款式、品牌等要素传达社会信息，即着装者的个性、能力、职业、地位、气质、品位、修养等。内在之美在于积累与修炼，外在之美在于着装与修饰。女士如何着装才能合体大方、光彩照人，以下细节和要领不能忽略。

一、女士着装的基本要求

女士着装除了应该符合前文介绍的几种要求之外，还应该在以下几个方面进行精心设计，从而达到审美的标准。

(一)衣裙

女性衣裙种类繁多，款式万千，是最能体现女性魅力的一种服饰。但是在正常的社交活动要注意穿着大方得体，不能过于华丽和时髦，更不能穿过于"薄、透、露、短"的性感服装。在正式场合更要以典雅大方的套装为主，传统礼服、民族服装也适合在一些娱乐场合穿着。超短裙、露背装、露脐装是不适合上班女士穿着的。中老年女性也不要穿过于花哨的服装。

(二)鞋袜

女士穿的鞋子有较多的选择。在庄重的场合，一般除凉鞋、拖鞋外，各种式样的鞋子都可以穿，与衣裙的色彩、款式相协调即可。例如，穿套装就不应搭配布鞋，否则会给人不协调的感觉；穿裙子要穿长筒袜或连裤丝袜，同时袜口不能低于裙边。

(三)帽子

正式场合，女士在室内、室外都可以戴帽子。但帽子的样式要朴实大方，尽量不要戴一些看上去夸张、奇特的帽子。例如，一些帽檐儿过宽的帽子，在室内戴就不太合适，因为这类帽子容易遮挡人的视线。

(四)手套

女士所戴的手套在与人握手时要摘下，以免失礼。但有些场合女士所戴的薄纱高袖手套属于社交装，它与无袖礼服配套，握手时可以不摘。

二、职业女性着装的标准

职业女性在着装方面除了遵循 TPO 原则以外，还应该注意以下四个方面。

(一)整洁平整

服装并非一定要高档华贵，但需保持清洁，并熨烫平整，穿起来就显得大方得体，使人精神焕发。整洁并不完全为了自己，更是尊重他人的表现，这是良好仪态的第一要务。

(二)色彩搭配

不同色彩会给人不同的感受，例如，深色或冷色调的服装让人产生视觉上的收缩感，显得庄重严肃；而浅色调或暖色调的服装则会有扩张感，使人显得轻松活泼。因此，可以根据不同场合、不同季节的需要进行选择和搭配。

(三)配套齐全

除了主体衣服之外，鞋、袜、手套等的搭配也要多加考究。例如，袜子以透明近似肤色或与服装颜色协调为好，带有大花纹的袜子不能在正式场合穿；正式、庄重的场合不宜穿凉鞋或靴子，黑色皮鞋是适用性最广的，比较百搭。

(四)饰物点缀

巧妙地佩戴饰品能够起到画龙点睛的作用，给女士增添色彩。但是佩戴的饰品不宜过多，否则会分散对方的注意力，也会显得较为庸俗。佩戴饰品时，应尽量选择同一色系或相似材质与风格的。佩戴饰品的关键是要与所穿的整体服饰搭配统一起来。同时，也要注意对手袋、皮包的选择。

三、穿着套裙的礼仪

所有适合职业女士在正式场合穿着的裙式服装中，套裙是首选。它是西装套裙的简称，上身是女式西装，下身是半截式裙子。也有三件套的套裙，即女式西装上衣、背心、半裙。

套裙可以分为两种基本类型。一种是用女式西装上衣和一条裙子进行的自由搭配组合成的"随意型"，另一种是女式西装上衣和裙子成套搭配而成的"成套型"或"标准型"。

(一)套裙的选择

一套在正式场合穿着的套裙，应该由高档面料缝制，上衣和裙子要采用同一质地、同一色彩的素色面料。造型上讲究扬长避短，因此提倡量体裁衣，做工讲究。上衣注重平整、挺括、贴身，较少使用饰物和花边进行点缀；裙子要以窄裙为主，并且裙长要及膝或者过膝。女士套裙如图 3-3 所示。

色彩方面以冷色调为主，应当清新、素雅而凝重，以体现着装者的典雅、端庄和稳重。藏青色、炭黑色、茶褐色、土黄色、紫红色等色调稍冷一些的色彩都可以，最好不选鲜亮抢眼的色彩。有时两件套套裙的上衣和裙子可以是一色，也可以是上浅下深或上深下浅两种不同的色彩，这样形成鲜明的对比，可以强化套裙留给他人的印象。

图 3-3　女士套裙

有时穿着同色的套裙，可以采用不同色的衬衫、领花、丝巾、胸针、围巾等衣饰加以点缀，显得有层次、生动、活泼。另外，还可以采用不同色彩的面料，来制作套裙的衣领、兜盖、前襟、下摆，这样也可以使套裙的色彩看起来比较鲜明、活跃。为避免杂乱无章，套裙的全部色彩一般不应超过两种。

正式场合穿的套裙，最好没有花纹图样，要讲究朴素而简洁。以方格为主体图案的套裙，可以使人静中有动，充满活力；以圆点、条纹图案为主的套裙也可以穿着，但尽量不要使用以花卉、动物、人物等符号为主体图案。套裙上尽量不要添加过多的点缀，否则会显得杂乱而小气，如果实在喜欢则可以选择少而精的简单点缀。

套裙的上衣和裙子的长短没有明确的规定。一般认为，裙短则不雅，裙长则无神。最理想的裙长，是裙子的下摆恰好抵达小腿肚上方最丰满的地方。套裙中的超短裙，裙长应以不短于膝盖以上 15 厘米为限，此款对女士腿型的要求极高，而且一般不在庄重的场合穿着。

(二)套裙的穿着

穿着套裙时应该注意以下几个方面的问题。

一是大小适度。上衣最短可以齐腰，裙子最长可以达到小腿中部，上衣的袖长要以盖住手腕为宜。

二是认真穿着。要穿得端正到位。上衣的领子要完全翻好，衣袋的盖子要拉出来盖住衣袋，衣扣要全部系上。女士穿套裙不允许部分或全部解开扣子，更不宜当着他人的面随便脱上衣。

三是注意场合。女士在各种正式活动中，一般以穿着套裙为宜，尤其是在一些涉外活动和会务中。其他场合则视具体情况和单位要求来定。在出席晚宴、舞会、音乐会时，可以选择和这类场合相协调的礼服或时装。在这种场合，还穿套裙，会使你和现场不相协调，还有可能影响到他人的情绪。外出观光旅游、逛街购物、健身锻炼时，休闲装、运动装等便装更加适宜。

四是协调妆饰。穿着打扮讲究的是着装、化妆和配饰风格统一，相辅相成。穿套裙时，必须注重个人的形象，所以需要化妆，但也不应化浓妆，以职业妆、淡妆为宜。选择配饰也要少，并且要尽量做到合乎身份。在工作岗位上，不佩戴首饰也是没有问题的。

五是兼顾举止。套裙最能体现女性的柔美曲线，这就要求穿着者举止优雅得体，注意个人的仪态。穿上套裙后，要站得又稳又正，双腿不要叉开，不要站得东倒西歪，更不能随意下蹲。就座时要注意坐姿，双膝并拢，双腿不要分开，不跷二郎腿，更不能抖腿，绝不可以脚尖挑着鞋晃，甚至当众脱鞋。走路时不宜大步奔跑，应小步走，步子轻而稳。

六是要穿衬裙。穿套裙的时候需要穿衬裙，特别是穿丝、棉、麻等薄型面料或浅色面料制作的套裙时，如果不穿衬裙，内衣透形，影响美观，可以选择面料透气、吸湿、单薄、柔软的衬裙，而且应为单色，如以白色、肤色为主，需要与所穿套裙的色彩相协调。衬裙不应出现任何图案，大小应正好合体，不应过分宽松。穿衬裙的时候裙腰不能高于套裙的裙腰，不然就暴露在外了。要把衬衫下摆掖到衬裙裙腰和套裙裙腰之间，不可以掖到衬裙裙腰内。

七是与鞋袜配套。要注意套裙与鞋袜的选择，和套裙配套的应该是皮鞋，黑色的牛皮鞋最常见，裸色的皮鞋也非常百搭，与套裙色彩一致色彩的皮鞋也是不错的选择。袜子，可以是尼龙丝袜或羊毛袜，但鲜红色、明黄色、艳绿色、浅紫色的袜子最好别穿，袜子最好选择肤色、黑色、浅灰色、浅棕色等几种常规色彩，而且是单色，不应有花纹。穿套裙的时候，应有意识地注意一下鞋子、袜子、裙子之间的颜色是否协调。鞋子、裙子的色彩应当深于或略同于袜子的色彩。试想一位女士在穿白色套裙、白色皮鞋时穿上一双黑色袜子，就会给人一种非常不协调的感觉。不论是鞋子还是袜子，图案和装饰都不要过多。一些加了网眼、镂空、珠饰、吊带、链扣，或者印有时尚图案的鞋袜，都不是套裙的搭配。在和套裙搭配穿着时，鞋子的款式也有讲究。鞋子应该是高跟、半高跟的船式皮鞋或盖式皮鞋，系带式皮鞋、"丁"字式皮鞋、皮靴、皮凉鞋等都不适合穿。高筒袜和连裤袜是套裙的标准搭配，中筒袜和短袜，绝对不要与套裙同时穿着。另外，鞋袜应当大小相配套，完好无损。穿的时候不要随意乱穿，不能当众脱下，不要同时穿两双袜子，也不可将九分裤、打底裤等当作袜子穿。有些女士喜欢有空便脱下鞋子，或是处于半脱鞋状态，还有个别女士会将袜子脱下一半，甚至当着他人的面脱袜子，这些都是十分失礼的举止。同时需要注意的是，不要暴露袜口。暴露袜口，是公认的既缺乏服饰品位又失礼的表现。不仅穿套裙时应自觉避免这种情形的发生，而且穿开衩裙时更要注意，因此，连裤袜是搭配套裙的首选。

第四节　饰品佩戴礼仪

饰品是指人们在着装时所选用、佩戴的装饰性物品，有时也叫饰物。在现代生活中，饰品与服装都是服饰概念的有机组成部分，饰品佩戴也具有传递感情信息的作用，它往往表明主人的想法或是某种特有的表示。例如，胸前佩戴耶稣像十字架的人，一般是表明其宗教信仰，教徒之间就可能因此而沟通。而且，不同的饰品佩戴方法还会传达特定的信息。因此，饰品的佩戴同样应该合乎礼仪，尤其是项链、耳环、戒指等，在公共交际场合更应恰到好处地佩戴。

一般情况下，佩戴饰品应遵循如下规范。

(1) 在数量上以少为佳，总量上尽量不要超过三种。除了耳环以外，最好同类的饰品佩戴不要超过一件。

(2) 色彩和质地上力求同色。佩戴镶嵌首饰时一定要在主色调和质地上保持一致。

(3) 佩戴饰品时，首先要与自己的年龄、职业、性别、工作环境及所穿服饰保持一致，也要尽量与季节相符合。季节不同，佩戴的饰品也应该不同。金色和深色的饰品适合冬季佩戴，银色和艳色的饰品则适合暖季佩戴。

除此之外，还要掌握以下不同饰品的佩戴方法。

一、项链

项链是女士最常佩戴的饰品之一(男士根据需要和个人喜好也可以佩戴)。一套优雅的礼服配上一条名贵项链，会使人越发精神。但如果对项链的色泽、材质、造型等各种功用没有一个正确的认识，效果就可能大打折扣甚至适得其反。通常情况下，一次佩戴的项链最好不超过一条。从长度上加以区分，项链一般分为四种：短项链长约 40 厘米，适合搭配低领上装；中长项链长约 50 厘米，可以广泛使用；长项链长约 60 厘米，适合女士在社交场合使用；特长项链长约 70 厘米，适合女士在特别隆重的场合使用。

同时，项链的材质和造型非常重要。以材质论，首推钻石材质，然后是高雅的珍珠、富贵的金银、神秘的珐琅、古朴的景泰蓝、妖媚的玛瑙、沉静的骨质、活泼的贝壳、纯真的菩提珠、晶莹的水晶等材质。除了材质外，还要选择好项链的造型。细小的金项链要与无领的连衣裙搭配才显得人更清秀，如佩戴到厚实的高领衣装外，则会给人留下不协调的印象；长项链垂至胸部，会拉长人的视线，有助于修饰矮胖身材或较圆的脸型，从而达到增高效果或拉长效果；脖子细长的女士，以贴颈的短项链，尤以珍珠项链最为适宜。此外，服装的材质、颜色、样式及着装场合等因素都会影响项链的选择和佩戴。这其中虽然没有严格统一的佩戴规范，但也需要随时随地留意观察，寻求规律。

二、耳饰

耳饰又称为耳环、耳钉、耳坠等。耳饰虽小，却很重要，因其位于头面部所以非常显眼。耳饰的材质、色彩和造型对于佩戴者的个人形象、气质风采的影响比其他饰品更大，能起到画龙点睛的作用。耳饰的选择应首先考虑要与服装相搭配、相协调，如同时佩戴项链，耳饰的材质应与项链相同或相仿。通常情况下，金银材质的耳饰可搭配多数服装，色彩鲜艳的耳饰则需要与服装相一致或接近。耳饰的材质多种多样，常见的有钻石、金银、珍珠三大类。穿着高档礼服或套装时，最好佩戴熠熠发光的钻石耳饰或晶莹润泽的珍珠耳饰。

耳饰的佩戴还需注意要与佩戴者的脸型相配。耳饰的造型丰富多彩，相对较大的扣式耳饰容易在视觉上增加面部下颌处的宽度，不太适宜方型脸的女士佩戴，而对下颌较尖的脸型则正好合适。一般情况下，脸型较宽的女士尽量佩戴体积较小、形状长且贴耳的耳饰，这样可以拉长或收缩脸型。还需注意的是，在不同的礼仪场合应佩戴不同的耳饰。

三、戒指

戒指，又叫指环，它不仅是一种重要的饰品，还是特定信息的传递物，男女都可佩戴。戒指也有钻石、金银、翡翠玉石等不同材质，有浑圆、方状及雕花、刻字等不同造型。戒指一般佩戴于左手，而且以一枚为佳，尽量不超过两枚。戒指所表达的含义也是特定的。戴在食指上，表示求婚；戴在中指上，表示正在恋爱；戴在无名指上，表示已订婚或完婚；戴在小指上，表示崇尚独身。通常认为，钻石戒指是最合适的结婚戒指。另外，在西方男士通常将戒指戴在右手上，女士戴在左手上。在社会交往中，自己既不要随意佩戴戒指以免传递给他人错误信息，也不要忽视他人佩戴戒指所传递出的特定信息，以免造成误会。

四、手镯与手链

手镯与手链是佩戴于手腕上的一种饰品。佩戴手镯或手链一般是为了彰显佩戴者手腕与手臂的美丽。男士一般不佩戴手镯。手镯可以只佩戴一只，也可以佩戴一对。如果佩戴一只，一般佩戴于左手腕；如果佩戴一对，一般分别戴于左、右两手，尽量不要在一只手腕上佩戴多只手镯，少数民族舞蹈中常见的成串的细金属手镯除外。手链男女都可以佩戴，通常情况下，手链只佩戴一条，大多佩戴于左手。手镯与手链一般不同时佩戴。

五、脚链

脚链是佩戴于脚踝部的饰品，通常为链状或绳状，主要适用于非正式场合。脚链一般也是只佩戴一条，左、右脚不限。佩戴脚链时，一般脚踝裸露，如果佩戴脚链时穿袜子，应该将脚链佩戴在袜子之外。

六、胸针与领针

胸针是一种别在胸前的饰品，多为女士所用。胸针的图案以花卉为主，所以有时也称为胸花。胸针的材质也不尽相同，以材质上乘的制品为佳，如金、银。胸针的佩戴部位十分讲究，如果穿着西服套装，一般佩戴于左侧领上；如果穿着无领上衣，则佩戴于左侧胸前。另外，如果发型偏左，胸针应当偏右；如果发型偏右，则胸针应当偏左。

领针是佩戴于西装左侧衣领上的饰物。它是胸针的一个分类，男女皆可使用。佩戴领针的数量以一枚为限，且不与胸针、纪念章、奖章、徽记等同时佩戴。如果是有广告作用的领针，一般不在正式场合佩戴。

七、手表

手表又叫腕表。在社交场合中，手表往往是佩戴者身份、地位与财富的代言，尤其是对男士而言。选择和佩戴手表，应注重其品牌、性能、材质、种类、形状、色彩、图案等方面的元素。

在手表分类上，如依据价格进行分类。价格在 10000 元人民币以上的手表为豪华表，价格在 2000～3000 元人民币的手表为高档表，价格在 500～2000 元人民币的手表为中档表，价格在 500 元人民币以下的为平价表。选择手表时要考虑佩戴者的身份、职业、地位、工作场所、品位、气质、需求等一系列因素。

在造型上，手表的造型与其身价、档次密不可分。正式的社交场合中，手表应该以庄重、保守、经典的造型为佳，尽量避免新潮、怪异或卡通造型。通常情况下，正圆形、椭圆形、正方形、长方形和菱形的手表比较适合正式场合佩戴。

在手表的色彩与图案上，尽量避免杂乱无章，比较适宜选择单色或双色手表，色彩要清晰明了，图案要单一，除手表品牌之外应没有其他图案，这样的手表更能彰显佩戴者高贵典雅的气质。三种以上颜色的手表一般不出现在社交场合，银色、金色或黑色的手表日常中比较百搭。

在手表功能上，应该首先强调计时功能，其他功能如温度、湿度、气压、指南针等，如非专业户外人士佩戴，则尽可能少而精。

八、领带

领带前文已经讲过，在此不再赘述。

九、帽子、手套及包袋

帽子经常被看作"女士的第二张脸"，比较容易受到他人的关注。帽子选择合适可为佩戴者平添许多魅力，甚至改变整体形象。选择帽子时应该注意与整体的着装要协调，在色彩、质地、款式上要与服装相统一，如穿毛料服装适合选择毛呢料的帽子。同时，帽子的选择也要与脸型、肤色、体型相适应，例如，脸型长的人士最好选择宽边的或者是圆顶、小檐儿的帽子，这样可以修饰脸型。

手套是手部的时装，除御寒外，还具有很重要的装饰作用，选择时首先要考虑与服装相协调，与季节相适应，同时要注意保持整洁。

包袋与服装的搭配也很重要。它可以与服装形成鲜明的对比色，如黑白配。另外，也可以与多色服装中的主色调相同，或者与服饰中的某个饰品的颜色相一致，如此形成上下呼应的效果，相互协调，给人精致讲究的感觉。

总之，饰品的佩戴有很多讲究，只有遵循一定的审美原则才能达到增添整体美的效果。

【实训与思考】

● 大学校园里如何着装？

● 工作面试时如何着装？

● 宴席聚会时如何着装？

第四章　家庭人际关系

学习目的及要求

- 了解家庭人际关系的特点和功能。
- 掌握建立良好人际关系的基本原则和基本方法。
- 正确认识家庭人际关系，掌握维护良好家庭关系的方法。
- 如何将建立良好人际关系的理论知识转化为具体实践。

人际关系是社会关系的一种，它是指人与人之间心理上的关系。这里所说的"人"不仅指"认识的人"，还指和自己有实质关系的人。人不能孤立存在，不能离开他人而独自生活。因此，人们在物质交往和精神交往过程中发生、发展和建立起来的人与人之间的关系，就是人际关系。

俗话说，"清官难断家务事""家家有本难念的经"。家庭人际关系对于我们每个人都非常重要，需要我们正确地面对，不断维护和处理好家庭人际关系。

一、家庭人际关系的基本特点

家庭是以婚姻关系为基础，以血缘关系(包括领养关系)为纽带，有共同经济、生活的社会基本组织单位。

1. 家庭的特点

(1) 家庭是社会的基本组织单位。

人类社会是社会生活，以群体为特征。社会生活中有各种群体，家庭是人类群体的一种特殊形式。家庭肩负着两个生产的重任，即物质生产、人口的再生产和种族的繁衍。物质生产包括生活资料、衣食住行及为此必需的工具的生产，最初它完全是在家庭中进行的。随着社会生产力水平的提高及经济的发展，这种生产功能逐步由家庭转向社会，而人口的再生产和种族的繁衍则始终是家庭的责任与义务。家庭不仅生育人还要养育人，要为人的社会化创造条件。家庭是个人与社会的中介。家庭作为社会基本组织单位承担着保护老、幼、病、残，遵纪守法等责任。家庭作为社会群体，在家庭中，人与人之间应该是亲密的，是面对面的结合与合作。家庭对于个人和社会都具有稳定性、持久性和连续性的作用。

(2) 家庭是普遍的社会制度。

人类的社会生活是规范化的，为实现这些规范而制定的各种行为规则，就是社会制度。家庭也有一定的规定性、程序性和相对稳定性。尽管有各种各样的家庭，但家庭生活是有章可循的。家庭制度受社会制度的制约和影响，反过来也会影响社会制度。家庭制度是人类社会最普遍的一种制度，我国历来重视家规、家法、家风。因此，进入家庭服务的家政服务员，必须了解这个家庭的家规、家法、家风，以满足这个家庭的服务需求。

(3) 家庭是特殊的社会关系。

家庭是由婚姻关系、血缘纽带紧密联系起来的内团体，既是感情集团又是责任集团。从生物学上看，家庭有其自然属性，即家庭成员的血缘关系；但人又有其社会属性，人最自然的联系是人与人的社会联系，家庭中人与人的关系本质上也是一种社会关系。家庭最初是唯一的社会关系，也是人最初的社会关系。随着家庭生活需求的增加和社会生产力水平的提高，又产生了其他的社会关系。了解、认识家庭关系及其特殊性是搞好家庭关系、建立美好幸福家庭的前提。

(4) 家庭是一个社会历史范畴。

在人类历史中，家庭有一个历史发展过程。而一夫一妻制家庭的出现是人类社会进入文明时代的标志之一。一夫一妻制个体家庭经过了漫长的发展道路，有着各种不同的形态。社会主义制度确立后，我国建立了新型的社会主义家庭制度。《中华人民共和国宪法》和《中华人民共和国民法典》中都对我国婚姻家庭关系的基本准则作了明确规定，即我国"实行婚姻自由、一夫一妻、男女平等的婚姻制度""夫妻在婚姻家庭中地位平等"。

2. 家庭的功能

家庭的功能是指家庭对于人类的功用和效能，即家庭对于人类生存和社会发展所起的作用。家庭自从以稳定的形式出现以后，在整个人类社会结构中就一直发挥着重要的作用。家庭的功能不是单一的，它还包括生物的功能、社会的功能、经济的功能。

(1) 生物的功能有两个方面：一方面是延续种族；另一方面是抚育子女，照顾老人。

(2) 社会的功能也有两个方面：一方面是养成个人群性，即人的社会化；另一方面是传递社会遗产。

(3) 经济的功能则包括生产、分配、交换、消费及解决个人的衣、食、住、行等。

总之，家庭的功能是多方面的，从生产到消费，从经济到政治，从文化到宗教，从教育到娱乐及人类的生育繁衍，无不与家庭功能相联系。家庭作为一个动态的因素，其功能是随着社会生产方式的发展变化而逐渐变化的。家庭功能受家庭性质、结构、角色胜任等因素的制约。家庭功能是否能正常发挥，关系着社会能否安定与发展。

3. 家庭人际关系的特点

家庭人际关系的基本特点是：平等、互爱、民主、共生。家庭有两种基本关系，即以婚姻为纽带而形成的夫妻关系和因血缘关系形成的亲子关系，这两种关系密切相连，互为前提和条件，构成整个家庭的结构，产生所谓全家的群体行为及人际关系。处理好家庭人际关系，对于发挥家庭职能，保障家庭成员心理健康，维护社会安定，都具有重要意义。

(1) 婚姻关系

婚姻关系即夫妻关系。婚姻是家庭的起点、基础和根据。由婚姻而结成的夫妻关系是家庭中最主要、最基本的关系。婚姻与家庭是两个既有紧密联系，又有本质区别的不同概念。婚姻主要是指对偶关系，即夫妻关系；家庭则是人们有组织的社会结合，是社会基本组织单位，它不仅包括夫妻关系，还包括亲子关系和其他血缘性亲属关系。婚姻具有自然属性和社会属性两个特征，其本质特征则是社会属性。婚姻关系既有爱情关系，也有经济关系和法律关系。

夫妻作为家庭的基础轴心，只有夫妻间感情融洽、互爱、互助，才能形成温馨、和睦的幸福家庭。婚姻是以爱情为基础的，而爱情又是建立在感情基础上的，感情是需要培养的，因此，婚姻也是需要培养的，在婚姻的各个时期都要注意感情的培养和调适，如此才能白头偕老。

(2) 血缘关系。

家庭的另一个重要关系是血缘关系。血缘关系是家庭的纽带，婚姻可以破裂，血缘却无法割断。血缘关系主要是亲子关系、代际关系和兄弟姐妹关系。不同的时代和不同的民族，亲子关系有不同的特征，中国的亲子关系历来为"反馈"模式，即父母养育子女长大成人，子女孝敬父母养老送终。

在家庭中，兄弟姐妹之间接触频繁，交往关系处理得好，就能和睦相处；处理得不好则容易产生矛盾，甚至同室操戈，手足相残。但是，在现实生活中，无论兄弟姐妹的关系是否融洽，当其家族利益受到外界的侵害时，血缘关系都会得到加强，此时，他们一定会一致对外。

2006 年 2 月，全国老龄工作委员会办公室发布了《中国人口老龄化发展趋势预测研究报告》。报告指出，截至 2004 年年底，中国 60 岁及以上老年人口达到 1.43 亿，占总人口的 10.97%。老龄化水平超过全国平均值的有上海、天津、江苏、浙江、重庆等。报告推测，到 2050 年，我国老龄化程度将达到 30%。该报告还显示，我国老龄化呈现以下几个特点：一是老年人口规模巨大；二是老龄化发展迅速；三是地区发展不平衡；四是农村老龄化水平偏高；五是女性老年人多于男性老年人；等等。据介绍，在老年人口中，女性老年人数量较多。目前，女性老年人比男性老年人多 464 万人；据推测，到 2049 年将达到峰值，女性老年人将较男性老年人多 2645 万人。需要指出的是，多出的女性老年人 50%～70%都是 80 岁及以上年龄段的高龄女性人口。

人口结构的变化亦影响家庭结构的变化，随着"空巢"家庭的增多，赡养关系、赡养方式也发生很大变化。传统的代代相传、代代回馈式赡养关系和赡养方式，作为子女已难以承受。因此，家庭生活服务社会化越来越重要，从而促进了家政服务业的健康、快速发展。

(3) 家庭网络关系。

由婚姻关系和血缘关系而形成的家庭关系是庞杂的，但随着家庭结构的小型化、核心化，三代及以上共同生活的家庭越来越少。原来的多子女家庭，子女结婚后分家另立门户，形成了新的家庭结构。许多原来家庭内部关系，如婆媳关系、姑嫂关系、叔伯关系、祖孙关系，甚至兄弟姐妹关系都由家庭内部转入家庭网络。家庭网络包括母子家庭、姻亲家庭及各种亲属家庭。其中，最密切的是母子家庭，他们虽然不居住在一起，但是仍然履行养育和赡养的责任与义务，这也是当前中国家庭的特色之一。现代家庭关系如图 4-1 所示。

掌握这种家庭网络关系，对了解一个家庭十分重要，它可以帮助家政服务员处理好同这个家庭及各成员之间的关系。

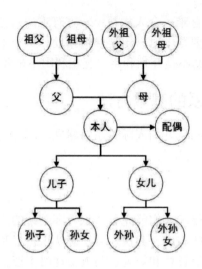

图 4-1 现代家庭关系

二、建立良好人际关系的基本原则

在我们的社会中，人与人之间的交往应遵循以下基本原则。

1. 平等原则

社会主义社会人与人之间的关系是平等的，人们之间只有社会分工和职责范围的差别，而没有高低贵贱之分。不论职位高低、能力大小，也不论职业、经济状况如何不同，人人都享有平等的政治权利、法律权利和人格的尊严，都应得到同等的对待，因此人与人之间交往要平等相待，一视同仁，相互尊重，不卑不亢。要尊重别人的爱好、习惯、风俗，尊重别人就是尊重自己。

2. 真诚原则

真诚待人是人际交往延续和发展的保障，人与人之间以诚相待，才能相互理解、接纳、信任，才能团结。相处真诚、团结是现代社会事业成功的客观要求。就人生而言，仅靠个人微薄的力量是难以成功、幸福的。交往中要真诚待人，实事求是；要胸怀坦荡，言行一致。相互信任，尊重别人，同时谦虚谨慎、文明、有礼貌也能建立良好的人际关系。

3. 友爱原则

中国儒家有"仁者爱人"之传统，现代社会，人与人之间更应团结友爱。人际交往中要主动团结别人。容人者，人容之。只有互相尊重，虚怀若谷、宽宏大量才能建立起良好的人际关系。友爱就是要爱同志、爱朋友、爱同事、爱人民。真正的爱心就表现在当别人需要时，奉献自己的力量。

4. 互助原则

互相关心，互助互惠，是人际交往的客观需求。生活中，每个人都难免有困难，需要他人帮助；工作中，也需要在各自的职位上互相配合、互相支持、通力合作。互相帮助是中华民族的传统美德。一人有难，众人相帮；一方有难，八方支援。互相帮助就是要乐于帮助别人，当别人有困难需要帮助时一定要热情帮助。一个不愿意帮助别人的人，很难要求别人自愿帮助他。互相帮助不是互相利用，互相利用不是践行真诚和友爱。

三、建立良好人际关系的基本方法

人际交往的能力直接影响良好的人际关系的建立。培养自身人际交往能力，可以从以下几个方面着手。

(一)改善认知模式

改善认知模式，首先，要求人们能充分认识人际关系的意义和重要性，对学会与人相处和协调人际关系采取积极的态度。其次，要正确认识自己和他人，平等地与人交往。现实生活中的每个人都有自己的长处和短处。与人交往时不要自傲自负，不要拿自己的长处比别人的短处。另外，交往中也不要自卑。自卑是影响人际交往的严重心理障碍，是人际交往的大敌。自卑表现在人际交往活动中的缺乏自信。它直接阻碍一个人走向社会，危害个人发展和人际交往。自信是人生最好的财富，每个人都有自己的不足，正视自己的短处，要把自己的短处转化为长处，克服自卑就能成功交往。

(二)完善人格，增强人际吸引因素

确立较高的人格目标，学习别人的长处；不断完善自己，增强自己的人际吸引因素，是培养交往能力，获得交往成功的前提，是搞好人际关系的根本所在。人际吸引是指交往对象之间彼此互相喜欢、尊敬、爱慕的心理倾向，与不满、厌恶、蔑视等人际排斥的心理倾向相反。增强人际吸引因素最好的办法就是完善自我人格。人际吸引因素主要包括以下几点。

1. 正确的人生观

人生观决定一个人的思想倾向和精神面貌。人生观以理想、信念、动机、兴趣等具体形式表现在人际交往中。只有以无私奉献的精神对待周围的人和事，一个人才会焕发出强大的吸引力和凝聚力，激发别人产生与之交往的愿望。

2. 良好的品德修养

良好的品德修养可以给人信任和安全感。人们都愿意与具有真诚守信、谦虚大度、虚怀若谷、宽容他人等良好品质的人交往。不欺诈，守信用，胸襟诚笃，坦然为人，乐于助人的品格自然为人喜欢，具备这种品质的人必然会有很强的人际吸引力。因此，努力塑造自己良好的道德品质，对增强人际吸引因素极为重要。

3. 良好的心理品质

心理品质是一个人的志向、意志、情绪、兴趣、气质、性格等的心理特征。志向宏伟，兴趣高雅广泛，意志坚定，情绪乐观，为人豁达、慷慨、幽默、风趣，性格热情开朗、稳重宽厚、善解人意，富有同情心、正义感，办事认真等，都是人际交往必备的心理

品质，在人际交往中具有极大的魅力。在社交场合中，那些善于调侃，富有幽默感和待人接物随和宽容的人，常常成为人们注意的中心和乐于交往的人，这样的人也更容易交到朋友，赢得大家的好感。

4. 智慧和才能

智慧和才能通常可以带给人以力量，也是人际吸引的重要因素。尤其在现代社会，科学技术成为第一生产力，个人的智慧和才能越来越成为人格魅力的重要部分。因此，掌握丰富的知识和培养锻炼自己各方面的能力，能大大地增强人际吸引力。当代的青年学生，在学习上的互相帮助，各种才能如书画、文艺、体育、组织管理等的锻炼提高，都是其全面发展的内在需求。

(三)掌握交往的技巧

在社会生活中，与人交往的技巧主要有以下几点。

1. 注意自我形象

良好的个人形象是人际交往的基础。在现代社会的交往中，人们比以往更注重对方的形象。言谈举止、服饰、打扮影响人的风度，反映人的某些特性，从而影响交际对方的态度和评价。容貌化妆、装束穿戴等，不仅要符合自己的年龄、身份，还要根据交往的对象、场合的不同而有所区别。

2. 与人交谈

交往需要谈话，谈话促进交往。在交谈中正确运用语言技巧，是建立良好人际关系的必要条件。交谈中要把握的原则是：妥善地运用赞扬和批评。赞扬能释放一个人身上的能量，以调动其积极性；批评会使一个人情绪低落，体力下降。与人谈话，要学会用赞美的语言。

【小技巧】

一个笑容可掬、善于发掘别人优点并给予赞美的人，肯定会受到别人的尊敬和喜爱。生活在社会中的每一个人，都希望得到他人的赞美。赞美会激发受赞美者的自豪和骄傲，从而了解自己的优点和长处，认识自身的生存价值；赞美能和谐人际关系，带来美好的心境；并且，在人们鼓励、尊重对方的同时，也丰富了自己的生存智慧。赞美需要艺术。充分地、善意地看到他人的长处，因人、因时、因场合地适当地赞美，不管是直率、朴实，还是含蓄、高雅，都能收到很好的效果。但赞美不能滥用，好心的赞美必须恰如其分，千万不能言过其实，因为过犹不及。当然，需要提醒和指出对方必须改正的缺点时，应进行真挚的批评。"明知不对，少说为佳"的处世哲学弊多利少。批评的措辞大有讲究。分寸恰当、善意真诚、委婉含蓄、入情入理的批评是祛病除疾的良药。但批评后，如果对方认识或者改正了，就需要赞美了。人性中有被人赏识的深切渴望。

因此，在与他人相处时，要注意满足他人的这种渴望，多赞美别人。如果批评与鼓励都是催人上进、激人奋发的手段，那么在许多情况下，适当的鼓励往往能收到更好的效果。另外，在与人交谈时还应注意非语言因素的影响，如语气、眼神、手势、表情等有时对交往效果有很重要的影响。非语言因素在相互交流中具有重要的作用。要学会倾听，礼貌待人。与人交谈时，洗耳恭听是最基本的礼貌。交谈中要尊重对方，学会虚心倾听别人讲话，不要随意插言打断别人的谈话，这样能赢得别人对你的好感。

3. 注意动作行为

就像一句话能把人说笑，也能把人说恼一样，日常生活中的一个不经意的细小动作，也能使人顿生厌恶，因此交往时也要注意自己的行为。运用得当的礼节性行为有助于增进人际关系，使人产生一种亲切感。另外，在交往中要自觉地控制自己，采取恰当的身体姿态，有利于融洽人际关系。

4. 把握对方心境

交往中善于体察对方的心境，并适时恰当地予以心理满足，往往会大大缩短交往双方的心理距离，有利于交往顺利进行，以及交往程度的加深。

四、人际交往中良好友谊的建立与培养

生活中，人与人之间需要真情，需要友谊，良好人际关系中离不开真挚的友谊。

(一)友谊的内涵

交往产生友谊，友谊加深交往。交往和友谊，皆源于人的情感生活。真正的友谊是人与人之间的亲密情谊，体现的是人与人之间的友爱，是相互间爱的给予。有的人常常不易接受别人的批评，却能接受朋友的规劝，是因为知道友谊的体现者——朋友是爱护他，尊重他的。真正的友谊是一种崇高的道德力量，是人类美德化为情感的无偿赐予，它能沟通心灵，美化生活，稳定和巩固社会。友谊可以成为鼓舞人们前进的力量，使人从情感上把自己与他人的前途和命运联系起来，相互之间开诚布公，畅所欲言，一起分享喜悦，一起承担不幸。友谊还是心灵的默契。人间美好纯洁情感的缔结是彼此真诚的坦露，需要平等、互尊、互助、互爱的心灵默契，无须任何世俗的合同。

(二)友谊的获得和发展

人际交往中要获得和发展友谊，就要做到以下几点。

1. 与人为善，以心换心

友谊是相互的、对等的。生活中人们要获得友谊，发展友谊，首先要与人为善，一个人虽然不能对每一个人都表示爱心，但能对每一个接触或相处的人表示善意。与人为善就是在播种友谊；与人为善，就能广交朋友；以诚相见，以诚相处，以心换心。在友谊面前，个人不论是感到自己需要友谊之援或给人以友谊之援，都需要主动向前半步，把自己的手伸向对方，献出自己的真诚和善意。

2. 学会宽容，善于原谅

大千世界，芸芸众生，各种各样性格、爱好的人都有，不能只用一种标准去要求他人，不能因他人与自己有不同的观点和志趣而失去容忍。在生活中要获得友谊，须学会宽

容。学会宽容，无疑是在掌握生存的要领。宽容他人也就是在宽容自己；苛求他人也就是在苛求自己。"人非圣贤，孰能无过。"善于原谅他人的人，就是宽以待人、心地坦然、谦虚自重的人，原谅他人不是好坏不分、软弱可欺、有失体面的表现，而是磨炼了大度的性格，遇事讲涵养，能避免许多无谓的纠葛和争执，生活的路就会越走越宽。原谅绝不是无原则地忍让，它是自身的不断完善。善于原谅是一种美德、一种教养。

3. 严于律己，谨慎择友

现代生活中，人事复杂，在人与人的频繁交往中，要获得真挚的友谊，需严于律己，谨慎择友。严于律己，就是要求自己具有较高的思想境界，品行端正，作风正派。谨慎择友是指交朋友一定要慎重，应有所选择。应该选择好的朋友，应该与正直诚实、见义勇为、知识渊博的人交往，允许朋友保留自己的个性、脾气，只要其是个诚实可靠、宽容大度的人就值得去交往。在交友的方式上，应该坚持"君子之交淡如水"，事业上、情感上的帮助是最重要的。在相知程度上追求知心朋友，寻找知心朋友与尽量扩大友谊圈，广交一般的朋友是统一的、相辅相成的。总之，人们在缔结友谊时要慎交友，交好友。

五、正确认识家庭人际关系

家庭人际关系，是不同于其他人际关系的一种特殊社会关系。首先，家庭人际关系是以婚姻关系和血缘关系为前提。其次，家庭人际关系包含经济、法律、伦理、道德、精神、心理等关系。家庭人际关系的建立、稳定、发展及维系主要依赖于爱、共同的感情、道德、心理因素及社会舆论的约束等。

家庭人际关系与其他社会关系的联系和区别主要体现在以下几个方面。

1. 家庭人际关系和其他社会关系发生的根据不同

任何一种社会关系都有其内在根据，其成员间互相联系的根据不同、联系的方式不同，构成了不同的关系。邻里关系以居住地为根据，表现为人们毗邻而居；同学关系以上学学习为根据，表现为人们在一个学校里共同学习；同事关系以事业为根据，表现为人们在同一个单位或在一种职业、行业里共同工作；而家庭人际关系则以婚姻关系和血缘关系为根据，表现为有婚姻关系和血缘关系的人共同生活在一起。家庭关系以婚姻为起点，以血缘为纽带。

2. 家庭人际关系表现了家庭成员之间特殊的交往方式

特殊的互动是家庭人际关系特殊的动态表现。家庭成员间的互动既有物质方面的，也有精神方面的，如物质生产、生活消费、生儿育女、繁衍后代、亲子情感、家庭娱乐等，其中生儿育女、繁衍后代、亲子情感等都是其他社会关系中没有的特殊的交往和互动。

3. 家庭人际关系以代际为层次

家庭人际关系和其他社会关系之间一个十分明显的区别是它的代际性和层次性。所谓代际关系是家庭中不同代(不同辈分)人之间的交往，具体来说，可以是一代、两代、三代甚至是四代、五代人之间的交往。家庭人际关系表现了其他社会关系没有的连续性和承前启后性。代际关系将家庭成员划分在不同的代际层次上，每个人都有确切的层次位置。这种层次位置是由婚姻关系和血缘关系与每个人在这一关系中所处的地位决定的。同时，对处在不同代际层次上的人有不同的权利、义务和角色扮演要求。

4. 家庭人际关系最为久远、最为普遍

马克思、恩格斯把家庭人际关系说成一开始就纳入历史发展过程的一种关系，起初是唯一的社会关系。自家庭人际关系产生以来，尽管出现了许多新的社会关系，但在历史的发展过程中，许多社会关系都消失了，或改变了形态，唯有家庭人际关系保留了下来，而且保持了它的基本形态和内核。在人类文明史上，迄今为止，无论哪一个地区、哪一个民族、哪一个国家、哪一种社会制度下都有家庭，也都有家庭人际关系。无论哪一个人，从出生到死亡都离不开家庭，都在家庭中扮演特定的角色，与他人发生特定的关系。

5. 家庭人际关系最密切、最深刻

与其他社会关系相比，从一定的意义上说，家庭人际关系最密切、最深刻。家庭成员之间全面的合作与互动，使他们不仅有血缘、姻缘关系，还有经济上的利益关系、事业上的志同道合关系、政治上的利害关系、日常生活中频繁交往和共处关系，以及情感上的深刻联系。这是其他任何一种社会关系都不能比拟的。因此，人们常常用家庭人际关系来比喻其他关系的密切，如"我们是一家人""爱厂如家"，称关系密切者为兄弟姐妹。正因为家庭关系密切而深刻，所以它对于人的影响是终生的，对人的世界观的形成是基本的。

6. 家庭人际关系受社会的控制较多，规范化程度较高

与其他社会关系相比，家庭人际关系受社会的控制较多，规范化程度较高。社会控制家庭人际关系的手段有多种，主要包括法律、道德、习俗、宗教和舆论等。无论哪一个国家和地区，也无论其政治制度、经济和社会发达程度、风俗信仰和习惯有多大差别，都有关于婚姻和家庭的法律，以使婚姻家庭关系法制化、规范化。法律是今天社会控制和规范家庭人际关系的主要手段。道德是使家庭关系规范化的另一个重要手段。比如，对家庭关系中的亲子关系，封建社会是用"父慈子孝"来规范的，现代社会是用"尊老爱幼"来规范的。其他像习俗、宗教、舆论等也都从不同方面对家庭人际关系进行了规范。可以说，家庭人际关系受到的社会控制比其他任何一种社会关系都要多、都要严格。

7. 家庭人际关系反映并综合了其他种种社会关系

家庭人际关系中的基础关系包括社会生物关系，如两性关系和血统关系及出生率等；经济管理关系，如管理家务、家庭预算和家庭内的职责分工等，这些构成家庭日常生活的物质基础。家庭人际关系中的上层建筑式的关系则包括：法律关系，如运用法律调整婚姻、人身和财产权利，以及夫妇责任等；道德关系，如家庭的道德观念、思想道德教育等。家庭人际关系受法律和道德影响较深，因而规范化程度也较高。此外，家庭人际关系还包括心理关系，即家庭成员心理习性的相互影响和必要的心理气氛因素；直接涉及家庭教育的教育关系；美学关系，它决定了言行、衣着和居住的美学观念和对文学艺术成就的运用。现代心理学认为，上述关系的所有领域都无一例外地互有因果关系，即只要其中某一种关系发生变化，其他关系也必然或早或迟地发生相应变化。这就是所谓家庭人际关系的循环因果规律。

📖【拓展知识 4-1】

家庭亲属人际关系称呼一览

中国一直是礼仪之邦，见面称呼非常讲究，那么在家庭人际关系里如何称呼各种亲戚呢？下面是笔者收集整理的家庭亲属人际关系称呼的内容，希望对你有帮助。

家庭亲属人际关系称呼：直系血亲

父系

曾曾祖父—曾祖父—祖父—父亲；

曾曾祖母—曾祖母—祖母—父亲。

母系

曾曾外祖父—曾外祖父—外祖父—母亲；

曾曾外祖母—曾外祖母—外祖母—母亲。

儿子：夫妻间男性的第一子代。

女儿：夫妻间女性的第一子代。

孙：夫妻间的第二子代，依性别又分孙子、孙女。

曾孙：夫妻间的第三子代。

玄孙：夫妻间的第四子代。

家庭亲属人际关系称呼：旁系血亲

父系

伯：父亲的兄长，也称伯伯、伯父、大爷。

大妈：大爷的妻子。

叔：父亲的弟，也称叔叔、叔父。

婶：叔叔的妻子。

姑：父亲的姐妹，也称姑姑、姑母。

姑父：姑姑的丈夫。

母系

舅：母亲的兄弟，也称舅舅。

舅妈：舅舅的妻子。

姨：母亲的姐妹，也称阿姨、姨妈。

姨父：姨的丈夫。

家庭亲属人际关系称呼：姻亲

丈夫：结婚的女人对自己伴侣的称呼。

媳妇：结婚的男人对自己伴侣的称呼。

公公：丈夫的父亲，也直称爸爸。

婆婆：丈夫的母亲，也直称妈妈。

丈人、岳父：妻子的父亲，也直称爸爸。

丈母娘、岳母：妻子的母亲，也直称妈妈。

儿媳：对儿子的妻子的称呼。

女婿：对女儿的丈夫的称呼。

嫂子：对兄长妻子的称呼。

弟妹、弟媳：对弟弟妻子的称呼。

姐夫：对姐姐丈夫的称呼。

妹夫：对妹妹丈夫的称呼。

妯娌：兄弟的妻子间的称呼或合称。

连襟：姐妹的丈夫间的称呼或合称，也称襟兄弟。

大姑子：对丈夫的姐姐的称呼。

小姑子：对丈夫的妹妹的称呼。

大舅子：对妻子的哥哥的称呼。

小舅子：对妻子的弟弟的称呼。

六、积极维护良好的家庭关系

家庭关系是我们每个人都要关心的问题，其好坏直接影响到生活的好坏。在处理好父母与子女的关系后，更能促进家庭和谐相处。家庭成员之间只有相互尊重、关心与理解、宽容和包容，才能维持和睦的家庭关系，才能更快地创造美好的生活空间。一个和睦的家庭氛围可以促进子女身心健康发展，同时又是社会和谐进步的保证。因此，应充分发挥家庭成员在家庭建设中的作用。

1. 了解家人的期望

每个人都有自己的想法和期待，这是很正常的事，但要保持这种心态很难。如果你对家人表达了你想和他们交流的想法，他们可能会不高兴，甚至生气，那么有可能是因为他们不了解他们所期望的是什么。首先，每个人在对待自己想要的事物时都有一个固定的标准。所以，你应该考虑你想要什么样的房子和生活方式。这个问题很重要。即使你拥有了房子，也并不意味着你的生活就会发生变化。一般来说，每个人都希望能够拥有一个自己的房子，并可以随时搬出去住。所以我们应该了解我们住的房子的所在地区是否适合我们居住，并有计划地安排我们居住的时间和空间。其次，家人也非常关注装修房子或家具的尺寸等因素。了解这些不仅会帮助我们选择最适合自己和家人生活与居住的场地，还有助于我们选择自己和家人一起生活与发展的房屋社区。

2. 多与家人交流

家庭成员的交流很重要，特别是在子女还没长大之前，让他们多接触他人，以便让他们认识到，其他人与父母、兄弟姐妹之间没有什么不同，并且可以更好地相互理解、相互尊重，这对他们树立正确的人生观、价值观和世界观有很大的帮助。与家人交流不仅有利于增进感情，而且有利于树立正确的价值观。首先，交流有助于减少彼此的误会。在我们与家人交流之后，往往会因为一些小事情产生误会。因此，在家里多与家人交流沟通，有助于消除误会，促进相互之间和家人之间的感情和理解程度。其次，交流也可以增进彼此之间的了解，增强彼此之间的感情，这对消除婚姻中的不良气氛也非常有帮助。

3. 主动参与到家庭生活中来

作为家庭的一员，一定要主动参与到家庭生活中来。父母和子女的关系可以说是家与家之间的关系。如果每一个家庭成员都不主动参与到家庭生活中来，那么这个家庭不会变得越来越和谐，也不会越来越完美。"家和万事兴"这句话对大多数人来说都很有道理。如果一个家庭不是和谐融洽的，那所有的关系就会逐渐走向破裂和瓦解。因此，家庭成员之间必须相互支持、互相关心。在这种环境下，家庭关系一定是和谐健康、温馨和睦、充满爱和关怀、相亲相爱、相互帮助的。如果每一个家庭都能够拥有这样的良好氛围，这个社会将是美好和繁荣的。因此必须鼓励每个人都主动参与到家庭生活中来。

4. 建立和谐的人际关系

家庭成员之间必须建立和谐的人际关系才能保障家庭关系的和谐。这种和谐的人际关系必须建立在相互理解、相互尊重的基础上。尊重别人，就是尊重自己。在我们与人交往时，我们必须首先尊重他人，这是对别人最基本的尊重。因此，我们之间的关系也应该是融洽和睦的。为了促进家庭关系的长久稳定和发展，我们需要经常沟通并且相互理解和尊重。如果你觉得我们之间没有什么问题可以沟通交流，那么可以把意见告诉家人，让他们讨论并提出建议，然后通过其他途径来表达自己的意见及建议。

5. 积极维护自己的权益

现在的家庭关系比较复杂。在很多情况下，父母和子女之间会发生一些小冲突，父母需要维护自己的权益。有时候，父母和子女之间的关系是很难处理的问题。如果你能很好地处理这个问题，家庭冲突就会变得很容易，所以要学会积极维护自己的权益，这是一个很重要的环节。在这个过程中，你能更好地学会处理自己和父母之间的冲突问题。

【拓展知识 4-2】

亲戚朋友间送礼五大原则

作为礼仪之邦，逢年过节的礼尚往来总是一件让人纠结不已的事情，特别是过年这种十分重大的日子，送什么样的礼物更能显示出自己的诚意？什么样的礼物更能显示出自己的关心？什么样的礼物更能展现出自己的格调？牢记以下五大原则，既不失礼数与格调，亲戚朋友也更开心。

原则一：送礼要投其所好

知道了别人的喜好，那么与对方打交道的时候就更容易一些。比如，有些长辈或者朋友比较喜欢酒，那就寻找对方喜欢的好酒；有的人喜欢喝茶，那就寻找对方喜欢的好茶，品茶聊天，更容易增进感情。

原则二：送礼要送好寓意的礼物

"送礼要送好寓意的礼物"这句话在任何节日都非常实用，关系足够亲近的人也许不会在意礼物的贵重与否，但是如果送了寓意不好的礼物，很有可能在无意之间就会影响到两个人之间的关系，像送水果的时候尽量不送梨，送衣物的时候尽量不要送鞋子等。

原则三：送礼要量力而行

中国人大多好面子，送礼的时候总会拿出最贵、最好的东西。但是"重礼不送贵人"，给有钱、有身份的人送礼物就更要注重真心实意，毕竟对方并不缺贵重的东西，也不缺给他送贵重东西的人，所以给他们送礼就要更讲究心意，最好是能够体现自己的真诚。

原则四：不要炫富式送礼

中国人有一个良好的传统，就是自己有好事的时候会给街坊四邻送一些福气，也就是一点儿小礼物。但是"陡富不惊四邻"，就是说不要在发达之后随便给周围的邻居送贵重的东西。虽然人与人之间要多一点儿信任，但是人都会有忌妒之心，或大或小。如果因为你突然暴富，还在对方面前炫富，对方心里可能会不平衡，遇到气量小的，或许还会给自己找麻烦。

原则五：送礼送双数

俗话说"好事成双"，无论是送礼物还是自己买东西，很多中国人都非常喜欢按双数来买。

【实践锻炼】

从自身角度出发，谈谈应该如何去建立、维护良好的家庭人际关系或者人际关系。

第五章　手工制作与活动

　　手工制作简称"手作"，即手工劳作，如做饭、做木工活儿、织毛衣、做皮具、制作陶艺等。广义上来说，脑力劳动以外的，需要动手的一切劳作，都可以称为手作。在一般的网络表达中，"手作"也可以简单地理解为个人 DIY(do it yourself)，即自己动手做。其实，"手作"在中国一直都存在，还有人将其变成手工艺品，这些人就是手艺人。手艺人往往意味着固执、缓慢、少量、劳作，但是这些背后所隐含的是专注、技艺、对完美的追求。手艺的最初，是原始的为满足自身需求的初心；是对品位和生活细节的执着；是因为机器制作缺乏生机，所以才会手工制作；是因为工作燃料的危害，所以才会植物染；是不想让中国的手工艺术在功利面前变得毫无抵抗力，让这些流逝的价值成为别人发展的动力。手作，是一种生活的质地，像是在寻找一种肩背的精致，一种手握的饱满与厚重，一种执拗和极致。

　　为什么手作会带给人如此强烈的沉浸感和幸福感？这里的"手"是关键。

　　人类获取触感的主要来源是手，看到很有趣的东西时，你总希望摸一摸，心理上才能得到满足。从心理学上讲，触感决定着人最终的体验质量。当你用手去重新接触、体验外界的时候，我们就在重建自己和世界的关系。

第一节　手工制作类型

　　生活中，手工制作的类型太多了，例如，刺绣、剪纸、折纸、布艺制作、编织、泥塑，面花制作、根雕、陶艺制作、首饰制作、各种各样的工艺品制作，举不胜举。接下来，我们一起了解一下手工制作的类型。

一、黏土类

随着科技和材料技术的发展，黏土也分为不同的种类。

(一)陶土

陶土是陶器原料。其矿物成分复杂，主要由高岭石、水云母、蒙脱石、石英和长石组成。颗粒大小不一致，常含砂粒、粉砂和黏土等。具吸水性和吸附性，加水后有可塑性。颜色不纯，往往带有黄、灰等颜色，因而仅用于陶器制造。宜兴历来以生产陶器闻名，这是由它的资源条件决定的。从历次宜兴陶土的化学分析结果中可以看到，除白泥的含铁量较低，在 1%～2%外，其余如嫩泥含铁量为 7%～8%，甲泥和紫砂泥含铁量为 6%～9%，个别层位高达 11%～12%。这就注定以当地原料焙烧的制品必然是有色的陶器或炻器，不可能是洁白的瓷器。而有色的陶器照样美丽可爱。自古以来当地人民就地取材，辅以卓越的制作工艺和巧夺天工的造型艺术，制作出大量为人民喜闻乐见的日用粗细陶器和驰名中外的紫砂工艺品，如图 5-1 所示。其由于就地取材，成本低；其由于制作精美，售价高。这是善于因地制宜，发展地方工业而且发展取得很大成就的典范。

图 5-1　紫砂工艺品

(二)瓷土

瓷土是由云母和长石变质，其中的钠、钾、钙、铁等流失，加上水变化而成的，这种作用叫作"瓷土化"或"高岭土化"。至于瓷土化究竟因何而起，学术界虽然还没有定论，但大致可以认为是长石类由于温泉或碳酸水及沼地植物腐化时所生成的气体起作用变质而成的。一般瓷土多产于温泉附近或石灰层周围，可能就是这个原因。瓷土的熔点在1780℃左右，实际上因为含有不纯物质，所以它的熔点稍有降低。中国是瓷器(见图 5-2)的故乡，在英文中"瓷器"(china)与"中国"(China)同为一词。瓷器是古代劳动人民的一个重要的创造。中国真正意义上的瓷器产生于东汉时期(公元 25—220 年)。这一时期在前代陶器和原始瓷器制作工艺发展，东汉时期北方人民南迁及厚葬之风盛行的基础上，以中国东部浙江省的上虞为中心的地区以其得天独厚的条件成为中国瓷器的发源地。唐代瓷器的制作技术和艺术创作已达到高度成熟；宋代制瓷业蓬勃发展，名窑涌现；明清时代从制坯、装饰、施釉到烧成，技术上又都超过前代。中国的陶瓷业直到如今仍兴盛不衰，比较著名的陶瓷产地有江西景德镇、湖南醴陵、广东石湾和枫溪、江苏宜兴、河北唐山和邯郸、山东淄博等。

图 5-2　瓷器

(三)石塑黏土

石塑黏土是用石头的粉末加工而成的黏土，所以也称为"石粉黏土"。石塑黏土的纹理细密，可塑性与延展性极好。与陶瓷高温烧制不同，石塑黏土自然风干即可，风干后类似石膏，自带陶土的粗糙沙砾感。干透后具有一定的硬度与重量，适合篆刻、雕塑等创作，而涂上专用的黏土光油后，又能呈现陶瓷般的细腻光泽。与需要高温烧制的陶瓷相比，石塑黏土在材料上的选择就要简单得多，且成本也极低，很适合手工爱好者，如制作冰箱贴、耳坠、胸针、项链、首饰盒、香插、眼镜架、装饰画等。总之，你能想到的，都可以用石塑黏土来捏制，如图 5-3 所示。

图 5-3　石塑黏土作品

石塑黏土的制作过程有五大步骤：构思设计、捏形、晾干、打磨、上色。首先，构思出自己想要完成的图案，简单地画出设计好的作品轮廓。其次，将黏土分块，像小时候玩橡皮泥一样，捏出想要的形状，有点儿干的时候可以用喷水器喷点儿水，再用手抹平滑。再次，捏出形状后，将作品放入烤箱烘烤至干(也可以等待一两天，让其自然风干)。从次，用磨砂纸从粗到细地轻轻打磨，把表面不光滑的地方慢慢磨平，喜欢粗糙质感的也可以不打磨。最后，打磨光滑后，就可以开始进行上色了，丙烯、水粉、色粉、彩铅等颜料都可以(一般比较常用丙烯颜料)。等到上色完成，颜料干透之后，即可在作品上刷黏土光油，使作品看起来更有光泽度，同时也可以起到保护的作用。

(四)超轻黏土

超轻黏土(super-light clay)，是纸黏土中的一种，简称超轻土，捏塑起来更容易、更舒适，更适合造型，且成型作品很可爱，是一种兴起于日本的新型环保、无毒、自然风干的手工造型材料，如图 5-4 所示。超轻黏土主要是运用高分子材料发泡粉(真空微球)进行发泡，再与聚乙醇、交联剂、甘油、颜料等材料按照一定的比例物理混合制成。超轻黏土有以下 7 个优势与特点。

(1) 超轻、超柔、超干净、不粘手、不留残渣。

(2) 多种颜色，可以用基本颜色按比例调配各种颜色，混色容易，易操作。

(3) 作品无须烘烤，自然风干，干燥后不会出现裂纹。

(4) 与其他材质的结合度高，不管是纸张、玻璃、金属，还是蕾丝、珠片都有极佳的密合度。干燥定型以后，可用水彩、油彩、亚克力颜料、指甲油等上色，有很高的包容性。

(5) 干燥速度取决于制作作品的大小，作品越小，干燥速度越快，越大则越慢，一般表面干燥的时间为 3 小时左右。

(6) 作品完成后可以保存 4～5 年不变质、不发霉。

(7) 原材料容易保存，只要在快干的时候加一些水保湿，就又能恢复原状了。

图 5-4　超轻黏土作品

(五)树脂黏土

树脂黏土又称为面包土、面包花泥、面粉黏土、麦粉黏土等。其有这么多名字是有原因的，这与它的历史有关。最初的面包土起源于拉丁美洲的墨西哥，当地人将吃剩的面包碎屑收集起来，烘干磨成粉，加入白胶浆，制成黏土，于是也因此而得名。可是这种面包土延伸性不够，也不够结实，容易因潮湿而发霉，也容易招虫子。并且完成的作品在风干后，很容易碎裂，不能长久摆放。后来日本人从工艺配方和制作工艺方面进行了改良，进而出现了现在的树脂黏土。其做成的东西干燥后，有瓷一样的冷白，因此也叫作冷瓷土(cold porcelain，一般西方称为 polymer clay)。现在的树脂黏土是一种具有黏性及柔性的物质，可以塑造出任何形象的作品。它可塑性强，富有柔软性，且制成品像真度高，质感强烈，而且用法简单，只需取出适当分量，加入油画颜料来调校色彩，然后塑造出心目中的形象，最后自然风干就完成了。

树脂黏土不仅带有光泽，而且富有弹性，因此最适合做花、迷你食品、蔬果或小人偶等。树脂黏土呈半透明色，手感柔软，可延展至很薄又不会裂开，可自由地做出纤细作品，制作时只需加入油画颜色，或者制作完之后上色，便可以随个人喜好制作出各种东西。其能够伸展至很薄，做出很轻巧自然的感觉，因此制作黏土花的效果非常好。作品自然风干后可以在表面薄薄地扫上油画或丙烯颜料以增加它的美感及立体感。与软陶相比，树脂黏土的优势在于具有较强的延展性，可以比软陶更薄、更透，如图 5-5 所示。另外，它的上色效果几乎可以达到以假乱真，可以直接在制作之前加颜色，也可以在制作完成之后再上色。制作完成后树脂黏土不用烘烤即可自然定型，而软陶是需要烤炉加热才能定型的。树脂黏土在使用时，每次取适量，剩余部分要用保鲜袋保存在阴暗处。树脂黏土属于风干类土质，不能随意暴露在空气中，水分蒸发便难以塑型，因此平时收藏应用保鲜膜包装，再放入密封袋中，如果有条件，最好再置于保鲜盒内放置于阴凉处，冰箱有位置塞进冰箱里更好。制作时可以根据设计需要，逐渐少量加入水彩或油彩颜料，以免颜色太深；如果颜色真的深了，千万不要加白色，这会令黏土变成粉色，其颜色是不会变浅的，只有再加入黏土才会令其颜色变浅。

图 5-5　树脂黏土作品

树脂黏土的特点如下。

(1) 质感细腻、光滑，可随意搓、捏成不同形状，也可以黏附在各种材料上。

(2) 能被碾压成薄片且不产生裂痕，可制成以假乱真的产品。

(3) 有透明感，光泽度好，可随意使用水彩或油性颜料调和颜色。

(4) 干燥后可简单修剪，不易损毁。

(5) 安全无毒，有韧性，防虫蛀。

(6) 弹性好，成型后随风摇曳，栩栩如生。

(7) 色泽洁白，手感柔软，不粘工具和手，作品自然固化后具有花瓣的柔软肉感和光泽。树脂黏土广泛用来做仿真花卉、黏土动漫人物、动物、各种装饰工艺品、小饰品、小挂件及各种仿真食品、蔬果造型，如水果、蔬菜、糕点等。

(六)美国土

美国土(super sculpey)是专业手办塑型材料，又叫超级黏土。它在造型界的口碑中是极好塑型的造型土，慢慢琢磨，细心打造，可以做出一流的作品。美国土是世界知名的顶级塑型专用黏土，是造型师的最爱，也是全球造型师、模型塑型爱好者最为广泛使用的手办造型材料。美国魔幻大片《哈利波特》《魔戒》《汽车总动员》等原型均是使用超级黏土制作而成，如图 5-6 所示。其材料适手，便于修改，无须翻模，直接上色和雕刻。硬化方式：一般需在 130℃烘烤 15 分钟，不可用微波炉。烘烤应由成人完成。建议不要超过上述温度及烘烤时间。假如作品较厚，可分层烘烤，制作完一层，烤硬后再制作第二层，之后再烤。具体技巧可以根据个人习惯自己尝试。厚度不宜超过 2cm，大型物件需用包覆骨架的方式制作。它必须进烤箱才能硬化，因此骨架里不得有塑胶或保丽龙、纸板，需中空者可用保丽龙协同制作(加热后保丽龙便会萎缩)，但最好使用铝线、铁线、铝箔、耐热补土或者不怕水、不怕烤的素材作为骨架。美国土不可长期暴露于空气中，大约半年土中油脂就会挥发掉，因此平常需用夹链袋密封保存，若已有干掉情况，建议可用田宫或郡士的油性溶剂揉入(也可当土的黏剂)，也可用市场销售的一般的针车油(效果不太好)渗入混合使其软化，即可继续使用。

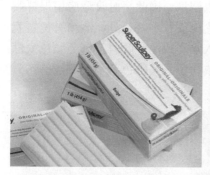  

图 5-6 美国土作品

二、纸艺类

从公元前 3000 年的古埃及尼罗河流域纸莎草薄片，至中国西汉时期的植物纤维纸，到明确意义上的东汉蔡伦造纸术发明的纸；从东方平面或立体的剪纸、撕纸、折纸、纸扎(彩灯、风筝、戏曲人物纸扎等)，到西方二维或多维的剪影、纸拼贴、纸雕塑、纸装置、纸浆艺术、实用纸艺(纸玩具、纸家具等)；从民间艺人的乡土纸艺，到印象派、立体派、野兽派、表现主义及包豪斯的现代纸艺，纸艺，源远流长，生生不息。剪纸、纸扎是千年的文化；纸飞机、千纸鹤是童年的记忆；衍纸、纸雕是现代的创新。下面让我们走入纸艺的世界。

(一)纸浆

纸浆类的手工可以分为两种：一种是平面的——纸浆肌理画，另一种是立体的——纸浆雕塑。纸浆肌理画所用的材料就是将卫生纸泡水搅碎，加入白乳胶，使之变成有黏性的黏土材质，接着用丙烯把纸浆土染成所需的颜色备用。准备好纸浆土后，就可以动手在底板上设计自己的图案，底板可以用硬质的高密度板，或者用相框也可以，然后用牙签、镊子、刮刀等工具在底板上塑型，阴干后，作品就完成了，如图 5-7 所示。纸浆肌理画的制作过程简单，容易操作，并且所用的工具十分简单，是特别适合零基础的手工爱好者尝试的手工艺。

图 5-7　纸浆肌理画作品

　　纸浆雕塑就是以铁丝、报纸、支撑物等为材料，通过粘接、捆扎等手法制作出一定的立体框架，然后用报纸贴敷表面，再用不同颜色或者一种颜色的纸浆黏土包裹起来，并进一步塑造细节和肌理效果。纸浆雕塑可以用来制作立体的装饰物，成型效果很棒，特别适合摆放在公共空间做装饰，如图 5-8 所示。

图 5-8　纸浆雕塑作品

(二)纸艺花

　　纸艺花就是通过不同材质的纸张，经过折、卷、剪、粘、插等各种工艺制作而成的立体花。纸艺花能够起到点缀和装扮日常生活的作用，任何人都无法抗拒纸艺花所散发出来的艺术清香，无法抵御纸艺花产生的强烈吸引力，甚至一张简单的纸艺花图片都能够给人带来强烈的精神慰藉和美好的享受，如图 5-9 所示。

图 5-9　纸艺花作品

(三)纸雕

纸雕艺术来源于民间,民间手工艺人在艺术创作中融入自己的智慧,创造了精美的纸雕艺术作品。现代纸雕艺术最早源自剪纸画,在重大节日中,人们会裁剪剪纸作品,粘贴在窗户上、灶台上等。纸雕作品大多应用在喜庆场合,旨在传递欢乐,表现人们对生活的美好愿望。随着时代的发展,纸雕作品更加多元化,纸雕创作题材更加广泛。有的创作者通过纸雕作品绘制了动物,有的创作者通过纸雕作品还原了名胜古迹,如图 5-10 所示。这些纸雕作品的图案都非常美观,而且具有较强的地域特色和个人特色。

图 5-10　纸雕作品

(四)折纸

折纸是一种将纸张折成各种不同形状的艺术活动。折纸不仅限于使用纸张。世界各地的折纸爱好者在坚持折叠规范的同时,使用了各种各样的材料,如锡箔纸、餐巾纸、醋酸薄片等。折纸与自然科学结合在一起,不仅成为建筑学院的教具,还发展出了折纸几何学,成为现代几何学的一个分支。折纸既是一种玩具,也是一项思维活动;既是一个和平与纪念的象征手段,也是一种消遣方式,如图 5-11 所示。

图 5-11　折纸作品

(五)剪纸

剪纸是我国民间传统的一种普遍而特有的民俗文化形式,它承载着沉重的岁月,描述着古老的格言,守望着淳朴的家园,信奉着不变的轮回,质朴而灵秀的中国老百姓将刻骨铭心的生命体验、人生理想、文化精神与小纸片剪贴在一起,结成连绵不断的生存之线、命运之色，如图 5-12 所示。

图 5-12 剪纸作品

三、织物类

很早以前人类和有些动物、昆虫、鸟类就能用一些细小的线条状物穿插缠结，叠压连接构成较大的片块状物，使其具有一定的形状和功能加以利用。最初的纺纱和有序的织造始于 6000 年前：人们开始使用梭来穿插纺成较长的纱线，织成梭织类织物；借助棒、钩、针等牵引纱线穿绕，编成针织类织物；利用碱性物质使动物皮毛产生毡缩，做成无纺织物类的毛毡。经过长期的手工作坊式生产实践、探索和改进，织造工具的功能效率持续提高，纺织原料的选择加工逐步精细，组织结构方式不断创新。而纺织业的快速发展和工业化是随着新型材料、机械制造、机电动力控制等现代工业的发展，在近 100 年才完成的。如今织造工具、纺织原料、组织结构仍继续朝着新技术、高技术的方向发展。下面，我们介绍几种织物类的手工。

(一)羊毛毡

羊毛毡采用羊毛制作而成，是人类历史记载中最古老的织品形式，历史记录可以追溯到公元前 6500 年，距今至少有 8000 年的历史，属于非编织而成的织品形式，比纺织、针织等技术更早被人类使用。羊毛兼具柔软与强韧的特性，纤维弹性佳，触感舒服，又具有良好的还原性。因此，羊毛毡制品折叠后，都能很快恢复原状，不易变形。另外，其纤维结构可紧密纠结，其强韧的特性不需要通过针织、缝制等加工，就可完全一体成型。

羊毛毡手工也叫羊毛毡 DIY，就是利用羊毛毡材料制作各种手工作品，可以是玩偶、娃娃、杂货、首饰、配饰等，如图 5-13 所示。羊毛毡颜色丰富，制作简单，深受手工爱好者的喜欢。

(二)不织布

不织布也叫无纺布，它是一种不需要纺纱织布而形成的织物，只是将纺织短纤维或者长丝进行定向或随机排列，形成纤网结构，然后采用机械、热粘或化学等方法加固而成。简单地讲，它不是由一根一根的纱线交织、编结在一起的，而是将纤维直接通过物理的方法黏合在一起，因此，你会发现，衣服里的粘称是抽不出一根线头的。不织布突破了传统的纺织原理，并具有工艺流程短，生产速度快，产量高，成本低，用途广，原料来源多等特点。不织布材料比较特别，比一般的布要厚和硬，不会出现棉布掉线等情况；缝制时方便，并且有一定的厚度和硬度，容易定型；有各种不同的颜色，可以设计不同的图案，如不织布书、不织布蛋糕、不织布娃娃、不织布袋子等都可以通过我们的手制作出来，如图 5-14 所示。

图 5-13　羊毛毡作品

图 5-14　不织布作品

(三)毛线

毛线编织是一种传统且流行的手工艺，将毛线根据各种花式交叉编织，可以做出各种毛线制品，如毛衣、鞋子和手套。毛线除了做传统的编织外，还可以做出很多有创意的作品，如吊饰、盆栽、脚垫、贺卡、毛绒花等。在做毛线手工之前，我们先来学习一下如何制作一个简单的毛绒花，如图 5-15 所示。

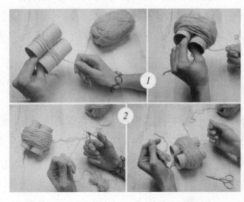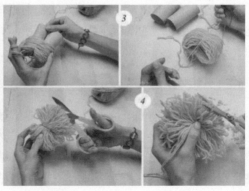

图 5-15　毛绒花制作步骤

图 5-15　毛线球制作步骤(续)

学会制作毛线球后，你就可以通过组合这些毛线球制作出很多毛线手工，如吊饰、摆件、脚垫等，如图 5-16 所示。

图 5-16　毛线作品

四、串珠类

时尚仿佛一个轮回，十几年前流行的元素又兜兜转转回来，比如喇叭裤、碎花裙，又如编珠、串珠。从前觉得很土的串珠只要搭配好款式和色彩，就可以很精致且高级，如图 5-17 所示。

图 5-17　串珠类作品

初次学串珠的朋友，可以先学一些简单的作品。不仅要看，还要动手，从基础简单开始，很快就能找到方法。串珠耳钉的制作如图 5-18 所示。

(1) 准备好剪刀、珠子、无弹力线。

(2) 串进 1 颗 4mm 的咖啡色圆珠，把 A、B 两根线从下往上分别串入外侧两颗珠子。

(3) 拉紧之后，咖啡色珠子会被透明珠子半包围，成为下图状态。

(4) 两端再分别串入一颗透明珠，然后交叉串入一颗透明珠，拉紧，一朵花就做好了。

(5) 按照同样的方法，串下半部分(用了 11 颗 4mm 粉色圆珠、一颗 10mm×15mm 咖啡色圆珠)。

(6) 全部完成后，把多余的线串回珠子内部，在隐秘的地方打结，用剪刀剪掉线头。

(7) 最后用 502 强力胶将其粘在耳钉上面，这样串珠耳钉就制作好了。

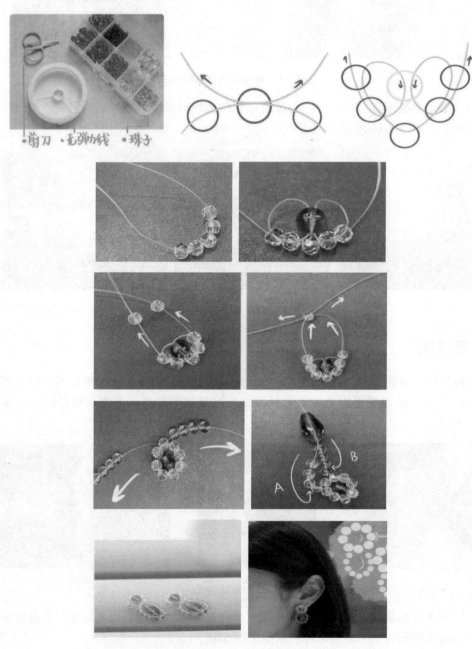

图 5-18　串珠耳钉的制作

五、彩绘类

彩绘就是用颜料在杯子、瓶子、鹅卵石、扇子、脸谱、服装等物品上进行绘画(见图 5-19)。手绘颜料主要有以下两种。

(1) 丙烯颜料。丙烯颜料的主要调和剂含水量很大，因此在容易吸水的粗糙底面上作画更为适宜，如纸板、木板、棉布、纤维板、水泥墙面、麻毛质地的金属面、石壁等，如图 5-19(a)所示。

(2) 纺织颜料。纺织颜料适合在纤维面料上作画，不足之处是要使用专用调和剂调和颜料，画作完成后需用熨斗加热，高温定色。纺织颜料的附着力比丙烯颜料要小一些，但是画在布料上比较柔软，不像丙烯颜料那么硬，如图 5-19(b)所示。

(a) 丙烯颜料作品

(b) 纺织颜料作品

图 5-19　彩绘类作品

六、染织类

千百年来，勤劳智慧的中国工匠因材施艺、因地制宜、独具匠心，创造了品类丰富、技艺高超、境界独到的传统手工艺品，既显示了中华文化的鲜明个性，又充分地展现了中国人的卓越创造力和丰富的生活情趣。中国古代的纺织与印染技术具有非常悠久的历史，可以说"织"的存在为"染"的出现打下了基础，人们知道了在骨、石、皮制品乃至羽毛上涂色，以求悦目或表达象征意义，当然也会在精心织出的丝织品上涂染颜色。河姆渡遗址和良渚文化遗址出土的丝织物，都被染成绛红色，便是很好的证明。

商周时期是中国历史跨入文明阶段的一个重要发展期，印染技艺也取得了迅速的发展。凝重壮美的商周青铜不仅记录了巫史文化"如火烈烈"的精神面貌，也记录了印染技艺的进步。1982 年 1 月，在湖北江陵马山砖瓦厂一号战国中晚期墓出土了一批丝织品文物，有绢、罗、锦、绦等，其织法、色彩、纹样都非常丰富。

秦汉时期是中国染织业空前繁荣时期，其成就为后世染织工艺的发展奠定了雄厚广博的基础。汉代的印染技术相当完善，有浸染、套染、媒染等方法。型版印花技术为世界最早。马王堆汉墓出土的印花敷彩纱，证明汉代已使用印花和彩绘相结合的方法。另据研究，最迟在秦汉，我国西南地区就有了蜡染。

在印染方面，隋代工匠创造了雕空花纹木板夹布入染的方法，即所谓"夹缬"。隋炀帝曾命工匠加工数百件五彩夹缬裙，"以赐官人及百僚母妻"，说明当时多套色镂版印花技术已达相当高的水平。

唐代的印染技术得到了空前发展，其中防染印花技术占有重要地位。流行的印染方法有夹缬、绞缬、蜡缬、拓印及碱印等。唐代还大量使用新染料，如红花、苏木、靛蓝等。唐代对媒染剂的认识也不断提高，如《新修本草》里就有以含铝盐化合物的椿木灰或柃木灰作为媒染剂的记载。

宋代的染织艺风一改隋唐的富贵、华丽、热烈，以典雅、和润、沉静替代。

明清印染追逐丝织、棉织，技艺飞跃发展，染料品种极为丰富，多达数百种。印染之精工细巧，色彩之明丽多变，前所未有。明代始创的"拔染法"是印染技术的一大转折，它改变了传统单一的防染技术，使生产效率大大提高。所谓"拔染"，即利用某种化学药品褪去染色而得到白色花纹的方法。

明清印染品中，"药斑布"(浇花布、蓝印花布)颇受民间百姓喜爱，印出的花布有蓝底白花，也有白底蓝花。清代后期进一步将这种印染形式发展为彩印花布。明清染织图案内容极为丰富，盛行以谐音、寓意、借代、组合、象征等表现手法的"吉祥图案"，这反映了广大劳动人民追求幸福生活的美好愿望。

(一)扎染

扎染古称扎缬、绞缬，古代常见的防染印花纺织品有绞缬、蜡缬和夹缬等种类，是汉族民间传统而独特的染色工艺。扎染是将织物在染色时部分结扎起来使之不能着色的一种染色方法，是中国传统的手工染色技术之一。

扎染工艺分为扎结和染色两部分。它是通过纱、线、绳等工具，对织物进行扎、缝、缚、缀、夹等多种形式组合后进行染色。其工艺特点是用线在被印染的织物打绞成结后，再进行印染，然后把打绞成结的线拆除的一种印染技术。它有 100 多种变化技法，每种技法各有特色。例如，"卷上绞"，晕色丰富，变化自然，趣味无穷。更使人惊奇的是，扎结的花即使有成千上万朵，染出后却不会有相同的出现。这种独特的艺术效果，是机械印染工艺难以达到的，如图 5-20 所示。

(二)蜡染

蜡染，是我国民间传统纺织印染手工艺，古称蜡缬，与绞缬(扎染)、灰缬(镂空印花)、夹缬(夹染)并称为我国古代四大印花技艺。蜡染是用蜡刀蘸熔蜡绘花于布后并以蓝靛浸染，蜡染去蜡，布面就呈现蓝底白花或白底蓝花的多种图案，同时，在浸染中，作为防染剂的蜡自然龟裂，使布面呈现特殊的"冰纹"，独具魅力，如图 5-21 所示。蜡染图案丰富，色调素雅，风格独特，用于制作服装服饰和各种生活用品，显得朴实大方、清新悦目。

图 5-20　扎染作品

图 5-21　蜡染作品

(三)蓝印花布

广义上的蓝印花布，包括扎染、蜡染、夹染和灰染。传统的扎染、蜡染、夹染和灰染大多以蓝靛为染料，虽然防染的方法不同，但成品都是蓝白相间的花布，因此可以统称为蓝印花布。它们的共同点是材料为布(手织布)，染料为植物蓝靛，制作过程为手工操作。而狭义上的蓝印花布则是指以植物蓝草为染料，用黄豆粉和石灰粉为染浆，刻纸为版，滤浆漏印的灰染蓝白花布。从蓼蓝草中提取蓝作染料(靛蓝)，把镂空花版铺在白布上，用刮浆板把防染浆剂刮入花纹空隙漏印在布面上，晾干后放入染缸，布下缸 20 分钟后取出氧化、透风 30 分钟，一般经过 6～8 次反复染色，使其达到所需颜色。再将其拿出在空气中氧化，晾干后刮去防染浆粉，即显现蓝白花纹，如图 5-22 所示。

因为是全手工印染，干后的浆难免会有裂纹，于是形成了手工蓝印花布特有的魅力——冰裂纹，而机印花布则没有采用全手工印染的技艺的蓝印花布的蓝白分明，毫无手工的痕迹，因此对传统技艺的保护迫在眉睫。蓝印花布的图案吉祥喜庆，是近 300 年来平民百姓所钟爱的。

图 5-22　蓝印花布

(四)彩印花布

彩印花布，也称为"花包袱""包袱皮"。彩印源于秦汉，兴盛于唐宋时期，它以奇异的艺术形式、独特的面貌、古朴而浓艳的风格见长。过去，彩印花布是人们生活中不可缺少的一部分。老辈人穿的衣服、日常用的门帘、女子的嫁妆及用于订婚、结婚、走亲访友用到的包袱，都是用彩印花布来做，它在农村使用最为广泛。彩印花布主要以大红色、翠绿色、桃红色、紫色、黄色等色套印，图案富丽堂皇，民间通常以"鹅黄鸭绿鸡冠紫，鹭白鸦青鹤顶红"来形容彩印花布的绚丽多彩。彩印花布题材多为牡丹、凤凰、荷花、富贵、福寿，大多选材于吉祥的民间故事传说和历史故事传说，诸如"鱼穿莲""四喜石榴""凤穿牡丹""吉庆有余""福寿图""五毒肚兜"等，选题独特，构图饱满。其色彩艳丽，对比强烈，质朴豪放，具有浓郁的乡土气息，是农村姑娘出嫁时的必备之物，如图 5-23 所示。

图 5-23　彩印花布

七、版画类

版画，是中国美术的一个重要门类。广义的版画包括在印刷工业化以前印制的所有图形。当代版画主要指由艺术家构思创作并且通过制版和印刷程序而产生的艺术作品，具体来说，是以刀或化学药品等在木、石、麻胶、铜、锌等版面上雕刻或蚀刻后印刷出来的图画。版画艺术在技术上是一直伴随着印刷术的发明而发展的。古代版画主要是指木刻，也有少数铜版刻和套色漏印。独特的刀味与木味使它在中国文化艺术史上具有独立的艺术价值与地位。

(一)纸版画

纸版画是运用各种纸质材料做版材，经过多种技术加工制作印刷的版画，如图 5-24 所示。纸版画有多种制作方法，包括剪贴、刀刻、缕孔等，甚至用手撕、揉折；并可以制作凸版、凹版、孔版和综合版等，表现空间非常大；印刷颜色可用单色、套色；颜料可用油性、水性和粉性；技法有前文学过的拓印法，还有漏印法、捺印法等。材料不同，具体的步骤也不同，但大致是磨版、制作版、洗版、调墨、洗墨。从印制上来分类，有黑白木刻、套色木刻和水印木刻三种。麻胶版画与木刻版画在刻印上是一样的，只是材料不同。

图 5-24 纸版画

(二)吹塑纸版画

版画种类较多，有木刻版画、石版画、铅版画、丝网版画等。由于使用的工具、材料、技法繁多，复杂而危险，要求较高，初学者不易掌握；而吹塑纸版画取材容易，使用方便，价格便宜，制作简便，无危险性，制作周期短，成品快，在技法上要求不高，如图 5-25 所示。

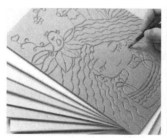

图 5-25 吹塑纸版画

(三)木刻版画

木刻版画是绘画种类之一。木刻是在木板上刻出反向图像，再印在纸上欣赏的一种版画艺术，如图 5-26 所示。

按照不同的分类方式，木刻版画可以分为以下几种。

(1) 按色相多寡，分为黑白木刻和套色木刻。

(2) 按其制作原料和方法，分为水印木刻和油印木刻。

(3) 按使用材料，分为木版画、石版画、铜版画、丝网版画等。

(4) 按颜色，分为黑白版画、单色版画、套色版画等。

(5) 按制作方法，分为凹版、凸版、平版、孔版和综合版等。

图 5-26　木刻版画

(四)铜版画

铜版画发源于欧洲，也称"蚀刻画""铜刻版画""铜蚀版画""腐蚀版画"，是版画的一种，指在金属版上用腐蚀液腐蚀或直接用针或刀刻制而成的一种版画，属于凹版。因较常用的金属版是铜版，故称为铜版画。从 15 世纪发明雕版以来，铜版画经过两个世纪的发展，在欧洲各国已经形成了一个非常繁荣的复制版画市场。法国是当时欧洲复制版画的中心，著名的雕版师都云集巴黎。为适应不同的复制要求，他们在实践中陆续发明了一些新的制版方法，极大地丰富了版画的艺术效果。例如，"炭笔式制版法"和"粉笔式制版法"的发明，顾名思义，这是一种摹仿炭笔或粉笔的制版方法。它是用装有带齿小轮的刻刀，即"滚刀"，在版上滚动，可以刻出许多细点，摹仿炭笔和粉笔在纸上的笔触。而经过改进用来直接制版作画的是 18 世纪的法国雕版师弗朗索斯(J.C.francois，1717—1769)，他把这种滚刀上的滚齿小轮，做成粗细不同、形状不同的多种符号，以适应不同的笔触。它并不直接在版面上雕刻，而是在上了防腐蚀膜的版面上作画后，再经过腐蚀，可以使效果更为柔和。使用这种方法的还有一位著名的雕版师和版画稿打样人德马多(Cilles Demateau)，他是布歇的炭笔素描作品的复制专家。还有一位专门复制布歇的彩色粉画作品的雕版师蓬奈特(Louis Marin Bonner，1743—1793)，他致力于数版叠印的色版印刷，以此表现彩色粉笔复杂的绘画效果。制版方法是以防腐蜡或防腐剂(一般以黄蜡、松香、沥青等抗酸材料制成)涂布版面，形成一层防腐膜，用刻针在版面上作画，然后放在腐蚀液(常用硝酸溶液)中腐蚀。凡被刻针刮去防腐膜之处，即被腐蚀，形成凹陷，腐蚀时间越长，凹陷也越深。除去防腐膜后版即成。印刷时先用油墨涂布版面，使所有凹陷都填满油墨，然后揩去凹陷以外的油墨，放在铜版机上压印，纸受压，凹陷内油墨吸附于纸上而形成凸起的线条，线有粗细、深浅、疏密，再加上线外揩去的油墨有多有少，因此就形成一幅多层次的、变化复杂的画面。此外，还可用飞尘法、软腊法腐蚀成另外的效果。亦可不用腐蚀而直接用刻针在版面刻制，称为"干刻"。铜版画绘制工艺相对复杂，为现代"三版"(铜版、石版、丝网版)之一。铜版画的原理是用金属刻刀雕刻或酸性液体腐蚀等手段把铜版面刻成所需图样，再把油墨或颜料擦压在凹陷部分，用擦布或纸把凸面部分的油墨擦干净，把用水浸过的画纸(厚些的版画专用纸为好)覆于版上，用铜版机机器压印，将凹处墨色吸粘于纸面上，形成版画。

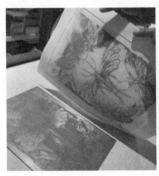

图 5-27　铜版画

(五)胶版画

胶版画，是继承传统石版画制作工艺并融合现代技术的新版画形式。手法和工具与木刻版画类似，只是把木版换成了胶版，比较容易上手，胶版可以制作较大幅的作品，剪裁方便，造价也比较低，很适合新手版画爱好者去尝试，如图 5-28 所示。

图 5-28　胶版画

(六)橡皮章

橡皮章，特指 DIY 手刻橡皮印章，如图 5-29 所示。其是使用小型雕刻刀具在专用于刻章的橡皮砖(与普通橡皮擦不同)上进行阴刻或阳刻，制作出可反复盖印图案的一种休闲手作形式。因材质关系，手刻橡皮章的雕刻时间比石刻、木刻短很多，也不需复杂的技巧，因此几乎人人都可以轻易上手，章的表现内容也极为随意，创作空间比较大，深受大家喜欢。

图 5-29　橡皮章

第二节　案 例 示 范

前文我们已经了解了多种手工制作类型和样式，接下来，就通过几个具体的案例来动手实践一下。

一、石塑土

工具和材料如图 5-30 所示。

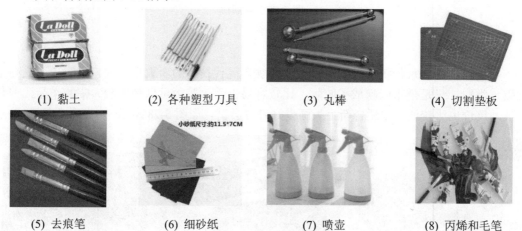

(1) 黏土　　　　(2) 各种塑型刀具　　　　(3) 丸棒　　　　(4) 切割垫板

(5) 去痕笔　　　　(6) 细砂纸　　　　(7) 喷壶　　　　(8) 丙烯和毛笔

图 5-30　工具和材料

(1) 黏土：蓝色的 La Doll 和粉色的 La Doll，柔软度和黏性都非常不错，新手推荐使用蓝色的，更细腻，且好上色。

(2) 各种塑型刀具：网上有很多种，可以少量购买后，选择适合自己使用习惯的塑型工具。

(3) 丸棒：常用来压眼窝和抚平表面。

(4) 切割垫板：切割物品不容易伤到桌面，好打理。

(5) 去痕笔：抹平痕迹和塑型用。

(6) 细砂纸：打磨作品表面。

(7) 喷壶：给石塑土补水用。

(8) 丙烯和毛笔：上色用。

以上就是制作石塑土必不可少的工具和材料，当然，除了以上几种工具以外，还有很多辅助工具，大家可以先尝试，后期根据自己的需要进行补充，初期使用这些工具即可。

石塑土冰箱贴做法如图 5-31 所示。

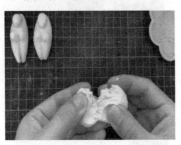

(1) 拿出石塑土，揉均匀

(2) 通过切割、捏、压大致做出手臂和双腿的形状，注意腿要比手长一些

(3) 进一步优化游泳小人的造型

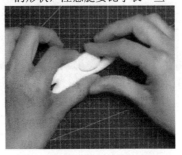

(4) 再取一块土，做头部

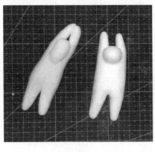

(5) 可以有不同的发型，要粘结实，防止后期干燥后开裂

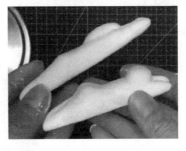

(6) 再取两个土球，做臀部

(7) 做好的作品需要干燥 2～3 天，完全干燥后可用细砂纸打磨光滑

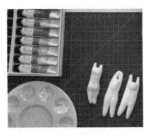

(8) 用丙烯进行调色和上色，先涂皮肤的颜色，然后是头发和泳衣

图 5-31 石塑土冰箱贴做法

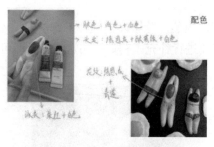

(9) 泳装上可以点缀装饰一些花纹和圆点，使作品更加活泼

(10) 上好色后，可以在底部用 U 胶把一块吸铁石贴在作品上

(11) 最后在作品上涂一层光油，让其更加有光泽

(12) 至此石塑土冰箱贴——游泳小人就完成了

图 5-31　石塑土冰箱贴做法(续)

二、超轻黏土

工具和材料如图 5-32 所示。

(1) 有不同品牌的超轻黏土，贝蒙、小哥比、卡乐优等品牌都可以

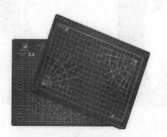

(2) 切割垫板

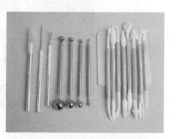

(3) 塑型用的各种刀和丸棒

(4) 细头剪刀和弯头剪刀

(5) 擀泥棒

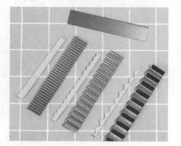

(6) 长条刀

图 5-32　工具和材料

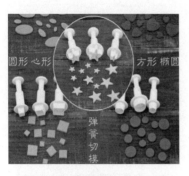

(7) 各种模具

(8) 七本针，制作纹理用

(9) 擀泥版

(10) 白乳胶

(11) 喷壶

(12) 上色丙烯、色粉盘、毛笔

图 5-32 工具和材料(续)

兔兔黏土星球的做法如图 5-33 所示。

(1) 用白色+红色调成粉色黏土

(2) 用手搓成一个光滑的粉色圆球

(3) 用白色黏土做出小兔子的脸

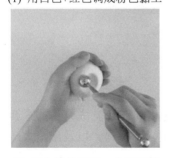

(4) 用丸棒按压出一个圆形的
窝，略大于小兔子的脸

(5) 把小兔子的脸安在刚才按压
的窝里，再搓圆，调整形状

(6) 将粉色黏土搓成长条，做出
小兔子的耳朵

图 5-33 兔兔黏土星球的做法

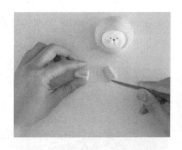

(7) 用工具做出耳朵的细节

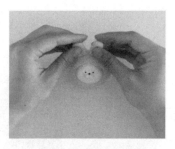

(8) 安装兔耳朵

(9) 把黄色黏土搓成长条

(10) 将搓好的长条绕小兔子一圈，剪掉多余长条

(11) 用模具压一些小星星作为点缀

(12) 最后搓两个小水滴做小兔子的手，至此兔兔黏土星球完成

图5-33 兔兔黏土星球的做法(续)

【知识拓展】

黏土制作来源于泥塑的制作，而泥塑的传承源远流长。泥塑艺术是汉族民间艺术的一种，民间艺人用天然的或廉价的材料，制作出精美小巧的工艺品，深受民众的喜爱。在明清以后，民间彩塑赢得了老百姓的青睐，其中最著名的是天津的"泥人张"和无锡的"惠山泥人"。它早已走出国门，远涉重洋，成为中外文化交流的使者，被越来越多的国家和人民接受和喜爱。虽然泥塑并非以科技含量而论，但它确实为人们的生活增添了新的亮点：朴实、直观、真实和更加的"零距离"。

【实践锻炼】

- 试着用石塑土制作一个冰箱贴，并贴在自己家的冰箱上。
- 试着用超轻黏土制作花卉，并装饰自己的房间。

第三节 DIY 一起来

用创意打造低碳有趣的生活，把平时不用的旧物品或者无用的东西变成有用的东西，可以和家人一起尝试 DIY。接下来，介绍纸箱大改造所需的工具和材料，以及纸箱大改造过程。

首先，工具和材料如图 5-34 所示。

其次，纸箱大改造过程如图 5-35 所示。

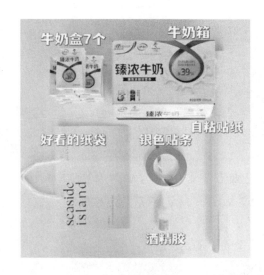

(1) 牛奶盒 7 个

(2) 一个牛奶箱

(3) 好看的纸袋

(4) 银色贴条

(5) 自粘贴纸

(6) 酒精胶

图 5-34　工具和材料

(1) 先剪裁掉牛奶箱的
多余部分

(2) 完成后效果①

(3) 用硬纸板填平底部

(4) 把一侧剪裁成斜边

(5) 另一侧裁开

(6) 完成后效果②

(7) 裁剪掉手示意的位置

(8) 完成后效果③

(9) 用酒精胶再粘贴回去

(10) 包一层贴纸加固

(11) 根据牛奶盒的宽度
确定隔板的位置

(12) 裁剪一片纸板，做
隔板用，包上贴纸装饰

图 5-35　纸箱大改造过程

(13) 用酒精胶固定

(14) 完成后效果④

(15) 用 3 个牛奶盒做抽屉

(16) 裁剪成抽屉的样子

(17) 用纸板补齐缺少的面

(18) 包一层贴纸

(19) 裁剪 3 块纸板来做
抽屉的隔板

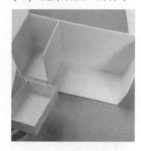

(20) 做好后可以一层一
层加抽屉

(21) 最上面一层, 可以
再加一块纸板作挡板

(22) 完成后效果⑤

(23) 用 4 个牛奶盒做
大抽屉

(24) 把侧面裁掉

(25) 然后把它们粘贴在
一起

(26) 包一层贴纸

(27) 正面加一块纸板

(28) 在两侧粘贴纸板作
为抽屉的支撑板

图 5-35　纸箱大改造过程(续)

(29) 再粘贴一块纸板作为抽屉的顶板

(30) 放入抽屉

(31) 图中正面的空隙略大

(32) 粘贴一块纸板遮挡

(33) 完成后效果⑥

(34) 加一块竖向隔板

(35) 涂上玻璃胶

(36) 完成后效果⑦

(37) 用好看的纸袋装饰

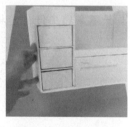

(38) 完成后效果⑧

(39) 再多做几个分格

(40) 加一些银色贴纸装饰

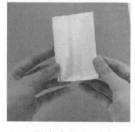

(41) 用多余的牛奶盒做把手

(42) 裁剪成 2cm×7cm 的长条

(43) 把长条对折

(44) 在抽屉把手的位置，用刀划 2cm 左右的口

(45) 把对折的长条插入

(46) 背面粘贴固定

(47) 把手制作完成

(48) 纸箱改造完成

图 5-35　纸箱大改造过程(续)

【知识拓展】

变废为宝的两种方法

(1) 改变自身属性。正所谓"变则通"，如果对此"废物"进行合理的加工、改造、拆分或重组，它就有可能释放潜在的使用价值，变为宝。最典型的例子就是石油，刚开采出来的石油是多种烃的混合物，黑乎乎、黏糊糊的，没有什么用处。但经过层层的蒸馏、减压蒸馏，却可以获得各种汽油、柴油、润滑油、航空汽油、聚乙烯……就连剩下的残渣都是生产蜡烛、沥青的主要原料。因此不存在绝对的废物，只是我们还没找到改变它们的方法。

(2) 改变外部条件。"橘生淮南则为橘，生于淮北则为枳。"这说明，对于同一个事物，外部环境的不同可能导致其有不同的发展方向。在某处被认为的废物，移到另一个地方，就可能变成宝物。这样的例子还有很多，比如黑白电视，在中国早就被淘汰了，可是在非洲市场大受欢迎，因为黑白电视廉价、实用，它对于贫穷的非洲国家，是最经济的选择。因此不存在绝对的废物，只是我们还没有找到能让它们发光的地方。

【实践锻炼】

- 找一个自己生活中的旧物品进行改造，如不穿的牛仔裤、拖鞋等。
- 用外卖盒进行改造。
- 用矿泉水瓶、饮料瓶进行改造。

第六章　家　庭　装　饰

学习目的及要求

- 了解家庭装饰的方法及特点。
- 掌握不同自我需求的家居空间个性化展现。
- 掌握不同人文风格的家居空间个性化展现。
- 掌握低碳家居空间的个性化展现。
- 学会利用织物来营造温馨的居住空间。
- 学会利用绿化来实现居室与自然的完美结合。
- 学会利用家具来打造归纳与装饰相结合的居住空间。
- 学会利用光效来渲染居室的整体氛围。
- 学会利用陈设来丰富居室的空间层次。

　　家，是倦鸟归来的巢，是挡风遮雨的港湾，是那个不需要多大的地方但足以给我们温暖的房子。唐代诗人杜甫在《茅屋为秋风所破歌》中写道"安得广厦千万间，大庇天下寒士俱欢颜"，房子不仅是一处钢筋水泥构筑的私人空间，而且是普通人对生活所有的期望和机会。它承载了人们对美好生活的憧憬，承载了对中华孝道的诠释，承载了代际的传承和培养。

　　房子是家的缩影，是生活的载体。有自己的房子就有一个安身立命之所，不用忍受辗转流离的心酸。里面有一日三餐，四季变换，也容纳着家人每天的喜怒哀乐，是心的归属。

　　我们每个人都会有自己的家、自己的房子，当我们拿着钥匙激动地打开那扇属于自己的房门时，一定想要把这个属于自己的空间打扮得温馨而美丽。那么，装修就成为实现这一美好理想的第一步。那么，装修都包含哪些内容，非专业的我们如何能参与自己家的装修呢？

第一节　概　念　界　定

一、装修的概念

　　我们常说的装修分为硬装饰和软装饰两大部分。

　　硬装饰，是装修的基础部分，代表了装修室内所有不可移动的项目，主要是指基础装修和主材，包括结构改造、电路和水路改造、防水工程、吊顶施工、涂料工程、铺贴墙纸墙布、铺贴瓷砖、电视墙造型，安装木地板、卫浴洁具、室内门、开关插座、橱柜等。一般硬装饰也包括一些大型的电气设备，如中央空调、新风系统、地暖等设备。硬装饰做好之后很难改动或者居住很长时间之后才会对其进行改动。

软装饰，是装修中美化和功能补全的部分，从字面解释为柔软的装饰，从客观上分析，其含义来源于室内设计中"硬装饰"一词，它们具有相对性。硬装饰是室内整个坚实的框架，犹如人的骨骼，具有举足轻重的支撑作用，包括天花板、墙壁、地板、门窗等。而软装饰是在硬装饰的基础上进行可以移动并易于更换的搭配装饰，如家具、床上用品、窗帘、沙发、装饰画、地毯、陈设品，甚至灯光、居室植物等，因此，软装饰又称为配饰设计，国外称 accessories design。除了与硬装饰具有相对性的实际意义之外，从主观上分析，软装饰的概念体现了柔软、轻柔、舒服、放松的装饰效果，这些心理感受正是居住者对居室环境的要求。软装饰的意义在于提升设计感，能够展现屋主的生活品位和生活细节，可以说是装修的点睛之笔。

硬装饰通常需要专业人员完成，而软装饰则可以通过后期灵活装饰营造丰富多彩的家居效果，以此增加家庭成员的参与感。因此，很多人提倡一种"轻装修，重装饰"的家装理念。本章我们将以"软装饰"为主带领大家一起了解如何实现家庭装饰。

二、软装饰的特点

随着社会经济的快速发展，房地产行业也迅猛发展。软装饰凭着新技术、新材料、新理念越来越受到人们的重视，人们开始越来越多地关注软装饰所展现的特点。

(一)种类多样

作为空间而言，包括天花板、墙面和地面，在实现硬装饰之后即可达到完善的效果。而作为居住空间，仅有这些是远远不够的，与硬装饰的纯功能性相比，软装饰具有庞大的发挥空间，大体可以分为五大类：织物、陈设、绿化、灯光。

织物装饰俗称布艺，而布艺包括挂式布艺，如窗帘、床帏、布面隔断、布面玄关、布面屏风等；铺式布艺，如床单、被罩、枕套、桌布、家电蒙布、地毯、沙发套、靠垫等；纯观赏性布艺，如手工布艺玩偶、布艺花、布艺装饰画等。

陈设主要包括墙面上悬挂的书法作品、绘画作品、摄影作品，以及家具、电器上摆放的起到装饰效果的物品，如雕塑作品、相框、花瓶、书籍等。

绿化主要包括在室内起到净化空气和视觉点缀的盆栽植物、水养植物、软体水景及动物养殖等。

灯光包括根据室内不同居住空间，如客厅、卧室、书房、餐厅、卫生间的需求营造出不同的光色、光影、光的立体感及质感等。

(二)色彩丰富

软装饰的种类繁多，具有极其丰富的色彩语言，不同的类型会营造出不同的色彩效果，以满足居住者对居住环境的情感需求。软装饰的设计过程可以根据房间的不同需求及居住者的个人喜好来选择表现材料，并以居室环境为参照，挑选搭配，使室内空间融合为一个协调的整体，最终形成一种色彩既丰富又和谐的观赏效果。比如，在卧室的设计过程中，可以选择统一色调的窗帘、床幔、床单、被罩、地毯及陈设品，以体现卧室的温馨。

(三)主题鲜明

软装饰在室内设计中具有一定的实用功能，除此之外，其最大的优势在于它能体现不同的主题。比如，以四季为主题的室内设计：春天，室内以绿色和黄色为主色调，可摆放一些绿色植物感受春天的生命力，家具可选择一些藤编的沙发和躺椅，以营造大自然的氛围；夏天，室内选择清爽的颜色，窗帘选择薄纱的面料，床上用品以浅色为主以营造凉爽的感觉；秋天，室内以红色和黄色为主色调，可选择一些麦穗、玉米等农作物做装饰，以营造秋天丰收的感觉；冬天，室内应以暖色为主色调，窗帘换上质感厚重的布料，采用暖色的灯光，从而为居住空间营造一种温暖的感觉。家装中，还常用梅、兰、竹、菊的图案来体现具有文人气息的装饰效果，用蒙德里安的抽象绘画来体现现代家居的简约风格。

(四)更换方便

软装饰多为可拆卸移动的物品，如窗帘、家具、沙发、地毯等，更换方便也是软装饰的一大特点。特别像布艺之类的软装饰品，可以定期拆洗更换，保证室内干净、整洁。同时，居住者可以随时根据自己的喜好更换装饰效果，以达到想要的视觉。

第二节　家居软装饰的个性化展现

一、满足人们表现自我需求的个性化展现

人们对居住空间的基本需求都是一样的，无外乎休息、活动、学习、洗浴等。满足这些条件的空间是可以居住的，但只有这些条件是无法体现居住者的个性特点的，这就需要在室内空间加入软装饰元素。软装饰是以人为本的设计方法，是真正人本思想与设计理念相结合的体现。

居住空间中的个性体现主要来源于居住者的不同生理需求、不同心理需求、不同年龄需求、不同职业需求及不同文化需求。

(一)生理需求

人们在日常生活中常常需要一些外界事物来满足自身的生理需求，如寒冷的冬天，人们会用不同的织物来保障身体的温暖，同时还可以选用暖色灯光及暖色饰品来增强视觉的温暖感；为了提高睡眠质量，可以选用较厚的窗帘并配备遮光布，保证舒适的睡眠环境。这些都是居住空间中软装饰的表现，它与人的生理需求息息相关，并能充分地满足不同的人对居住环境的生理需求，从生理需求上体现软装饰的个性化。

(二)心理需求

每个人都有自己的喜好及想法，因此，对于自己的生活空间会产生许多心理需求，居住空间也同样是这样。人们往往不能满足基本的生活空间，需要根据自己的心理情感而改变自己的生活环境。软装饰种类繁多、风格多样的特点，刚好能够满足人们理性、活泼、高雅、童趣等各种各样的心理需求。这种借助于环境的改变而满足人们心理需求的过程正是软装饰对人的心理产生的重要调节作用。

(三)年龄需求

不同年龄阶段的人对外界环境会有不同的认知及审美标准。因此，对居住空间的软装饰要求也不一样，比如，儿童的居住空间往往色彩丰富而鲜亮，孩子的卡通陈设品成为房间中的一大亮点；年轻人的居住空间则以流行元素为主，如流行的色彩、流行的家具款式，气氛热烈而充满青春的朝气；中年人随着家庭与事业的稳定，性格渐渐沉稳，且具有一定的经济基础，室内装饰多选用档次高、质量好的陈设品，色调和谐，冷暖色搭配恰到好处；老年人的居住空间以怀旧为主，整体软装饰风格较为复古，软装饰陈设品常具有纪念价值，并配合绿色植物营造出一种素雅沉稳的视觉效果。

(四)职业需求

在繁忙的社会中，每个人都从事不同的职业，每种职业都有它所特有的内容与习惯，这些职业特性也从一定程度上影响了人们对生活的态度及要求，影响了居住者对室内软装饰的欣赏品位、情感倾向及特色表达。比如，从事体力劳动的居住者需要塑造淳朴的室内风格，由于工作的辛苦，他们会将设计的重点放在可以放松休息的床、沙发、躺椅上，并选择绿色和蓝色的色调，以放松身心；从事脑力劳动的居住者更注重居住空间的文化性倾向，装饰品中书籍、字画等标志性陈设品更能体现这一职业的特色。

(五)文化需求

在居住空间软装饰中，人的个性化也常体现在每个人不同的文化修养中，这取决于人们所受的家庭环境、社会教育、成长氛围及社交圈子的影响。比如，具有浓郁民族情结的人，会将很多本民族特有饰品陈设在居住空间中；生活在较为传统的生活环境中的人，会将传统文化感较强的饰品置入居室中，如刺绣织品、木雕制品；留洋归来的人由于接受了西方的文化思想，在居室设计中会加入一些国际化的元素。

二、营造多样化人文风格的个性化展现

在这个彰显个性的时代，居住空间也随着人们的生活方式而改变，其风格也逐渐从 20 世纪 90 年代的复杂型向简约时尚型转变。从视觉角度看，如今的居住空间装饰摒弃了许多华而不实的装饰元素，取而代之的是简洁、舒适、人文化的实用元素。可见，软装饰风格会随着时代的不同而改变，同时，它也会因地域、文化等不同呈现各自的风格特色。多样的软装风格，使居住空间的装饰市场呈现"百花齐放"的景象。比如，早期以桂冠和花环作为主要装饰物的古希腊风格；以帷幔制品著称的古罗马风格；采用几何纹样作为装饰的伊斯兰风格和现代以昂贵奢侈品为材料的装饰艺术运动风格；以点、线、面及色彩变化为主的抽象风格；等等。目前软装饰行业常用的风格有古典主义风格、现代主义风格、波普艺术风格、美式田园风格及地中海风格。

(一)古典主义风格

西方古典主义风格，是指从 16—17 世纪文艺复兴运动开始，到 18 世纪的巴洛克、洛可可时代流行的欧洲室内设计模式，如图 6-1 所示。装饰形式以纵向排列为主，如桌腿、

椅背等呈现的古典花纹、波斯纹样，加上罗马窗帘及品位高雅的烛台、挂画及造型感十足的水晶灯等装饰品都能充分体现古典主义风格。该风格中布艺色彩以浅色为主，以体现华丽、高雅的特点。

后期出现的新古典主义是在古典主义风格的基础上有所改善而呈现的新风格。具体来说，它是将古典主义的烦琐软装模式简约化，添加了具有现代纹理的材质，从而呈现既古典又时尚的新风格。它的审美价值与以往个性强烈的形式感相比，在实现精致细节的同时，又突出了人性化的实用功能和华丽的古典主义特色。新古典主义的软装风格不再一味追求中规中矩的色彩和造型，大胆地表现色彩并经常将镶有蕾丝花边的帷幔、具有透明质感的人造水晶制品、动物毛皮、欧式风格的人物雕塑及油画作品等作为主要装饰品，其风格高贵而典雅。

图 6-1　古典主义风格

资料来源：https://baike.baidu.com/item/古典欧式风格/2516327。

具体来说，新古典主义在图案纹样的选用上，多采用简约的卷草纹、藤蔓纹等具有很强装饰性的纹样造型。色彩的选用上，新古典主义改变了古典主义风格的单一性，以营造具有温馨感的象牙白色、米黄色、浅蓝色、暗红色、古铜色等色彩为主。同时，新古典主义风格还提倡注重空间内绿化效果，常在居住空间中摆放富有情调的花篮和种植精美的盆景、蜿蜒的藤蔓，加上奢华的纱幔，极具古典意境。

与西方的古典主义风格相比，中国的古典主义风格则更加注重肃穆、优雅的视觉效果。居室中的色彩常采用较为凝重的红色系，体现了古色古香的意味。陈设品多以传统手工制品为主，比如，刺绣的桌布、窗帘；手工编织的地毯；手工雕刻的木质沙发，配以绣有传统图案的靠枕。色彩多选用红色、黑色或宝蓝色等，浓艳而又典雅。

(二)现代主义风格

现代主义风格的家居软装饰以简约为主，主要强调居住空间的功能性及实用性，追求空间造型和结构的单一性及抽象性，如图 6-2 所示。对家居空间中所采用的材料、技术及空间的表达具有精确性，通常采用点、线、面、块等抽象元素来设计家具并进行组合，使居住者感到简洁、明快。墙面装饰多采用抽象的挂画，甚至窗帘、床罩、地毯、沙发的装饰纹样也多采用二方连续、四方连续等简单抽象的点、线、面抽象元素，色彩的选用上也通常不超过三种颜色，且色彩以块状为主，以达到风格统一的效果，体现简洁的造型风格。

图 6-2　现代主义风格

资料来源：https：//baike.baidu.com/item/现代风格/205708?fr=aladdin。

(三)波普艺术风格

20 世纪 60 年代，在美国和英国出现一个新的艺术流派，它们喜欢对比强烈的色彩，喜欢流行元素，喜欢重复排列的效果，它们被称为波普艺术。

在当时的年代，波普艺术不仅流行于时装界，但凡与设计相关的领域都被波普风格感染，家居设计也不例外。在家居空间中早期的波普风格装饰，是将墙面处理成色彩绚烂、造型夸张的视觉效果，但随着设计心理学的研究，人们意识到如果长期生活在过于绚烂的颜色空间中，会变得烦躁不安、情绪失控。于是在后期的波普风格设计中将大面积色彩运用改成局部亮色处理，比如，色彩单一、简约的居住空间中，配以色彩浓艳的靠垫或布艺沙发，形成居室的视觉亮点，使整个室内空间从视觉上而言有紧有松，既和谐又有变化，如图 6-3 所示。

图 6-3　波普艺术风格

资料来源：http://www.xiugei.com/jingyan/zxjq/zs10323.html。

(四)美式田园风格

随着现代社会的生活节奏加快，整天忙碌的工作及生活的压力使人们渐渐渴望回归大自然，感受淳朴简单的田园生活，因此，人们将这种心理寄托体现在居住空间的设计上，希望忙碌一天之后，回到家面对的不是紧张而严肃的构造，而是有自然、不拘小节的轻松感。于是，田园风格的家居装饰由此形成，也逐渐得到了人们的崇尚与追捧。在家居装饰中，田园风格注重自然美的表达，其用于装饰的材料都是以纯天然的木头、竹片、藤条、棉、麻、陶制品、砖块、石头等为主，比如，保留木质本来肌理与颜色的桌子、椅子和柜子，藤条编织的沙发、躺椅和床等，草绳编织的地毯，蓝色印花布制成的床上用品及窗帘，砖砌的茶几及石刻的鱼缸和以自然干燥的花或蔬菜等物品进行装饰，营造了一种淳朴、原始的感觉。

由于地域的不同，田园风格还呈现不同的特色。比如，中式田园风格比较热衷于体现人文气息及自然恬静的感觉，常采用竹、藤、石、水、花草、书法、国画等代表性物品营造中式感极强的居室空间，色彩的选用素雅、和谐，遵循中庸之道；欧式田园风格则注重线条的柔美、色彩的柔和，沙发的造型精致，常选用小碎花的布艺沙发，并在室内配以壁炉、壁灯，以营造一种既温馨、舒适，又不失华丽的氛围；美式田园风格也比较注重线条的应用，但不同的是，美式田园风格中的线条感更加硬朗，其适用于空间较大的居室，家具的选择上也倾向于尺寸较大的类型，所采用的软装饰材料华丽而复古，色调也体现了稳重而高贵的特性，如图 6-4 所示。

图 6-4 美式田园风格

资料来源：https://baike.baidu.com/item/美式田园风格/334156?fr=aladdin。

(五)地中海风格

地中海风格主要是指位于地中海周边的西班牙、意大利、希腊等国家的室内装饰风格，由于地中海特殊的气候类型与文化背景，地中海风格家装呈现别具一格的视觉感受，其最大的特色在于就地取材，具有鲜明的地域特色和民族特色，描绘出一种宁静、淳朴而浪漫的自然风情。

地中海风格的家居饰品中常用纯天然的棉麻织物作为床上用品、沙发布、窗帘布及桌布的材料，将印满小碎花、条纹、格子等图案的布面铺在造型圆润的木制家具上，别有一番情趣。地面、墙面及桌面的装饰也十分特别，常将切割组合后的赤陶、石板、马赛克、小石子、瓷砖、贝壳、玻璃等材料进行铺制。造型优美的铁艺家具，同样是地中海风格特有的室内装饰内容。

色彩的选用是地中海风格的一大亮点。地中海阳光充足，外景的色彩饱和度很高，所以，室内软装饰设计也应体现地中海绚烂的色彩感觉。为了使人感受到大海、蓝天的视觉效果，室内装饰时常用蓝色与白色，这是最为经典的地中海色彩搭配。门、窗户、椅子都采用蓝色与白色搭配的色彩，配合嵌有贝壳、马赛克的墙面，铺满小石子的地面，呈现丰富的视觉效果；设计中还能通过黄色、蓝紫色和绿色的搭配营造出地中海周边国家种植花卉的色彩，如向日葵、薰衣草等；土黄色和红褐色的选用则体现出沙漠、岩石的色彩感。同时，地中海风格的居室中还十分注重绿色植物的搭配，多种植藤蔓植物，使它缠绕穿梭于墙边、廊上。藤条编制的躺椅旁茂盛的盆栽植物，茶几上的修剪精致的盆景等都给居住空间带来了一丝灵动，如图6-5所示。

图6-5　地中海风格

资料来源：https://baike.baidu.com/item/地中海风格?fromModule=lemma_search-box。

三、促进居住空间低碳发展的个性化展现

在现代社会中，对人类影响最大且迫在眉睫需要解决的问题是环境问题。越来越多的人开始了解低碳，并提倡低碳生活。低碳是什么，简而言之，就是减少二氧化碳排放量，还人类一个空气清新的地球。"低碳"一词成了这个时代的潮流与标签，每个人都努力成为低碳达人。家居行业也同样被带动起来，于是"轻装修，重装饰"的软装风逐渐盛行，人们开始摒弃以往使用许多建筑材料装修房子的观念，而改成用污染较少的软装饰来美化自己的家，通过改变自己的居所来着手打造真正的低碳生活。逐步发展起来的低碳家装无疑是传统家装个性化的体现。

(一)材料的环保化

居住空间的装修需要花费大量的装修材料，因此，家装低碳的第一步就是使材料环保化。购买材料时，尽量挑选符合 1 级或 2 级环保指标的材料，但是这并不代表就没有污染，相反，如果在家装过程中大量使用装修材料，有害物质就会积少成多，渐渐从量变转为质变，同样会造成污染空间，危害人们身体健康的后果。有关研究表明，每减少 1 千克

装修钢材的用量，可以减少 1.9 千克的二氧化碳排放；每减少 0.1 立方米用于装修的木材，就能减少 64.3 千克的二氧化碳排放。从这一点出发，居住空间应尽量少用装修材料，减少硬装饰，是家装低碳的一个重要原则。

除了硬装饰要低碳外，软装饰也同样要朝着低碳的方向发展。从材料上分析，首先，要少用多层夹芯板，这种板材是家装中做柜子和门时常用的材料，虽然是木制的，但是由于它是经过后期加工的木制材料，其中挥发性有机化合物(VOC)的含量较高，在居室中会散发甲醛等有害物质，如果用量太大，就会超过人们所能承受的标准，影响身体健康；其次，家居涂料尽量选择浅色，涂料颜色越深铅含量就越高，而铅是涂料中的一种添加物质，它能保持涂料的颜色长久不褪色，因此，要少用或选择浅色来装饰居室；再次，在软装饰中，许多居住者喜欢贴壁纸来打造整体而丰富的视觉效果，在挑选壁纸时要注意选择以纯木浆为原料的壁纸，或者类似秸秆等二次再生原料制成的壁纸；最后，减少瓷砖的用量，因为制作瓷砖的陶土是不可再生资源，且瓷砖是陶土烧制而成的，在烧制的过程中需要消耗大量燃煤，因此，瓷砖的制作过程产生了大量的碳化物，减少瓷砖的使用，也就是减少了碳化物的排放量。

(二)用具的节能化

除了选用环保材料外，能源的节约也是环保低碳的重要环节。在普通家庭中，电器及燃气用具是最消耗能源的两大物件。人们在使用电器与燃气用品时，必须要选购节能的产品，并且使用过程中要养成良好的习惯。购买电器与燃气灶具时，要注意留意电器与灶具上方的节能标识，不要只看外观，或只通过耗电量来判断电器的使用效果，尽量挑选能源消耗最低的产品。比如，在购买燃气灶的时候，大部分消费者会认为燃气消耗大，火力就会足，其实不然，消耗同样的燃气，灶具的不同，其热转化率也会不同，热效率高，从而转化为热的成分比例就越高，也就起到了节能的效果。目前家电市场上出现了"三环分控"燃气灶，分别使用了三根引管供送燃气，并分别可控，与传统的两个引管控制三个火力相比，火力更足，单管单控，因此合理使用燃气，也就变相节约了能源。

(三)植物的净化

绿色植物是软装饰中一项重要的表现元素，除了起到观赏的作用之外，绿色植物还能起到净化空气的作用。绿色植物对室内有害物质的吸收能力十分强大，居住空间中，每 10 平方米放置一两盆绿色植物就能达到清除污染、净化空气的目的，如常春藤、吊兰、绿萝等植物对室内装修所产生的甲醛、苯、氨等有害物质起到很好的净化作用。

居室的每一个空间都有不同的功能，因此，不同的空间可以选择不同数量、不同品种的植物来装饰。

在玄关及窗口的位置，水养植物或高茎植物是首选，因为此处比较通风，水养植物能达到调节房间温度与湿度的作用，这类植物有水养富贵竹、高身铁树、万年青、发财树等。

客厅是居住空间的主要活动场所，人来人往，灰尘较多，最适宜摆放常春藤、无花果及猪笼草等植物，它们不仅能对小虫子及细菌起到很好的抑制作用，还能吸纳空气中的灰尘，清洁环境。

卫生间是居室中十分潮湿且容易滋生细菌的地方，适宜放置虎尾兰、常春藤等植物，它们都是耐阴植物，不仅可以吸收空气中的潮气，还能起到杀灭细菌的作用。

卧室不宜放置太多植物，因为植物到晚上会排放二氧化碳，对身体不好，可以适当放置一些小型盆栽，如迷迭香、吊兰等植物以保持室内的湿度。

厨房里则可以放置吊兰和绿萝净化空气，同时还能够起到驱赶蚊虫的作用。

(四)旧物再利用

很多装修业主在与设计师交流时会有这样的体验，当拿到自己家的设计方案或是设计图纸时发现，整个设计效果似曾相识，十分熟悉，并且装修完后发现，可能某些地方与别人家是一模一样的，完全没有自己的特色。本来能够打造个性空间的软装饰为什么没有达到效果，原因有两个：一是国内的软装饰市场尚不成熟，一些室内设计师只能照搬照抄国外的设计风格，以偏概全，这样所有相同风格的房子都会装修成一模一样的，毫无居住者的个性可言；二是软装饰设计的费用与硬装饰不相上下，有时候还会更高一些，消费者更愿意把钱花在硬装饰上，至于软装饰，则由居住者后期自行挑选，由于没有专业的指导，后期的软装饰效果与预想大相径庭，甚至会破坏室内整体感，显得杂乱无章。

软装饰的成熟需要一定的时间，短期内不可能有国外那种十分稳定而乐观的局面，因此，我们可以用另一种方法来改善现状。

"DIY"是近几年使用非常多的一个组合词，意思是自己动手。生活中有很多旧物，清洗干净后，改造成具有装饰感的物品，别有一番趣味。从环保及个性化创造角度分析，这是一个十分可行的改善方法。

第一，自己动手制作家居装饰品更能准确地表达自己的需求，可以根据每个人自身不同的性格、喜好、职业、年龄等因素，制作自己满意的物品。

第二，自己动手制作的物品，与商场购买的相比，可能没有那么规整，但绝对是全世界独一无二的，是花钱买不来的。

第三，自己动手制作装饰品，将不再为昂贵的软装饰设计费而望而却步，降低了室内装饰的成本。

第四，自己参与制作更符合软装饰体现居住者个性的特点，同时，喜欢软装的人必定热爱生活，自己动手制作家居装饰，不仅满足了自己的个性需求，还享受了生活的乐趣。

第五，选用旧物进行改造做成所需的物品，不仅达到了装饰的效果，更重要的是实现了环保、低碳的重要意义。

综上所述，按照如图 6-6 所示的过程，自己动手进行旧物改造，完全可以打造充满个性的、属于自己的家居空间。

【学习案例】

案例一：旧报纸制作储物柜

步骤一：准备一些旧报纸。

步骤二：准备白乳胶、胶枪、剪刀等工具。

步骤三：将报纸卷成粗细均匀的长纸卷。

步骤四：用白乳胶将报纸卷并排黏合。

步骤五：用胶枪将报纸卷黏合牢固。

步骤六：将报纸黏合成包围结构。

图 6-6　旧报纸制作储物柜过程

步骤七：用胶枪将报纸卷粘好的版面拼合。 步骤八：在纵向的纸卷外固定一根横向的纸卷，
起到巩固的作用。

步骤九：纸卷拼合好后，在表面贴上一层自己喜 至此漂亮又环保的柜子就做好了。
欢的纸或者布。

图 6-6　旧报纸制作储物柜过程(续)

资料来源：http://www.tom61.com/shougongzhizuo/feiwuliyong/2017-04-19/110474.htm。

案例二：废饮料瓶制作花瓶

收集废弃的酸奶瓶、果汁瓶、矿泉水瓶等，将塑料瓶的底部剪掉，瓶盖拧紧后，扎几个眼，以方便透气透水。将瓶子倒过来，在瓶身上画上与环境相适应的装饰图案，装上泥土，种上花卉后就成了一个漂亮的壁挂式花瓶，既美观又实用(见图6-7)。

图6-7 废饮料瓶制作花瓶作品

资料来源：http://upcycling.design-engine.org/2013/05/04/environmental-decorations-in-public-areas/。

第三节　家居软装饰的演绎方法

软装饰与居住空间相辅相成，它们之间既有非常明确的从属关系，又有不可忽视的共生关系。从属关系主要表现在软装饰本身就是居住空间的一个重要组成部分，而共生关系则主要体现在软装饰必须借助居住空间这个平台来实现它的价值，软装饰的所有内容必须依附于居住空间这个框架，如此才能给居住者带来视觉上的享受和心理上的满足，没有了室内空间的软装饰，就像没有棋盘的棋子一样无处安放；同样地，居住空间如果没有软装饰的装扮，它的风格、氛围、思想则无从体现，没有软装饰的居住空间就像没有灵魂的躯壳，空洞无味。

由此可见，是否具备完善的软装饰是评价居住空间完美与否的标准。如何发挥软装饰在居住空间中的作用，使其找到完善的表现方法，本节将从软装饰中最具有代表性的五个方面进行分析。

一、利用织物，营造温馨的居住空间

织物是指用纤维，包括天然纤维或合成纤维制成的纺织品。在居住空间中常表现为窗帘、地毯、床上用品、壁挂等。织物柔软的纤维特质为居住空间营造了温馨的视觉感受。它柔化了居住空间中生硬的线条，赋予居室一种柔和、温暖的格调，或清新自然，或典雅华丽，或温馨浪漫。因此，在居住空间中，织物的应用是一种非常重要的软装饰演绎方法。

(一)表现类型

用于室内软装饰的织物种类很多，这主要因为织物拥有多样性的材质，每种材质在使用的过程中展现出不同的特性。

纱质织物的最大特点是轻巧、质薄、透气，纱的半透明性既能透光，又能维护室内的私密性，其若隐若现的效果将室内的视觉氛围体现得恰到好处。纱质织物常用于室内窗帘的选材上，以静面浅色为主。特别在夏天挂上纱质的窗帘，既不会影响室内的采光，又能遮挡部分紫外线，避免光线太强刺眼，使室内的色调更加柔和统一。

丝质织物同样具有很强的透光性、透气性，与纱质织物相比，丝质织物最大的特点在于其具有特别悬垂、柔软的质感，像人的第二层肌肤，常作为贴身衣物的材质。在居住空间中，丝质织物也适用于与身体直接接触的物品中，如高档的床上用品通常采用丝质材料以保证居住者在使用时的舒适度。

缎面织物比丝质织物要厚实，并具有很好的光泽感，显得高贵有档次，且材质更为耐用一些，也是居住空间常用的一类材料。除了质感上具有优势外，缎面织物颜色鲜亮多变，织出来的图案更是精细丰富，在家居中同样是床上用品的首选材料。

棉质织物是最为常用的织物材料，其厚薄可以根据需要制作，面料柔软舒适，并具有较强的透气性和吸水性，色彩多样。最重要的是棉质织物的价格远低于其他材料，因此，这类物美价廉的材质成为家居空间设计的首选，适用的范围也十分广泛，如床上用品、窗帘、沙发、布艺装饰品等。

毛呢、绒面织物具有较为厚实的材质，纤维粗放、耐磨耐用、肌理感强、色彩浓郁、图案丰富，是靠垫、坐垫、地毯的最佳选择。

除了这些常用的织物材料，还有一些新研究出来的纤维制品，如涤纶、腈纶、尼龙、锦纶等材料，拥有不缩水、不掉色等特殊效果。

(二)演绎方法

1. 悬挂

在居住空间中，悬挂法呈现的织物主要包括窗帘、壁挂及隔断等，其中窗帘在挂式织物中最具有代表性。

(1) 窗帘。

在家居空间设计过程中，窗帘起到了非常重要的作用。卧室最适合选择垂落式窗帘，这种窗帘中遮光布和纱帘的不同效果都符合卧室的需求，布面材料使人感到亲切舒适。客厅也适合选择大面积的垂落式窗帘，但与卧室不同的是，客厅的窗帘不需要遮光帘，只需要保留纱帘及作为装饰的内层布帘即可。另外，客厅的窗帘还可以加上与室内设计风格相同的帷幔以丰富室内的视觉效果。儿童房的设计可选用色彩鲜艳、图案活泼丰富的窗帘，垂落式窗帘和印花卷帘都适用。餐厅中窗帘宜选用纱质材料，以保障室内的采光效果。书房中的窗帘应选择具备隔音效果的卷帘。而厨房和浴室则需选择防水、防油、隔热、易清洗的窗帘，如图6-8所示。

图6-8　窗帘

资料来源：https://baike.baidu.com/item/窗帘/33738?fr=aladdin。

(2) 壁挂。

壁挂是挂在墙上的一种具有装饰感的物品，其以不同的纤维为原料，结合手工编织、刺绣、印染等技术来表达设计思想与风格，它是现代艺术与建筑相结合的一种独特的艺术表现形式。壁挂的表现方式有很多种，主要包括毛织壁挂、印染壁挂、刺绣壁挂及棉织壁挂等。壁挂采用的材料十分丰富，每种材料都十分注重其肌理感和造型感，主要包括动物毛质纤维、植物纤维和人造纤维。动物毛质纤维主要是动物的皮毛，植物纤维包括棉、麻等材料，这两种纤维材料都能营造淳朴、自然的空间美，但从生态环保角度来看，不提倡使用动物的皮毛。人造纤维主要指尼龙织物、塑胶纤维等，这些材料具有较强的弹性和光泽感。不同材料营造出不同的视觉效果，也体现了设计师不同的艺术语言，比如，艺术大师米罗擅长用麻、毛、纱等材料来进行编织组合，形成他独特的艺术形式；而克里斯托则喜欢选择尼龙织物去塑造艺术形象。

壁挂是居住空间常用的一种装饰，在客厅、卧室和书房出现较多，根据不同的空间，选择不同大小、不同色彩、不同材质和不同内容的壁挂，比如，在空间较大的客厅可以选择篇幅较大、色彩对比强烈、以抽象形态为主的壁挂，以体现大气的视觉氛围；在卧室可以选择篇幅小、色调柔和、以写生画面为主的壁挂作品；书房应选择图案较为理性、色彩不宜过于强烈、大小适中的壁挂作品。

壁挂将纤维制品的材料、肌理、形态、色彩的美提炼出来，营造符合居住者个性的空间效果，是软装饰的一种独特的演绎方式，如图 6-9 所示。

图 6-9　壁挂

资料来源：https://www.xiaohongshu.com/explore/626b8cd1000000002103af2c。

(3) 隔断。

用织物做居住空间的隔断，是将硬装饰和软装饰完美结合的一种方法。以往的隔断都是用硬物分割空间，这样的隔断仅仅体现了空间的功能需求，织物隔断则是通过在空间中悬挂织物制品，通过织物柔软的材质在室内塑造一个优美的弧线，形成一个封闭或半封闭的区域，不仅达到了分隔空间的目的，还能营造神秘、柔和的室内氛围。同时，一些半透明的织物还能协调室内的色彩关系。另外，织物隔断还能够根据室内风格的改变而改变，并易于清洗。

2. 铺盖

铺盖主要指铺在床、沙发、家具、电器及地面上的起到装饰及隔尘作用的纺织用品。

床上织物包括床单、被罩、床罩、枕套、枕罩等用品。床上织物十分注重其面料的舒适度，通常采用涤棉、缎面、丝织品作为主要材料。床上用品的花色也是挑选的标准之一，其要在与室内整个设计的风格相吻合的基础上体现自身的特点，比如，空间较小的卧室应选择色调清新且较为抽象的条纹布，以收到扩张室内空间的视觉效果；浅色的家具应搭配浅粉色或粉绿色等淡雅色调的小碎花布料，而深色的家具则应搭配以墨绿色或深蓝色为主色调的大花布料。

沙发上的应用主要体现在布艺沙发和沙发的隔尘布、靠枕及坐垫上。这类织物要具备耐脏、耐磨及装饰性强的特点。早期的沙发都是木质或者皮质的，虽然经久耐磨，但色彩单一，缺少表面的图案装饰效果。如今，越来越多的人选择购买布艺沙发的主要原因是其有鲜亮的色彩及丰富的图案，在居住空间中，布艺沙发起到了十分重要的装饰和点缀作用。同时，布艺沙发可拆换，易清洗，是易于打理的家具。用于沙发的织物材料主要有纤维较粗的麻布和帆布，绒布也常用，但通常都用在沙发的靠枕套上，绒布主要有平面绒、真丝绒、条纹绒、压花绒等，与帆布相比，其更为柔软、舒适。

与沙发的织物面料一样，家居中一些家具、家电的隔尘布也同样需要耐脏的面料，但不同的是，隔尘织物除了耐脏外，还需保留家具与家电的色彩、造型特点，因此，通常选择半透明的纱质面料作为隔尘布。根据室内装饰效果，可以在纱质织物上加上装饰效果，如蕾丝花边等。

地面隔尘的织物主要是地毯。地毯铺在地面上，长期与鞋面接触，更需要有耐磨的特点，因此，地毯的材料通常选择具有韧性的羊毛、黄麻、锦纶、腈纶等纤维材料。地毯的样式因空间需要的不同而不同，有方形地毯、圆形地毯、仿生轮廓地毯、抽象形状地毯等。地毯随着不同的纤维色彩及编织方法呈现不同的视觉效果，其丰富的图案使地面不再是单调乏味的灰色，而是融入了整个室内设计风格中。除了美化功能外，地毯柔软的质地在居住空间中还起到了保温的作用。同时，走在铺有地毯的室内，人会感觉舒适而有弹性，既能消除疲劳，又能减少走路时发出的声音，营造了一个宁静的家居氛围。

二、利用绿化，实现居室与自然的完美结合

远古时期的人类居住在森林里，与大自然和谐地融合在一起。随着社会的发展，人们的居住环境渐渐开始远离自然，搬进了现在人们所居住的那些由钢筋混凝土铸造的空间——我们的家。房子越多，楼层越高，意味着人们离大自然的距离越远，但无论有多远的距离，都不能淡化人属于自然的事实。中国道家学派代表人物庄子在很早以前就提出了"天人合一"的思想理念，而作为室内设计师而言，更应该将大家的哲学思想运用到人类居住空间的设计中去，使现代人的居住环境回归自然，我们不能改变环境，但至少能改善环境，使其往正确的方向发展。

绿化，是指通过种植绿色植物改善周边环境。本文的绿化特指居住空间的绿化，是指将自然景观选择性地移入居住空间，从而起到营造自然舒适的生活环境的作用。

(一)表现类型

植物移入室内，需要一定的载体才能维持其生命力。对于植物本身的外形人们只能选择而无法改变，而对于植物的种植形式，则可以根据改变其种植的载体来增强植物与室内

设计风格的融合性。室内常见的种植植物的形式有盆栽、水养、垂挂、插花等。

1. 盆栽

盆栽是最常见的种植形式，居住者可以选择不同的形状、颜色和图案的盆体盛满土壤来种植观赏性花草、树木，以装扮居住空间。盆体的形状可以是方形、圆形或不规则形状，但无论什么形状，盆栽植物都是非常好移动和打理的，它可以随意地摆放在家里的任何位置，如窗台上、茶几上等。分开放置的盆栽植物在室内空间形成了点状分布；在窗台上或阳台上并排摆放的盆栽植物在室内空间中则呈现线状分布效果；在面积比较大的居住空间中，居住者还喜欢将盆栽植物摆成一定的形状，在空间中形成了面状分布效果。不同的分布为室内空间营造了不同的视觉效果，如图 6-10 所示。

图 6-10　盆栽植物

2. 水养

水养的形式适用于两类植物，一类是本身生长在水中的植物，如水草。在家居环境中，水草通常作为配饰种在鱼缸里，为鱼提供氧气，营造真实的水底氛围，如果是较大的家居水景，水草的种植还要考虑与假山、石头的搭配，形成丰富形象的水景效果。另一类是本身生长在土壤里，为了营造室内的装饰效果，将它移植到水中，这类植物又称为水培植物，是现在比较流行的一种植物装饰形式。常见的水培植物有水仙、天竺葵、仙客来、月季、红掌、风信子、芦荟等。水培植物的种植要更精心一些，一般三天换一次水，并在水中加入适量的营养液以补充土壤的供给。水培植物的载体一般使用玻璃制品，如此不仅能清晰地看见植物的根须，还能在水中养一些小鱼。这些水培植物可以摆放在桌子上，也可以悬空挂起来，小鱼在植物的根须中穿梭，营造了一派绿色生态的和谐景象。

3. 垂挂

垂挂是特定植物的表现形式，如吊兰、常春藤、绿萝、口红花、文竹等。这类植物的茎叶生长较快并自然蜿蜒下垂，自然弯曲的藤条弥补了室内生硬线条的单调，长而密集的茎叶为居住空间形成了一个生态的垂帘，自然而优美，成为一个天然的隔断。由于悬垂，这类植物不能直接摆在桌面上，必须放在离地面有一定高度的地方，如花架、书柜边缘，或悬挂在空中，丰富了室内空间的视觉效果，如图 6-11 所示。

图 6-11　垂挂植物

4. 插花

插花也是一种室内的绿化，其是将不同类型的花草剪下，再根据造型需要重新组合包装，形成一个艺术整体，通常是花市购买的束花或捧花。插花具有极强的装饰性，与其他几种表现形式相比，其生命力较短但装饰性较强，并易于更换，且视觉效果更加丰富。插花通常在节假日及一些特殊的日子出现，因此插花需要掌握花的特点和含义，不能随意搭配，对花的色彩、数量、构图、形态也非常讲究，比如，玫瑰花象征爱情，康乃馨象征感恩，风信子代表思念，等等。插花既能美化室内环境，又能体现民俗、风俗与居住者的情感，如图 6-12 所示。

图 6-12　插花

(二)演绎方法

室内植物的各种功能根据不同居住空间体现其各自的特点。

1. 门厅

门厅是指居住空间的进门走廊或过道。这段空间通常十分狭长，却是入户的第一场所。因此，门厅的绿化装饰通常选用形态规则的观赏树或攀缘为圆柱状的藤蔓植物，如巴西铁、一叶兰、黄金葛等；也可以选用吊兰、常春藤等悬挂植物，这类植物既节省空间，又能活跃空间氛围。

2. 客厅

客厅是家庭主要活动场所，也是接待客人的地方。因此，客厅绿化装饰除了能净化空气外，还能体现居住者的身份和爱好。另外，客厅的面积通常较大，因此，植物的配置要突出重点，避免品种太杂，摆放太散太乱，应体现美观、大方的视觉效果。同时，植物的选择要符合家居中的其他摆设，如家具、沙发等的整体风格。客厅植物配置的主景选用叶片较大、植株较高的植物，如马拉巴粟、巴西铁等植物；辅景可选择藤蔓植物或小型盆花，如散尾葵、孔雀竹芋、观音莲、绿宝石等。若想体现古典的室内设计风格，则可以选择树桩盆景，意境十足。

3. 书房

书房在整个居住空间中的作用很分明，它是学习、工作的场所，整个设计风格应清新、雅致。因此，书房中绿化装饰不宜太多，适当装饰、恰到好处即可。植物的选择要造型简单、稳重，如文竹、网纹草。同时，书房中的植物还要起到缓解视疲劳的作用，也可以选择绿色较为饱满而又不占用太多空间的常春藤、绿萝等植物。如果书房有电脑，还可在电脑旁放置几盆仙人球，可以减少电脑辐射对人体的伤害。

4. 卧室

卧室是睡觉、休息的地方，卧室植物的选择也尤为重要。卧室中不宜用色彩太鲜亮的植物或花卉，应选择一些绿色的小型盆栽植物或挂式植物，以起到舒缓神经、解除疲劳、促进睡眠的作用。同时，卧室也不适合摆放种类太多或大量的绿色植物，因为植物在白天通过光合作用能起到净化空气的作用，而到晚上，植物则会释放少量的二氧化碳，如果卧室植物太多，不仅达不到净化空气的效果，还会对人体有害。

三、利用家具，打造归纳与装饰相结合的居住空间

家具是室内空间非常重要的组成部分，早期的家具是以实用为主的，主要用于收纳、储存和摆放家居物品。随着生活水平的提高，作为占居住空间最大的家具也逐渐体现其装饰性。人们开始从家具的构造、外形、色彩、图案及各种特殊工艺上加大其装饰感，使它更好地融入整个室内的设计风格中，可以说，家具艺术的发展与人们的生活息息相关。

(一)表现类型

居室的家具种类很多，大致可以从以下两个方面进行分类。

根据家具的功能分，可以分为卧室、客厅、餐厅、书房等类型。卧室家具主要包括床、床头柜、衣柜、梳妆台等；客厅家具主要包括沙发、电视柜、茶几等；餐厅家具主要

包括餐桌、椅子等；书房家具主要包括书桌、椅子、书柜等。

根据家具的材料分，可以分为木制家具、布艺家具、金属家具、玻璃家具、藤编家具等类型。

(二)演绎方法

木制家具是最常用且发展时间最长的家具，也是中国十分传统的家具形式。与布艺家具相比，木制家具更为结实耐用，样式更加传统；与金属家具及玻璃家具相比，木制家具的视觉感更加柔和，更容易打造居住空间自然淳朴的视觉效果。具有代表性的有中国传统的明式家具，造型简洁、大气；清朝的木制家具则开始注重在家具上雕刻不同的花式效果，以满足人们的审美要求。木制家具的材料通常选用木质硬实的黄花梨、紫檀等名贵木材。现代家居中想要营造具有中国传统特色的装饰效果，可以选择这一类的家具类型。欧式风格中的木质家具则更注重家具轮廓流畅的曲线感，常用一些抽象的线条语言来诠释家具的装饰内容，这与中式家具中具有极强寓意的具象雕刻图案有所不同。欧式木质家具视觉上更加厚重一些，并喜欢在家具制造过程中加入一些皮毛的材料，既体现了木质的耐磨性，又增加了家具的舒适感。

布艺家具比任何一种材料都舒适、柔软，布艺常作为沙发的制造材料。布艺家具适用于美式田园风格的室内设计。美式田园风格的布艺家具尤其注重家具的使用舒适度，通常在家具的底座加上弹簧，填充柔软的海绵，使人坐或者躺在上面能嵌入其中，感受到被柔软的布面环抱的感觉，十分温暖。同时，布艺家具根据不同的布料呈现不同的肌理效果，并且布艺的色彩多样，图案丰富，能在室内营造更加丰富的色彩层次，丰富居住空间的视觉效果。

金属家具具有很强的硬实感和独特的光泽，并且可塑性极强，因此，常被应用于居住空间特定的场所，如厨房、卫生间里需要安装置物框架的家具，或座椅支架。金属材料造型丰富，可以应用于调节型的家具上，如可调节式座椅、沙发床等。但金属没有温度感，居住空间如果大面积使用金属家具，会使人感觉太过理性而缺少家的温暖，因此，金属材质的家具通常都会结合其他材质一起组合使用。

玻璃以其清透的特质受到人们的喜爱，居住空间也常用玻璃这种材质制成家具。但不同的是，家具设计采用的玻璃是高硬度的强化玻璃，其透明度高出一般玻璃 4～5 倍，硬度上也能承受与普通家具一样的重量。玻璃家具通常用于空间较小的居室，玻璃所特有的通透性减少了小户型中视觉上的拥挤感和压迫感。玻璃还经常在金属框架的支撑下共同打造家具制品，如茶几、餐桌、靠椅等，其既有金属的光泽，又有玻璃的透亮。

藤编家具是用自然藤条根据一定的造型和功能编织而成的家具，常见的有藤编沙发、藤编椅、藤编茶几等。藤编家具根据不同的编织方法呈现不同的肌理效果，它比木制家具更能体现大自然的清新淳朴，加上绿色植物的搭配，更给人置身自然的感受。

总而言之，色彩鲜艳的布艺家具，使居住空间富有情趣；木制家具和藤编家具，使室内色彩朴实而自然，给人清新的感受；玻璃家具和金属家具，则使居住空间更加具有简约而时尚的感觉。同时，家具的选择还能体现不同民族、不同时代、不同国度的装饰风格，它是突出室内设计风格的关键元素。比如，中式仿古的室内风格可选用雕花的明清特色家具；美式田园室内风格可选用碎花布面家具；简约现代室内风格可选用金属板材家具。

四、利用灯光，渲染居室的整体氛围

光是人类发展史上不可或缺的自然元素。在艺术创造中，光同样体现了极大的艺术感染力，以它特有的模式传递着丰富的信息。光作为居住空间的设计语言，与材料、色彩等各项相关元素共同营造室内环境的艺术效果。

(一)表现类型

生活中常见的光分为两种：自然光和人工光。

居住空间中自然光的获取主要通过门窗，使光线照进室内，增加了室内的亮度。首先，自然光的照射，使太阳光的色彩及温度都显现在室内，增强了室内的视觉感，起到了节能、环保的作用。其次，自然光照射下产生了形状多变的投影，也形成了室内装饰的特殊效果，设计师还能通过对窗户造型的设计，改变投影的造型，使其更加满足室内氛围的需求。比如，中国古典的室内装饰中，采用花格、漏窗等形式，营造出了"疏影横斜水清浅""月移花影上栏杆"的视觉效果。

当自然光无法满足人们的视觉需求时，人工光能够弥补自然光不足的缺失，甚至可以营造更丰富的光感效果。

从照明方法上分，人工光可分为直接照明、间接照明、基础照明、漫射照明、重点照明和装饰照明六种。直接照明主要是指台灯、工作灯等照明形式；间接照明主要是指与其他照明配合使用的照明形式；基础照明是指整个空间内大面积、最为基本的照明；漫射照明是指室内吊顶、隔断等位置采用的暗藏式灯槽或有机灯片等照明形式；重点照明通常是灯光指向性较强的照明，如展厅的射灯等，灯光亮度是正常灯光的 3～5 倍；装饰照明主要是为了营造室内色彩氛围的灯光效果，如壁灯、吊灯等。

从灯具的不同形式上分，人工光可分为吊灯、吸顶灯、壁灯、台灯、筒灯及射灯。吊灯主要适用于客厅、餐厅及卧室等空间的照明，吊灯有多种形式，常见的吊灯主要包括锥形罩花灯、尖扁罩花灯、五花圆球吊灯等；吸顶灯除了适用于客厅、卧室之外，还适用于厨房、卫生间等场所，吸顶灯主要包括方罩吸顶灯、圆球吸顶灯、半圆球吸顶灯等形式；壁灯主要适用于卧室、卫生间的照明；台灯或落地灯常用于卧室床头、客厅沙发旁、书房的书桌上；筒灯主要在卧室、客厅及卫生间的周边天顶上安装；射灯主要在室内需要强调的局部，如墙面、角落等地方安装。

(二)演绎方法

光的基本功能是照明，但在软装饰范畴中还注重强调光的装饰功能。不同的居住空间，对灯光的强弱、色彩及范围要求是不一样的。

门厅是住宅入户的第一个室内空间，虽然其面积较小且狭长，却是整套住宅的门脸，是入户者产生第一印象的场所。因此，此处的灯光十分重要，特别是鞋柜上方的灯光，要能足够看清，因此可以在吊顶或墙面上安装亮度较高的射灯，同时在门厅的墙壁上还可以安装壁灯，这样使视觉效果更好，并能提升居住空间的品位。

客厅是出入最多的主要活动场所，也是整个居住空间中使用率最高的核心空间。因此，这个空间的光效要时刻满足各类活动的需要，并实现最佳的空间渲染效果。由于普通居住空间的层高有限，因此，客厅中多采用局部吊顶与多种灯具相结合的形式完成综合照明，各取所需，从而达到客厅空间的最佳光效。

卧室空间中需要营造安静、舒适、和谐的视觉效果，使人的精神得到最大限度的放松，保障休息及睡眠质量。因此，卧室的光效通常选用温馨、淡雅的视觉效果，灯光的亮度稍低于客厅，并使用整体照明与局部照明相结合的形式，使光源呈现柔和、简洁的效果。同时，卧室还要根据居住者年龄不同处理不同的灯光效果。比如，年轻人的卧室可以根据其喜好增添一些浪漫的灯光色彩；老年人的卧室则需要亮度稍强的灯光，以便老年人能看清，且灯光的安装使用要符合老年人的生活习惯；儿童房的灯光可适当加入一些活泼的效果，如满天星的灯光效果，这些特殊的灯效有利于儿童的成长，丰富他们的想象空间，激发他们的创作思维。

餐厅是享用美食及宴请宾客的场所，适宜营造轻松、温馨的氛围，多采用一些具有局部区域照明特性的暖色灯，如吊灯或酒柜边的射灯等，暖色灯能增强人的食欲，烘托用餐的氛围。

厨房是居住空间烹饪的场所，在操作的过程中应保证光源充足，且光色洁净明亮。白天的厨房应多开窗透气，以自然光为主光源；夜间操作时则应采用普遍照明与局部照明相结合的形式，在厨房天顶安装具有防雾效果的吸顶灯，在操作台则安装亮度充足的台灯。

书房是学习、工作的场所，通常空间小而紧凑。书房体现着居住者的文化与修养，通常要营造理性、自然、和谐的视觉。灯光的效果可以帮助学习者集中注意力，提高学习效率，因此，书房的灯光通常以局部照明为主，如台灯、射灯等。

卫生间是一个特殊的功能性场所，由于里面经常潮湿多雾，应选择具有防雾效果的吸顶灯。同时，在卫生间内梳妆镜的上方需选择散光灯片或发光平顶，以取得无影的局部照明效果。

五、利用陈设，丰富居室的空间层次

居住空间陈设主要是指摆放在室内的各类物品，严格来说，家具与室内绿化植物也属于陈设，但前文已做介绍，在此不再赘述。陈设的种类十分广泛，并且会随着人们生活需求的变化而改变，它体现着生活文化、地域特色、民族气质及个人涵养，在居住空间中是不可或缺的重要内容。

(一)表现类型

居住空间中的陈设品相当宽泛，种类很多，大到一幅巨型油画，小到一个笔架都属于陈设品的范畴，这取决于居住空间的大小。陈设品从其本身价值而言，大体可分为两类：装饰性陈设和实用性陈设。

装饰性陈设通常实用价值较低，主要是满足人们欣赏的需求，如书画作品、雕塑作品等。这些装饰品包括自己创作、别人赠予或购买收藏的纯艺术品，外出旅游购买的纪念品及居住者个人偏好的物品，它们都具有很强的艺术感及纪念价值和收藏价值。其中，艺术品主要包括书画类作品、摄影作品、雕刻作品、纤维艺术作品等。纪念品都带有特定的文化特色，包括旅游纪念品、节日纪念品、奖杯、奖状、先辈遗物等。个人偏好品则最能体现居住者的风格及特色，比如，居住者非常喜欢动漫，居室内就会陈列许多与动漫相关的装饰品；居住者非常喜欢收藏石头，居室内就会陈列形状各异的石头作为装饰。

实用性陈设，主要是指居住空间中具有装饰感的常用物品，如挂历、闹钟、书籍、床上用品等，根据居住者的需求，购买时就选择与室内整体风格相符的日常用品，既能满足居室的使用功能，又能起到装饰美化的作用。

一般家居陈设品都需要有一个平台来给予支撑，陈设品与支撑平台具有相辅相成的关系，支撑平台实现了陈设品的展览，而陈设品又装饰了支撑平台的视觉效果。家居陈设从其支撑形式上又可分为壁挂陈设、柜架陈设、案台陈设及地面陈设四种。

壁挂陈设主要是指悬挂在墙面上，以便于平视展现的物品，包括油画、国画、装饰画、书法作品、纤维壁挂、扇子、摄影作品等，这些陈设品大大丰富了墙壁的装饰性，使室内墙面不再单调无趣。壁挂陈设品的大小取决于墙面的大小，太大会显得拥挤，太小又不足以达到装饰的效果。同时，壁挂陈设的排列方式也十分讲究，篇幅较大的陈设品可单独排列，小件陈设品则可水平排列、垂直排列、错位排列等，如摄影作品，可以在墙面上根据内容和相框大小组成一面照片墙，既有装饰效果，又体现了纪念价值。

柜架陈设是指统一放置在柜架上的陈设品，如书籍、小型鱼缸、小型雕塑作品、布艺玩偶等具有立体效果的陈设品。这类陈设品的体积通常都不大，分开放置会使室内散而凌乱，因此，居住者会在居室中放置专门用于陈放这类物品的分格式柜架，使物品集中展现，既能实现陈设品的装饰价值，又能使室内空间整齐划一，并营造了统一而协调的色彩效果。柜架陈设品的排列方式主要取决于柜架的分格数量及造型，不同造型的柜架能塑造出视觉效果多变的陈设风格，这也是柜架陈设的一大特点。

案台陈设是最常见的陈设形式，与柜架陈设一样，需要有支撑的载体，即一些具有较大平面的家具，如床头柜、书桌、茶几、边柜等。通常出现的陈设品有台灯、闹钟、水杯等小物件。案台陈设品通常都是为了配合居住者工作、学习、休息时所备的，具有一定的实用性。

地面陈设是指直接摆放在地面上的陈设品，通常体积较大，如大型盆栽、根雕、落地台灯等。在居住空间里，墙边及墙角通常摆不下边缘轮廓不相符的物品，因此成了摆放陈设品的地方。陈设品摆在墙边及墙角既不会影响人的正常生活，又最大限度地利用了室内空间，美化了室内环境。

(二)演绎方法

1. 完善空间的实用功能

居住空间的最大价值是其实用性的体现，而陈设品的配置使室内的实用性更加完善，更加能够满足人们对室内的需求，提高人们的生活品质。比如，床头的台灯，能帮助人们在晚上照明、阅读；沙发上的靠垫能使人更加舒适地休息；墙上的挂钟能使人准确合理地安排自己每天的工作；柜架上造型生动的存钱罐能帮助人们将零散的钱保存起来……可以说，陈设品使生活更加精细化，并充满了情趣。

2. 增强室内的装饰效果

陈设品的种类繁多，在居住空间的每一个位置几乎都能看到它的出现，因此，陈设品的造型、色彩等因素直接对室内装饰风格产生了极大的影响，正确选用陈设品可以增强室内的装饰效果。

3. 丰富室内效果

陈设品在居住空间中常常起到画龙点睛的作用，它们以不同的形式出现，或点、或线、或面。可以想象，一套只有简单家具的大房子，看上去是多么得空洞乏味，只有将不同的陈设品置入室内，才能使整个空间看起来温暖而舒适，才能足够表现居住者的情感。

4. 营造视觉氛围

陈设品的选用常常要遵循统一与个性相结合的原则。也就是说，陈设品的选择既要符合整个室内空间的整体氛围，又不能太过于统一，这时的陈设品通常可以选用色彩明显、造型特别的物品，以达到统一中出现小面积的对比，从而营造既统一又有变化的视觉效果。恰到好处地选用陈设品不仅可以使室内的风格特点更加完美，还能使室内展现更为深刻的文化与思想内涵，并具有很强的代表性，营造风格突出的视觉效果。比如，挂有工笔国画的房间会给人一种宁静而又充满诗意的感觉，挂有抽象油画的房间则使人感受到宣泄的情感世界。

📖【知识拓展】

在室内装饰的过程中，色彩也起到了非常重要的作用，因为恰当的颜色能够改变整个空间的氛围和体验。

色彩会影响情绪：颜色可以影响我们的情绪和情感状态。例如，红色可以使人兴奋、热情，蓝色则通常被认为具有一种冷静和放松的作用。因此，在选择室内颜色方案时，应该根据房间的功能和使用频率，遵循对人体影响较优的原则。

色彩能提供视觉上的引导：适当的颜色方案可以从不同角度引导人们的目光，或者强调房间的重点部分。例如，使用较鲜艳的颜色吸引视线，或利用协调配色增加空间的深度和立体感。

色彩能增强风格和渲染气氛：正确地使用颜色可以强化一个特定的风格和渲染气氛。例如，用浅色将柔和的田园风格呈现出来，用深色将高贵典雅的皇家风格凸显出来。这样的搭配可以提高空间的美学价值，同时使其更加舒适、温馨且富有个性化。

总之，色彩在室内设计中起到了至关重要的作用，使空间更加充满生机和灵气，并为人们的日常生活增添更多的美感体验。因此，在进行室内颜色设计时，请您根据自己的喜好、风格和房间特定的需求使用色彩，并做出合适、美观、实用的选择。

如果想了解更多关于色彩的知识，推荐同学们在中国大学慕课网对色彩知识进行线上自主学习，拓展学习的知识领域，提升我们的审美能力，准确合理地运用色彩来丰富我们的家居空间，打造属于我们的爱心港湾。

📖【实践锻炼】

同学们，想一想你们家的房子格局、布置风格，根据本章所学的相关知识，选择家中的任意一个区域，利用假期进行装饰，期待你们的改造效果。

第七章　家　庭　理　财

学习目的及要求

- 了解家庭理财的含义、目标和注意事项。
- 熟悉理财规划的基本理论和理财八大规划。
- 理解理财规划与生涯规划的结合。
- 掌握预防诈骗的技巧及被骗后应采取的措施。

第一节　树立家庭理财观念

人人都向往美好的幸福生活，并为此而努力工作，希望让小家庭更殷实富足。但是常常有人忽视了家庭理财，或者错误地认为那是大款的专利，或者单纯地认为理财就是多挣钱。人们会问，我为什么要花时间去做理财规划？它能给我带来什么好处？

答案其实很简单。就如企业需要财务管理一样，家庭也需要理财规划。财务主管是企业中仅次于总经理的核心人物，其他方面经营得再好，如果财务上出了问题，企业也可能毁于一旦。同样地，有相同收入的两个家庭，可能会由于理财能力上的不同，而在生活水准上产生巨大差距。

实际生活中，可能你也像大多数人一样，年复一年地生活着，从来也没有一个系统的理财规划。每个月拿到自己的工资，然后又一笔一笔地支出去，维持着一家大小的衣、食、住、行。生活就这样有条不紊地进行着，这不是很好吗？

可是你有没有想过，家庭成员突发疾病的治疗费用从哪里来？未来子女的教育费用从哪里出？自己退休后的经济来源是否充足？你未来的生活是否有确切的保障？更重要的是，如果发生金融危机怎么办？以前人们从未考虑过这方面的问题，但是 2008 年的全球金融危机为我们上了生动的一课。在美国，许多人变卖和抵押汽车、住房和其他奢侈品，以偿还债务和维持生计，而这些人都曾过着富足的日子。相反，一些原来并不富裕的人却能从容应对，只因为他们对自己的生活特别是经济生活有长远的考虑。

一、家庭理财的含义

家庭理财是制定并实施全面、协调的规划，从而能够合理运用家庭所拥有的各种资源，最大限度地实现家庭的财务目标。家庭理财的核心是"家庭财务的合理化"，包括财务目标的合理化、家庭资产的合理化及收入分配的合理化等三个方面内容，其中财务目标的合理化是理财的起点，家庭资产的合理化是存量的调整，收入分配的合理化则是流量的优化。

【注意】

家庭理财并不是一件简单的事，尤其是在市场经济条件下，人们收入来源和可供选择的金融资产都越来越多样化。运用各种各样的理财工具来实现其理财目标，诸如保险、股票、债券、年金、储蓄、个人信托、不动产等，是家庭理财计划的基本要素。人们既要现在生活舒适又要无后顾之忧，既要安全又要高收益，如何决策管理就成为当务之急。

人们常常误解，理财就是生财。许多人往往把"赚更多的钱"作为自己的财务目标，殊不知，在"赚更多的钱"的同时也有"失去更多钱"的可能，因为风险是无时无处不在的。忽视财务风险的存在，在日常生活、医疗保健、退休养老和个人财产都缺乏保障的情况下一味强调"高效益"只能带来适得其反的结果。众多的股民从金融市场的行情升跌中已经深切体会到了这一点。理财规划并非单纯为了多挣钱，理财成功意味着你用有限的金融资源获得最大的效益。

理财是善用钱财，使个人及家庭的财务状况处于最佳状态，从而提高生活品质。顺利的学业、美满的婚姻、悠闲的晚年，这一个个生活目标构建着完美的人生旅程。在实现这些生活目标的时候，金钱往往发挥着重要的作用。如何有效地利用每一分钱，如何及时地把握每一个投资机会，如何防范来自方方面面的风险，便是理财所要解决的问题。理财的诀窍是开源、节流。所谓开源，即是争取资金收入；所谓节流，便是计划消费，预算开支。理财不是为了发财，而是为了丰富生活内涵。

二、家庭理财的目标

人生的目标多种多样，每个人的理财目标千差万别，同一个人在不同阶段的理财目标也是不同的。

(一)家庭理财的一般目标

从一般角度而言，理财规划的目标可以归纳为两个层次：实现财务安全和追求财务自由。

1. 财务安全

财务安全是指个人或家庭对自己的财务现状有充分的信心，认为现有的财富足以应对未来的财务支出和其他生活目标的实现，不会出现大的财务危机。保障财务安全是个人理财规划要解决的首要问题，只有实现财务安全，才能达到人生各阶段收入支出的基本平衡。一般来说，衡量一个人或家庭的财务安全，主要有以下标准。

(1) 是否有稳定、充足的收入。

(2) 个人是否有发展的潜力。

(3) 是否有充足的现金准备。

(4) 是否有适当的住房。

(5) 是否购买了适当的财产和人身保险。

(6) 是否有适当、收益稳定的投资。

(7) 是否享受社会保障，是否有额外的养老保障计划。

当然，前文所述的衡量标准仅仅是参考，具体的财务安全标准要根据个人的实际情况决定。

2. 财务自由

财务自由是指个人或家庭的收入主要来源于主动投资而不是被动工作。一般而言，当投资收入可以完全覆盖个人或家庭发生的各项支出时，就被认为实现了财务自由，个人从工作压力中解放出来，已有财富成为创造更多财富的工具，这时，个人或家庭生活目标的实现比财务安全层面有了更强大的经济保障。

财务自由与财务安全，二者既有联系又有区别。财务自由和财务安全之间的关系，如图 7-1 所示。

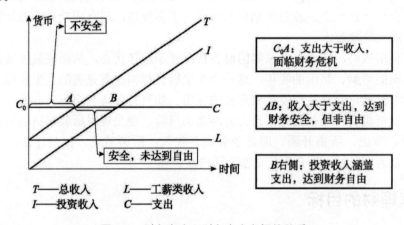

图 7-1　财务自由和财务安全之间的关系

(二)家庭理财的具体目标

在理财规划的实际工作中，财务安全和财务自由目标体现在现金规划、消费支出规划、教育规划、风险管理与保险规划、税务筹划、投资规划、退休养老规划、财产分配与传承规划八个具体规划当中，集中表现为以下八个方面。

1. 必要的现金持有

个人持有现金主要是满足日常开支需要、预防突发事件需要、投机性需要。因为个人要保证有足够的现金来支付生活计划中和计划外的费用，所以在现金规划中既要保障现金的流动性，又要考虑现金的持有成本。现金规划使短期需求可用手头现金来满足，预期的现金支出通过各种储蓄或短期投资工具来满足。

2. 合理的消费支出

个人理财目标的首要目的并非个人价值最大化，而是个人财务状况稳健合理。在实际生活中，减少个人开支有时比寻求高投资收益更容易达到理财目标。消费支出规划，使个人消费支出做到合理，使家庭收支结构大体平衡。

3. 充分的教育期望

教育为人生之本。随着时代的变迁，人们对受教育程度的要求越来越高，加上教育费用持续增加，教育开支的比重变得越来越大。对教育费用及早规划，通过合理的财务计划，确保将来有能力合理支付自身及子女的教育费用，充分达到个人(家庭)的教育期望。

4. 完备的风险保障

在人的一生中，风险无处不在。风险管理与保险规划，可以将意外事件带来的损失降到最低限度，可以更好地规避风险，保障生活。

5. 合法的纳税安排

纳税是每个人的法定义务，但纳税人往往希望将自己的税负降到最低。为达到这一目标，可以对自己的经营、投资、理财等活动进行事先筹划和安排，充分利用税法提供的优惠和差别待遇，合法减少或延缓税负支出。

6. 主动的投资收益

个人财富的增加一定程度上可以通过减少支出来实现，但个人财富的绝对增加最终要通过增加收入来实现。薪资类收入有限，而投资则完全具有主动争取更高收益的特质，个人财富的快速积累主要靠投资来实现。根据理财目标、个人可投资金及风险承受能力来确定有效的投资方案，使投资带给个人或家庭的收入越来越多，并逐步成为个人或家庭收入的主要来源，最终实现财务自由的层次。

7. 安稳的老年生活

人到老年，其获得收入的能力必然有所下降，因此有必要在年青时期进行财务规划，使自己老有所养、老有所依、老有所乐、老有所安。

8. 代传的家庭财产

财产分配与传承是个人理财规划中不可回避的部分，要尽量减少财产分配与传承过程中的支出，以满足家庭成员在家庭发展的不同阶段产生的各种需要。另外，还要选择遗产管理工具，制定遗产分配方案，确保在去世或丧失行为能力时能够实现家庭财产的代代相传。

三、家庭理财的注意事项

家庭是社会的基础单元，家庭财产的多少在一定程度上是由理财水平决定的。成功的理财可以增加收入，可以减少不必要的支出，可以提升个人或家庭的生活水平，可以储备未来的养老所需。

(一)坚定投资组合

保守的人把钱都放在银行里生利息，认为这种做法没有风险。另外，也有些人买黄金、珠宝，寄存在保险柜里以防不测。这两种人都是以绝对安全、有保障为第一标准，走安全保守的理财路线，或者说完全没有理财意识。也有些人对某种单一的投资工具有偏好，如房地产或股票，遂将所有资金投入房地产或股票。但市场有好有坏，波动无常，仅依靠一种投资工具的风险未免太大。有些投资人走投机路线，也就是专做热门短期投资，今年或这段时期流行什么，就一窝蜂地投入资金。这种人有投资观念，但因"赌性较强"，宁愿冒高风险，也不愿踏实地从事较低风险的投资。这类投资人往往希望"一夕致富"，若时机好就能大赚，但时机不好时亦不乏血本无归，甚至倾家荡产。

【温馨提示】

不管选择哪种投资方式，上述几种人都犯了理财上的大忌——急于求成，"把鸡蛋都放在一只篮子里"，缺乏分散风险观念。

随着投资渠道越来越多，单一的投资工具已经不符合国情、民情，而且风险太大，这种情况下，"投资组合"的观念应运而生，其既可以降低风险，也能平稳地创造财富。

目前的投资工具十分多样化，包括银行存款、股票、债券、房地产、黄金等。不仅种类繁多，名目亦分得很细，每种投资渠道下还有不同的操作方式。若不具备长期投资经验或非专业人士，一般人就会弄不清楚。因此，投资理财的前提是对投资工具都要稍有了解，并且清楚自己是倾向保守还是具有冒险精神，同时衡量自己的财务状况，量力而行，选择较有兴趣或比较专精的几种投资方式，搭配组合。投资组合的分配比例要依据个人能力、投资工具的特性及环境时局而灵活转换。个性保守或闲钱不多者，组合不宜过于多样复杂，短期获利的投资比例要少；若个性积极、有冲劲且敢于冒险者，可视能力来增加高收益的投资比例。

【注意】

"投资组合"就是将资金分散至各种投资项目中，而不是在同一种投资"篮子"中作组合。有些人在股票里玩组合，或是把各种基金组合搭配，仍然是"把鸡蛋都放在一只篮子里"的做法，依旧是不明智之举。

(二)坚守理财的"四个一"

理财就是管钱，"你不理财，财不理你"。收入像一条河，财富是你的水库，花钱如流水。理财就是管好水库，开源节流。

1) 一生信守量入为出

大家听说过"拳王泰森"吗？他从 20 岁开始打拳，到 40 岁时挣了将近 4 亿美元，但他花钱无度，别墅有 100 多个房间，几十辆跑车，养老虎当宠物，结果到 2004 年年底，他破产的时候还欠了国家税务局 1000 万美元。如果你不是含着金钥匙出生，享受应该是退休以后的事，年青时必须付出、拼搏，"老来穷"才是最苦的事情。

【温馨提示】

量入为出与有钱、没钱没有关系。再富有的人，如果没有量入为出的习惯，没有限度地挥霍，即使坐拥金山、银山，也会变为穷光蛋。即使再穷的人，信守量入为出的理财方式也能为你攒下一笔财富。

2) 不要梦想一夜暴富

中国有句俗话："财不进急门。"一年 40%～50%的收益率的机会不可信，要考虑别人的动机，听起来过于完美的东西往往不是真的。

2018 年，时任中国银监会主席郭树清在"2018 陆家嘴论坛"上说，如果一个理财产品在宣传时说其能带来 6%的收益就要在心里多打几个问号，超过 8%就很危险，如果超过 10%就要做好损失全部本金的准备。"股神"巴菲特从 1965 年到 2014 年的年化收益率为 21.97%。可见，世界上比较厉害的"股神"年收益也不过才 21%。

3) 不要让债务缠住一生

借贷消费已经成为一种非常普遍的现象，无论是买房买车，还是买耐用消费品，都会向银行去借贷。花明天的钱享受今天的生活这一观念本无可厚非。但是，有些人因为过度借贷消费，让自己陷入了深深的债务危机。

为什么很多年轻人背上了高额的债务？

第一，虚荣消费。不少人爱慕虚荣，追求高质量、高品位的生活。讲究住豪宅，开豪车，穿戴名牌。觉得只有这样，才可以在他人面前光鲜靓丽，出人头地，才可以找到自己的存在感与优越感。总以为在这些表面的物质层面上高人一等，胜人一筹，就是比别人"强"。因此，不管自己的收入水平与收入能力，随意放大自己的消费胃口。还有些人总是不满足自己的现状，总是愿意与那些明星、大腕儿、土豪、老板和高收入阶层比，比房子面积大小，比挣钱多少，比穿戴的贵贱。总之，永远满足不了自己贪心的欲望。

第二，对未来抱有过于乐观的预期。我们在社会上看到一个现象，越是年轻人越敢借钱，中年人反而不敢借钱，这是为什么？因为年轻人心中有一个很大的信念，就是我年轻，未来的空间很大，未来可以赚到更多的钱去还上这笔债务。这样的想法不错，年轻人未来确实有很大的上升空间，但是你可能把自己的未来想得过于乐观。近几年，中国的大学毕业生每年都有 1000 多万人，整体的劳动力市场供大于求，工作难找，高薪工作更难找。同时，就业市场招聘年轻化。公务员招聘、教师招聘、企业招聘等对于年龄的要求一般都是 35 岁以下，也就意味着 35 岁以后找工作难度很大。

【温馨提示】

一直以来，劳动力市场供大于求，招聘人员年轻化，这都会给你美好的预期打了一个折扣。因此，你对未来抱有美好的预期是可以的，但是不能过于乐观。过于乐观的预期会让你敢于到银行去借超过你经济承受能力的债务，那么，未来一旦你的预期没有实现，巨额债务就可以给你造成巨大的压力。

4) 专心一项投资

一生做好一项投资你就会过上美满和幸福的生活，而不是去赌。不熟不做，不懂不投，不要从众。

投资者经常犯的错误是，什么都想学一点儿，什么又都学不深，最后变成了"大杂烩"，说起来头头是道，做起来一塌糊涂。有的人理论很丰富，上手就是零；有的人实践很丰富，理论却很薄弱。今天看这只股票，明天看那只股票，今天看这个行业，明天看那个行业，今天看多，明日看空，好像天天都在忙忙碌碌，但实际上什么也没干，属于无效劳动。这样是做不好投资的。一个人想要做好投资，不可能面面俱到，必须要放弃一些，然后才能获得。投资不需要投资者在每一个方面都战胜市场，只需要在某一个方面战胜市场即可。

(三)坚持勤俭节约

勤俭节约是中华民族的传统美德，我们每个人都要养成良好的消费习惯，不铺张、不浪费。节俭其实是一种变相的理财，聚财、节俭都应该有度，不能把节俭变成一种财务束缚。节俭等于变相理财。

省钱，是为了改善生活质量，并非降低生活质量。当我们盲目地开始省钱，戒掉去心爱的餐厅吃饭的习惯，戒掉逛街，戒掉和朋友在酒吧谈天说地，戒掉去电影院……我们的生活还能剩下什么？难道只是纯粹地作为一个生物活在这个世界上，失去任何乐趣吗？如果你打算这么做，那么很不幸地告诉你，你的省钱计划不出一个月就会失败。只有在保障生活质量的情况下开始省钱，才是正确的，因为它将决定你能持续多久。

省钱并不是让你变成一个守财奴，锱铢必较，一毛不拔。定期去餐厅、逛喜欢的商场、和朋友们外出消遣，如果取消这些活动让你感到沮丧，那么请继续。但是这并不代表你被允许胡吃海喝和刷卡血拼，你要记住：只点可以装进肚子的、不点需要倒掉的菜，只买能用上的、不买用来囤积的商品。

【小技巧】

定期记账，知道自己的钱花在了什么地方，以便对下个季度的消费计划作出调整。把省下来的钱存进银行，或者请专业人士为你设计投资理财计划。当你在工作两年后依旧在每个月底为钱发愁，就需要停下来，重新理财。穷忙族的消费水平可以很高，但是，在你踏入 25 岁后，你需要开始设计自己的将来。

开源比节流更重要，但这并不意味着越节约越好。过于节俭，就会影响生活品质。当然，一味地铺张浪费也是万万要不得的。这样做不仅会使我们辛辛苦苦挣的钱在短期内挥霍殆尽，还会使人养成"今朝有酒今朝醉"的恶习。

【注意】

节俭本身并不生财，并不能增大资产规模，而仅仅是减少支出，如果因为节俭降低了家庭的生活质量，因噎废食，节俭则变成了一种生活束缚。理财关键是开源节流，节俭虽然符合其中一项，但单一靠节俭，不会达到财务自由的人生目的，开源比节流更重要。

幸福与花钱的多少不成比例，最关键的是要把钱花在刀刃上。节俭，并不意味着低品质地生活。持家过日子，柴、米、油、盐、酱、醋、茶，确实都要打算周全，要算计好。

第二节　理财规划和生涯规划

一、理财规划的基本理论

(一)复利理论

所谓复利，就是俗称的"利滚利"，是指经过一定的时期，将所生利息加入本金再计利息，逐期滚算。2011 年 8 月 23 日，重庆市高级人民法院出台了《关于审理民间借贷纠纷案件若干问题的指导意见》，首次表态支持民间借贷按"利滚利"收账，只要约定利率不超出中国人民银行公布的同期同类贷款利率的 4 倍，法院应予以支持。这也就意味着，对复利的计算不再是银行等金融机构特有的权利，普通市民也拥有此项权利。

同样地，在家庭理财的过程中，复利所产生的效益也是不容小觑的。以钱存银行为例，存入 1000 元，假设一年期的利率是 5%，那么存满一年就可以得利息 50 元，你就可以把 1050 元再存入，那么 50 元的利息就可以并入本金一起生息，第二年的利息就是 52.5 元，如果一直这样存下去，那么利息就会越来越多。同样的方法可以用到很多投资领域，比如股票、债券等，如果运用得当，可以获得非常可观的收益。

复利是很厉害的，如果选对项目，坚持投资，收益将是惊人的，我们来看"一粒麦子令国王破产"的故事。古时候，一位智者发明了一种棋献给国王。国王玩得爱不释手，决定好好赏赐智者。智者提了一个与众不同的要求："我什么都不要，只请国王在棋盘的第一个格子里放一粒麦子，第二个格子里放二粒麦子，第三个格子里放四粒麦子，如此类推，每一个格子中都是前一个格子中麦子数量的翻倍，放满 64 个格子，这些麦子就当是送给我的全部赏赐。"国王一听，觉得太简单了，这点麦子算得了什么？就一口答应了。没想到第二天粮库就空了，因为国王根本拿不出那么多麦子来。究竟有多少麦子？如果造一个高 4 米、宽 10 米的仓库来放这些麦子，那么它的长度就等于地球到太阳距离的两倍。而要生产这么多的麦子，全世界需要整整 2 000 年，国王显然失算了。这就是复利的力量。

爱因斯坦称复利为"世界第八大奇迹"，其威力不亚于原子弹。复利原理之所以能有巨大的魔力，主要取决于两个因素：时间和回报率。时间的长短将对最终的价值增值产生巨大的影响，时间越长，复利产生的价值增值就越多。

🕯【小技巧】

我们经常运用七二法则来做复利的近似计算，即用来计算在给定年收益的情况下，大约需要多少年，你的投资才会翻倍。也就是说，如果年收益为 x%，那么翻番需要的时间就是 $72 \div x$，这就是所谓的七二法则。比如，年收益是 8%，那么用 $72 \div 8$，也就是约 9 年可以将投资翻番。如果年收益为 12%，翻番需要的时间就是 6 年；如果收益是 15%，翻番需要的时间就是 5 年。这样也就很容易算出：如果收益是 12%，那么 18 年就可以翻三番，也就是 8 倍。如果收益是 15%，那么 20 年就可以翻四番，也就是 16 倍。虽然利用七二法则不像查表计算那么精确，但也已经十分接近了，因此当你手中没有复利表时，记住简单的七二法则，也能够帮你不少忙。

(二)生命周期理论

人从出生到死亡会经历婴儿、童年、少年、青年、中年、老年六个时期。婴儿期、童年期、少年期没有独立的经济能力，通常也不必承担经济责任，因此这三个时期并不是理财规划的重要时期，而青年期、中年期和老年期则是进行理财规划的三个重要时期。将理财规划的重要时期再进一步细分，可分为五个时期，即单身期、家庭与事业形成期、家庭与事业成长期、退休前期和退休期。

1. 单身期

从参加工作至结婚，一般为 2～8 年，为单身期。在这个时期，个人刚刚进入社会开始工作，经济收入比较低而且花费较大，但这个时期又往往是家庭资金的原始积累期。这个时期个人的人生目标应该是积极寻找高薪职位并努力工作。此外，也要广开财源，尽可能多地获得财富。

2. 家庭与事业形成期

从结婚到新生儿诞生，一般为 1～3 年，为家庭与事业形成期。在这个时期，个人组建了家庭，经济负担加大，经济收入有了一定的增加而且生活开始走向稳定，财力仍不是很强大但呈蒸蒸日上之势。

3. 家庭与事业成长期

从子女出生到子女完成大学教育，一般为 18～22 年，为家庭与事业成长期。在这个时期，家庭成员不再增加，整个家庭成员年龄都在增长，经济收入增加的同时花费也随之增加，生活已经趋于稳定。

4. 退休前期

从子女参加工作到个人退休之前，一般为 10～15 年，为退休前期。在这个时期，家庭已经完全稳定，子女也已经经济独立，家庭资产逐渐增加，负债逐渐减少，事业处于巅峰状态，但身体状况开始下滑。

5. 退休期

退休后的时期，为退休期。在这个时期，工作事务没有了一身轻松，责任的接力棒传给了下一代。这个时期的主要目标就是安度晚年，享受天伦之乐。

(三)家庭模型

基本的家庭模型有三种：青年家庭、中年家庭和老年家庭。家庭模型的划分根据家庭收入主导者的生命周期而定，家庭收入主导者的生理年龄在 35 周岁以下的家庭为青年家庭，家庭收入主导者的生理年龄在 55 周岁以上的家庭为老年家庭，而介于这两者之间的为中年家庭。

理财规划只有和不同的生命周期、不同的家庭模型相结合，才能产生最佳的实践效果。不同生命周期、不同家庭模型下的理财规划，如表 7-1 所示。

表 7-1 不同生命周期、不同家庭模型下的理财规划

生命周期	家庭模型	理财需求分析	理财规划
单身期	青年家庭	租赁房屋 满足日常支出 偿还教育贷款 储蓄 小额投资积累经验	现金规划 消费支出规划 投资规划

生命周期	家庭模型	理财需求分析	理财规划
家庭与事业形成期	青年家庭	购买房屋 子女出生和养育 建立应急基金 增加收入 风险保障 储蓄与投资 建立退休基金	消费支出规划 现金规划 风险管理与保险规划 投资规划 税务筹划 子女教育规划 退休养老规划
家庭与事业成长期	中年家庭	购买房屋、汽车 子女教育费用 增加收入 风险保障 储蓄与投资 养老金储备	子女教育规划 风险管理与保险规划 投资规划 退休养老规划 现金规划 税务筹划
退休前期		提高投资收益的稳定性 养老金储备 财产分配与传承	退休养老规划 投资规划 税务筹划 现金规划 财产分配与传承规划
退休期	老年家庭	财务安全 遗嘱 建立信托 准备身后费用	财产分配与传承规划 现金规划 投资规划

二、理财八大规划

　　理财规划主要包括现金规划、消费支出规划、教育规划、风险管理与保险规划、税务筹划、投资规划、退休养老规划、财产分配与传承规划等八大规划。

🔑【注意】

　　理财规划的重点在于个人(家庭)理财，是在对个人(家庭)收入、资产、负债等数据进行分析整理的基础上，根据个人对风险的偏好和承受能力，结合预定目标运用诸如储蓄、保险、证券、外汇、收藏、住房投资等多种手段管理资产和负债，合理安排资金，从而在个人风险可以接受的范围内实现资产增值最大化的过程。

🔗【温馨提示】

　　现代意义的个人(家庭)理财不同于单纯的储蓄或投资，它不仅包括财富的积累，而且包括财富的保障和安排。财富保障的核心是对风险的管理和控制，也就是当自己的生命和健康出现了意外，或个人所处的经济环境发生了重大的不利变化时，如恶性通货膨胀，自己和家人的生活不至于受到严重影响。

(一)现金规划

现金规划是为满足个人或家庭短期需求而进行的管理日常的现金及现金等价物和短期融资的规划。现金规划中所指的现金等价物是指流动性比较强的活期储蓄、各类银行存款和货币基金等金融资产。在个人或家庭的理财规划中，现金规划既能够使所拥有的资产保持一定的流动性，满足个人或家庭支付日常家庭费用的需要，又能够使流动性较强的资产保持一定的收益。一般来说，现金规划中有这样一个原则，即短期需求可以用手头的现金来满足，而预期的或者将来的需求则可以通过各种类型的储蓄或者短期投资、融资工具来满足。

现金规划的核心是建立应急基金，保障个人或家庭生活质量和状态的持续性稳定。现金规划在整个理财规划中居于十分重要的地位，其是否科学合理将影响其他规划能否实现。因此，做好现金规划是理财规划的必要前提。

(二)消费支出规划

消费支出规划主要是基于一定的财务资源，对家庭消费水平和消费结构进行规划，以达到适度消费、稳步提高生活质量的目标。家庭消费支出规划主要包括住房消费规划、汽车消费规划、子女教育规划及信用卡与个人信贷消费规划等。

消费支出规划的目的在于合理安排消费资金，树立正确的消费观念，节省成本，保持稳健的财务状况。家庭消费支出规划是理财业务不可或缺的内容。如果消费支出缺乏计划或者消费计划不当，家庭很可能支付过高的消费成本，严重者甚至会导致家庭出现财务危机。

如前文所述，影响家庭财富增长的重要原则是"开源节流"，即在收入一定的情况下，如何做好消费支出规划对一个家庭的整个财务状况具有重要的影响。

(三)教育规划

所谓教育规划，就是指在收集教育需求信息、分析教育费用的变动趋势，并估算教育费用的基础上，选择适合的教育费用准备方式及工具，制定并根据因素变化调整教育规划方案。教育规划是一种人力资本投资，它不仅可以提高人的文化水平与生活品位，还可以使受教育者在现代社会激烈的竞争中占据有利的位置。

从内容上看，教育投资可以分为两类：自身的教育投资和子女的教育投资。对子女的教育投资又可以分为基础教育投资和高等教育投资。大多数国家的高等教育都不属于义务教育的范畴，因而对子女的高等教育投资通常是所有教育投资项目中花费最高的一项。

以高等教育投资为例，在进行高等教育投资规划时，首先，要对教育需求和子女的基本情况(子女的人数、子女的年龄、预期受教育程度等)进行了解和分析，以确定当前和未来的教育投资资金需求。其次，要分析当前和未来预期的收入状况，并根据具体情况确定子女教育投资资金的主要来源(教育资助、奖学金、助学贷款、勤工俭学收入等)。最后，应当分析教育投资资金供给与需求之间的差距，并在此基础上通过运用各种常用的投资工具和教育投资特有的投资工具来弥补教育投资资金供给与需求之间的差额。由于教育投资具有特殊性，它更加注重投资的安全性，因此在选择具体投资工具时要侧重选择保值工具。

(四)风险管理与保险规划

风险管理是一个组织或个人用于降低风险负面影响的决策过程。风险管理与保险规划是指通过对风险的识别、衡量和评价，并在此基础上选择与优化各种风险管理技术，对风险实施有效控制和妥善处理风险所致损失的后果，以尽量小的成本争取最大安全保障和经济利益的行为。

【温馨提示】

人的一生可能会面对一些不期而至的"纯粹风险"(与投资领域那些可能引起损失也可能带来收益的"投机风险"相对应)，所以人们需要对自己的家庭及个人进行风险管理规划。根据风险的不同，这些风险分为人身风险、财产风险和责任风险。为了规避、管理这些风险，人们可以通过购买保险来保障自身的安全。除了专业的保险公司按照市场规则提供的商业保险之外，由政府的社会保障部门提供的包括社会养老保险、社会医疗保险、社会失业保险在内的社会保险及雇主提供的雇员团体保险也都是个人或家庭管理纯粹风险的工具。随着保险市场竞争的加剧，保险产品除了具有基本的转移风险、减小损失的功能之外，还具有融资、投资功能。在个人财务规划中，经常使用的商业保险产品包括人寿保险、意外伤害保险、健康保险、财产保险、责任保险等。

(五)税务筹划

税务筹划是指在纳税行为发生之前，在不违反法律、法规(税法及其他相关法律、法规)的前提下，通过对自己的经营活动或投资行为等涉税事项作出事先安排，达到少缴税和递延纳税目标的一系列筹划活动。

依法纳税是每个公民应尽的义务，而纳税人出于对自身利益的考虑，会将自己的税负合理地减到最少。因此，如何在合法的前提下尽量减少税负就成为每个纳税人十分关心的问题。国外比较常用的个人税务筹划策略包括收入分解转移、收入递延、投资于资本利得、选择资产实际销售、杠杆投资、充分利用税负抵减等。我国目前的个人税法结构相对简单，可以利用的个人税务筹划策略主要有：充分利用税收优惠政策(最大化税收减免、选择合适的扣减时机、选择最小化税率)，递延纳税时间(合理选择递延收入的实现时间、加速累积费用的扣除)，缩小计税依据(最小化不可抵扣的费用、支出，扩大税前可扣除范围)，等等。

【注意】

与前面所列的几种规划相比，个人(家庭)税务筹划要面对的风险更多，尤其是法律风险。因此，在进行税务筹划时，应熟悉有关的法律、法规。

(六)投资规划

投资规划是根据投资理财目标和风险承受能力，规划合理的资产配置方案，构建投资组合来实现理财目标的过程。投资规划是理财规划中必不可少的内容，并且往往是最重要的内容。

在复杂多变的金融市场中，投资时刻面临着各种风险。为了分散风险，金融投资一般都需要构建投资组合，而投资组合的构建依赖于各种投资工具。这些投资工具根据期限长短、风险收益的特征与功能的不同，大体可以分为四种类型：货币市场工具、固定收益的资本市场工具、权益证券工具和金融衍生工具。对于个人来说，单一品种的投资产品很难满足其对资产流动性、回报率及风险等方面的特定要求，而且个人往往也不具备从事证券投资的专业知识和信息优势。因此，可以通过理财规划师对自己风险偏好与投资回报率需求进行分析，合理组合自己的资产分配，如此既能满足自己的流动性要求与风险承受能力，又能获得充足的回报。

(七)退休养老规划

退休养老规划就是为了保障自己将来有一个自立、尊严、高品质的退休生活，而从现在开始积极实施的理财方案。退休后能够享受自立、尊严、高品质的生活是一个人一生中最重要的财务目标，因此退休养老规划是个人理财规划不可或缺的部分。

在人口老龄化的发展趋势下，没有一个国家的政府可以完全无限度地支持退休民众的生活，也没有一家企业可以向退休员工提供终身给付的员工福利。中国尽管有"养儿防老"的传统观念，但是随着社会的进步、子女负担的不断加重，这种养老模式也逐渐难以延续。因此，退休金主要还是靠自己，着手越早，退休时相对也会越轻松。退休计划是一个长期的过程，不是简单地通过在退休之前存一笔钱就能解决的，因为通货膨胀会不断侵蚀个人储蓄，个人在退休之前的几十年就要确定目标，进行详细的规划，否则不可避免地要面对退休后生活水平急剧下降的困境。

🔗【温馨提示】

合理而有效的退休养老规划不但可以满足退休后漫长生活的支出需要，保障自己的生活品质，抵御通货膨胀的影响，而且可以显著地提高个人的净财富。退休养老规划的核心在于进行退休需求的分析和退休规划工具的选择。退休规划工具包括社会养老保险、企业年金、商业养老保险及其他储蓄和投资方式。

(八)财产分配与传承规划

财产分配规划是指为了将家庭财产在家庭成员之间进行合理分配而制定的财务规划。财产传承规划是指当事人在其健在时通过选择遗产管理工具和制定遗产分配方案，将拥有或控制的各种资产或负债进行安排，确保自己去世或丧失行为能力时能够实现家庭财产的代代相传或安全让渡等。

随着财富拥有量的不断增加，财产分配与传承问题也被越来越多的人关注。通常意义上的财产分配规划是针对夫妻财产而言的，是对婚姻关系存续期间夫妻双方的财产关系进行的调整，因此财产分配规划也称夫妻财产分配规划。而财产传承规划是为了保障财产安全继承而设计的财务方案，是当事人在其健在时通过选择适当的遗产管理工具和制定合理的财产分配方案，对其拥有或控制的财产进行安排，确保这些财产能够按照自己的意愿实现特定目的，是从财务的角度对个人生前财产进行的整体规划。同其他单项理财规划一样，财产分配与传承规划也是根据个人的实际情况量身定制的理财服务，只是规划的制定不仅与自己的财产状况紧密相连，还要受自己在家庭中的身份地位及因此承担的义务等各种因素的影响。

财产分配与传承规划的对象是自己的个人财产。婚后夫妻双方的财产往往界定不清，财产分配也主要在家庭成员之间进行。而分配的多少与家庭所有成员的切身利益息息相关，因此，由财产处理引发的问题往往成为大多数家庭矛盾和纠纷的导火线。

三、理财规划与生涯规划的有机结合

年龄、家庭状况、个人负担、生活方式和风险承受度都会影响你的理财规划，一个 20 岁出头的人，需要储蓄，需要保险，需要建立个人信用，需要成家立业；到 30 多岁时，一方面事业有长进，另一方面子女在成长，买汽车、买房子大多是在此时；40 多岁时，挣的钱多了，用的钱也多了，此时子女已经上大学；50 多岁的人赚钱处于鼎盛期，这时子女已经成人，已能自食其力，就应该考虑退休后的生活该怎么保障；60 多岁的人，开始享受退休生活；70 多岁的人一方面享受退休生活，另一方面应该考虑给子女留一些遗产。

当然，这样一个流程未必适合于每一个人。由于种种因素，有的人可能 30 多岁才开始有一份好的工作；有的人也许四五十岁就退休了。特别是在瞬息万变的今天，各种类型的生涯都有：单身者、已婚有子女者、已婚无子女者、单亲有子女者、单亲无子女者、再婚前妻或前夫有子女者、再婚前妻或前夫无子女者等。无论你是单身还是已婚，是离婚还是退休，是刚开始工作还是已经换了好几次工作；无论你的经济目标是购买房屋，到国外旅游，还是过上衣食无忧的退休生活，都用得上理财规划。

🔗【温馨提示】

在人的一生当中，理财规划与生涯规划可以说是推动人生之旅的两个转轮，而理财目标是贯穿、结合这两个转轮的主轴，也是指导前进方向的规划图。如果我们把生涯规划比作人生梦想的剧本，理财规划就是保证剧本能够顺利拍摄的资金筹措和资金保障计划。

(一)青春年少(20～25 岁)：养成良好的理财习惯

20～25 岁以求学、完成学业为阶段目标。此时期，应多充实有关投资理财方面的知识，若有零用钱的"收入"则要妥善运用。另外，也应逐渐形成正确的消费观念。等找到工作，刚开始有收入时，你常常会大手大脚，花钱不留余地。但是，为了将来，你还是应及早学会控制开支，为自己的存款作一些安排，可尝试将一部分收入进行定期储蓄，以备不久建立家庭之用。

🔗【温馨提示】

我国 2022 年推行的个人养老金制度，对于工薪阶层来说，无疑是晚年生活的一个保障。不过，以西方发达国家的经验，养老金往往不足以支付退休后长达 25～30 年的生活费。此时，逐渐增加储蓄金额，也是为退休生活做打算。

(二)告别青年(25～35岁)：控制开支，考虑保险

25～35岁我们开始负起所有成人的责任，包括成立家庭、自置物业及生儿育女，如买房子的首付、每月按揭等。

家庭开支增加，要大量积累财富，因此在这段时间，最重要的是懂得如何管理自己拥有的财富，有效地控制开支。你可能需要购买一份人寿保险，因为人寿保险可以保障在你遇上不幸时，你的家人免受债务的困扰，还可以有足够的资金，应对将来的需要。另外，合适的保险可以在你生病或者失去工作能力时为你的家庭继续提供资金。而各种住院、医疗及健康保险，就可以在你或者你的家人需要大量医疗费开支时，减轻你的负担。

(三)人到中年(35～45岁)：组合投资，审视保险

当走到中年(35～45岁)时，生活日益稳定，风险逐渐减少，经济条件比年青时已经好多了，但清晰的预算仍不可少。你可以选定一些长期的投资项目，保证一个稳定、细水长流的收益。子女即将自立，也是养育他们花费最多的一个阶段。

此时期，你应该好好运用额外的收入，增加储蓄，可以建立一个多元化的投资组合，例如，组合之中可以包括房地产、股票、债券和基金，进行定期的投资。建立个人投资组合时，你可以考虑听取专业人士的意见，让他们为你提供专业的帮助。

🔑【注意】

随着收入的不断上升，你的责任也相应增加了。因此，你可能需要审视一下你的保险需求，是否需要扩大保险的保障范围，保额是否可以应对现在的要求，保险是否适当全面，否则再晚买保险就太贵了。

(四)人生关键(45～55岁)：调整目标，坚持理财

45～55岁的理财目标多半是为了退休或养老，这时的投资策略应以降低风险为主，稳定、成长的投资品种是首选，如房产、储蓄、基金等。现在，你的子女大多应该成人并独立生活，你的房屋贷款可能已还清。而且，退休前的日子正是你收入最丰厚的时间。

到了这个阶段，你应该十分清楚退休之后对自己生活品质的要求，亦明白当你离世时家庭的需要。因此，你也应该在这个时候重新研究所拥有的财产，有效地安排你的财产。

(五)准备退休(55岁以后)：坐享其成，少量投资

退休之后的生活是你的黄金岁月，在这个阶段，你的财务安排重点应有所改变。你的收入会减少，因此有效地管理开支十分重要。

假如你在这个时期仍然能够增加财富当然是一件好事，但如果你已经根据一个健全的规划筹备你的退休生活，你亦没有必要勉强为这个张罗。你可以开始运用积聚的资金，因为这之前你曾经精心选择了理财计划，你的需要和过世后家人的需要已妥善安排。如果你55岁之前一直有良好的理财习惯，现在是你安逸享受晚年的时候。

第三节 谨 防 诈 骗

随着网络和移动支付的不断发展，消费者在享受数字时代和智能产品带来生活便利的同时，也更容易成为电信网络诈骗的侵害对象。层出不穷的新型电信网络诈骗手段防不胜防，严重损害了消费者的合法权益。学习理财规划的同时，我们还要学习反诈知识，了解诈骗套路，护好我们的钱袋子，谨防受骗。

一、防范诈骗

社会上诈骗形式有很多，下面我们介绍几种防范措施。

(一)防范银行卡诈骗

随着数字化和信息化水平的不断提高，银行会给每一位开设账户的客户提供一张银行卡，方便其办理业务。而针对银行卡的诈骗花样也层出不穷。

【案例7-1】

大学生小刘突然收到短信通知，有一笔 6000 元的银行入账，但亲戚朋友都说不是自己转的，正当小刘为这来路不明的 6000 元感到疑惑时，手机就收到一位"大姐"发来的短信。对方表示自己转错账了，这笔钱是她好不容易凑齐给儿子交学费的，因为不熟悉操作才错转给小刘，随后大姐表示"能不能把钱还给我？"于是，热心的小刘按照"大姐"的要求把银行卡上的 6000 元转回到"原主"的账户。

半个月后，小刘接到一个陌生男子的电话，该男子称小刘在他们的网站上借了钱，约定期限是 15 天，本金 6000 元，月利率 2%，现在到期了要求小刘还款，本金一共为 6060元。这下小刘蒙了，自己从来没有申请过网络贷款，小刘立刻报了警。警方调取了小刘的银行卡资金明细发现，那天给小刘打 6000 元的是一个网贷公司账户，而调取网贷公司的资料发现，事发半个月前确实有人利用小刘的身份资料和证件照片申请了贷款。至此，骗子的套路才真正浮出水面。原来，骗子通过非法手段获取了小刘的信息，利用小刘的名义在贷款公司贷款，同时编造转账错误的理由，再让小刘将那笔钱转到自己提供的账号上。

【预防技巧】

(1) 妥善保管个人信息。除银行卡密码外，姓名、身份证号、银行卡号、信用卡有效期和验证码等都是重要的个人信息。只要涉及这些信息，都要提高警惕，不要轻易提供给他人，以免不法分子冒用受害人的身份盗取资金。

(2) 妥善保管银行卡。银行卡应视同现金一样妥善保管或随身携带，不要借给他人使用，以免增加遗失或资料泄露的风险。交易时选择信誉较好的商户，刷卡时不要让银行卡离开自己的视线，这样可有效防范银行卡芯片被不法分子"克隆"后盗刷。此外，银行卡与身份证等应分开存放，避免在同时遗失后，被人破解密码盗取现金。

(3) 妥善使用银行卡。使用银行自助取款机时要小心，留意周围是否有可疑的人，操作时应避免他人干扰，防止他人偷窥密码；遭遇吞卡、未吐钞等情况，应立即原地拨打发卡银行的全国统一客服热线，与发卡银行取得联系。不要轻信"好心人"，不要拨打取款机旁粘贴的电话号码，不要随意丢弃打印的单据。收到可疑信函、电子邮件、手机短信、电话等，应谨慎确认，勿贪小便宜，也不要紧张害怕。

(二)防范网络支付诈骗

【案例 7-2】

向某为某高校在校大学生，他于 2020 年 5 月 7 日 19 点左右在寝室用电脑登录某网站，搜索到一家销售二手笔记本电脑的店铺，并通过客服与对方取得了联系。对方主动发送了一个压缩文件包，声称该压缩包中有多款笔记本电脑的图片。向某接收并打开了该压缩包，从中选择了一台二手笔记本电脑，双方谈妥的价格为 1500 元。但是向某通过电脑端的网上银行支付 1500 元后，屏幕上显示没有交易成功，对方让向某再次支付，于是向某又支付了 1500 元，但是屏幕中还是提示支付不成功。向某感觉很奇怪，通过手机 App 登录银行账户查询后发现，两次交易都已经成功，且账户内已经有 3000 元转出。向某试图再次联系卖家，但是已经无人应答。经警方调查发现，骗子将病毒程序通过压缩包发给了向某，病毒程序产生错误的显示页面，从而让向某误以为支付不成功又再次付款。

【预防技巧】

(1) 使用安全的计算机。尽量使用自己电脑或家庭电脑进行网上银行操作，电脑中还需要下载防火墙和杀毒软件并及时更新。尽量避免在网吧、图书馆等公共场所使用公用电脑操作网上银行。

(2) 正确登录银行官网和正确下载手机银行。要访问银行官方网站，尽量避免通过搜索的形式或其他网站链接进行访问，以防登录"钓鱼网站"。在开通手机银行时，一定要使用银行官方发布的手机银行客户端，同时确认签约绑定的是自己的手机。最好在银行客服人员的指导下下载手机银行 App。

(3) 使用安全的网上银行支付工具。使用各大银行推出的网上银行安全工具(数字证书)，如动态口令卡等，并妥善保管，不能随意交给他人使用。

(4) 设置安全的登录密码和支付密码。保管好网上银行的用户名、密码等个人信息，防止资料泄露，并不定期修改网上银行密码，密码应具有较高的安全性，尽量采用"字母 + 数字"的组合，切勿以简单的数字或个人生日等作为密码。

(5) 把好支付关。有些银行的网上银行在交易确认前，会以短信方式发送验证码至客户绑定的手机，以保障客户资金安全。若未进行网上银行操作，却收到类似验证短信，应及时查找原因，并重置密码。操作完毕后或暂离机器时，应及时使用系统提供的"注销""登出"或"安全退出"等功能退出网上银行，并立即从计算机上拔下移动证书等认证工具。

(三)防范电信诈骗

【案例 7-3】

戴某某(某高校在校学生)通过交友软件匹配到一名自称柳洋的男子，并互加 QQ 发展成为情侣关系。柳洋声称自己是江苏人，在成都从事互联网行业。其财经大学研究生毕业的舅舅发现了一个网络游戏的规律，可轻松赚钱，并将赚钱的截图发给戴某某以吸引其参与。随后柳洋发给戴某某一个***.com 的网站，让其按指示在该网站押单、双。8 月 2 日，戴某某先试着在网站押注 200 元，当天成功提现 242 元。8 月 3 日，戴某某又在该网站投注 5000 元，当天成功提现 5871 元。柳洋便让戴某某抓住机会多充值、多下注，充值越多，赠送的彩金也越多。于是戴某某在柳洋的诱惑下充值了 20 万元左右，网站显示戴某某已经赢了几万元。但当戴某某想将网站账户内的钱全部提现时发现，网站不能提现。柳洋称，网站账户内金额太大无法直接提现，引导戴某某缴纳身份验证金、保证金、个人所得税等费用。戴某某总计在网站指定账户充值了 60 万元左右后发现，依然无法提现，并且柳洋仍让其从各类借贷平台借款进行充值。最后戴某某意识到被骗，金额共计 590313 元。

【预防技巧】

(1) 知晓公检法办案常识。要明确国家公检法部门不会通过电话直接办案，不会通过电话要求公民转账。凡是自称公检法的工作人员，以涉嫌违法犯罪并需要保密等为由，索要银行卡信息、密码、验证码或要求直接把名下所有钱款打到"安全账户"接受调查、自证清白的都是诈骗。凡是自称医保局、社保局的工作人员，以医保卡、社保卡在外地有大额异常消费记录或涉嫌违法犯罪等为由，要求转账汇款的都是诈骗。

(2) 多方核实身份。面对通过电话、微信、QQ 等要求转账的亲友、领导，一定要再三核实身份，确认身份时要多问几个私密问题求证，还可以通过视频确认，最好是邀其面谈。对于不明电话，不要主动猜测对方是谁，更不要盲目答应对方的要求。

(3) 不要轻信陌生人。如遇到涉及贷款、医保、奖助学金等方面的具体问题，应到相关部门的办公地点咨询，不要轻信陌生人。凡是利用电话、短信、QQ、微信等方式，冒充领导、老板、客户、老师、学生、朋友、家长，要求转账汇款的都是诈骗。凡是自称军警或学校领导人，以购买物资为名，要求与指定商家联系并付货款的都是诈骗。

(四)防范互联网投资理财风险

【案例7-4】

2021 年 6 月 24 日，C 大学某学生的工商银行账户收到了一笔来自陌生交通银行账户(卡号不详，对方户名：朱君)的 1000 元转账。8 月 2 日，该学生接到了一个归属地为中国台湾的陌生人来电，对方称其是"易帮管家"网贷，询问其是否收到 1000 元的转账，并称该笔转账系其平台给他的借款。互相添加 QQ 好友后(QQ 号 599626401，昵称"G 主任")，对方发送了该学生的照片、手机号码及身份证以证明该笔贷款的存在，并向他发送了"易帮管家"软件下载链接，学生下载后在该软件内看到确实有他的贷款记录，且显示有 26930 元的借款未还，除了 1000 元本金外剩余是利息。"G 主任"告诉他只需要还款1000 元本金即可，于是其便当日向对方转账 1000 元(开户行：泸州银行，收款人：刘茂林)。对方确认收款后，又让他支付 930 元的利息，于是他又向对方转账 930 元(开户行：泸州银行，收款人：刘茂林)。但对方还让他支付逾期滞纳金等共计 3100 元，该学生不愿意并告诉对方自己准备报警，对方便称若不还款，就骚扰他的通讯录好友，并且会将他的照片 P 图后传到网上，让他身败名裂。于是该学生向警方寻求帮助。

【预防技巧】

(1) 不要泄露个人信息。个人信息不要轻易泄露给他人，更不能把身份证复印件等轻易交给他人。

(2) 不要使用不熟悉的第三方支付平台。对于不熟悉、不知名的第三方支付平台，要谨慎使用，不能向平台账户转入大笔的资金。

(3) 树立正确的收益与风险观念。理财投资时，收益与风险总是成正比的，高收益投资必定伴随着高风险。如果有人向你推荐非正规渠道的投资，并且鼓吹"风险低，收益高""有内幕"等不合常理的诱惑信息，切记提高警惕，勿中了假"炒股专家"和假"投资导师"的圈套。

(五)防范非法集资风险

【案例7-5】

黄某、施某、王某是厦门某高校的学生。2017 年 11 月以来，黄某让施某、王某等人在微信朋友圈等社交平台上发布"只要在'蚂蚁花呗''借呗''任性付''分期乐'等贷款平台套现并转给我，就可以获得 10%的月利息，次月到期还款前归还本金"等内容，引诱大学生套现。

其后，百余名大学生上当受害，受害人在各类贷款平台成功套现后，将款项转给黄某、施某、王某，以获取上述收益。施某、王某收到款项后，按黄某指示，将款项转给黄某或者用于偿还到期借款，并从中获取手续费。

而黄某并未将吸收的资金用于生产经营，而是肆意挥霍，并且通过借新还旧的方式归本还息。案发后发现，黄某、施某、王某三人累计非法集资 120 余万元，非法吸收公众存款金额达 300 余万元。

【预防技巧】

(1) 自觉抵制各种诱惑。坚信"天上不会掉馅儿饼""没有免费的午餐"，抛弃占便宜和"我不是最后一棒"的侥幸心理；对"高额回报""快速致富""积分高倍返还"的项目时刻保持警惕，多向周围的朋友、老师打听，或者向有关部门核实真假，避免上当受骗。身为大学生，能否抵抗诱惑，能否足够理智，能否明辨是非，能否坚守原则，不仅是能否顺利完成学业的基础，也是影响其未来一生的根本。须知，天上没有掉下来的馅儿饼，地上却有无数陷阱。

(2) 增强理性投资意识。高收益往往伴随着高风险，理财也是一样，总有盈亏，没有稳赚不赔的生意，特别是一些不规范的经济活动更是蕴藏着很大的风险。对各类新概念的投资产品要提高警惕，不要轻信网络、电话、信函、推介会、说明会中的各种宣传，不要投资不了解的领域。一定要增强理性投资意识，选择合法的投资渠道和熟悉的投资产品，防止被各种非法集资幌子欺骗和各种不熟悉的投资产品迷惑。

(3) 提升法律认知水平。我国相关法律明确规定，参与非法金融活动受到的损失，由参与者自行承担。因此，一旦陷入非法集资圈套，参与者的利益是不受法律保护的。大学生务必慎之又慎地使用相关网贷平台，特别是对于披着网络借贷平台外衣的非法"校园贷"，一定要坚决远离，绝对不要自投罗网。

二、骗后措施

面对各种形式的诈骗，需要特别小心，谨防上当。即使已经上当受骗，也一定不要惊慌失措，正确的处理措施有可能为自己减轻或挽回损失，或者帮助公安机关尽快抓获犯罪分子。

1. 立即报警

立即拨打110或去当地公安机关报警。

2. 全面收集证据

注意全面收集证据，及时向警方提供以下关键内容。

(1) 受害人姓名及身份证号码。

(2) 受害人转出现金的账号及开户行。

(3) 转账的准确金额及时间。

(4) 骗子的账号、账号用户名及账号开户行(银行柜台客服和银行电话客服均可查询)。

(5) 纸质汇款凭证或电子凭证截图。

(6) 交流的证据，与骗子的聊天记录和往来邮件等。

只要受害人提供有效、全面的报警信息，警方就可凭这些信息运用新平台"快速止付"，对嫌疑人的银行账户实施紧急止付，尽最大努力保护受害人被骗的资金。

3. 积极配合公安机关调查取证

一般诈骗的覆盖范围广，涉案人数众多，涉案金额巨大，很多时候存在公安机关异地取证，这时需要市民积极配合公安机关制作笔录，尽可能详细地向公安机关叙述事实经过，并积极提供相关证据资料，如此才能有利于尽快破案。

4. 及时更改相关密码

及时更改自己的银行卡和其他支付平台的相关密码，防止骗子利用个人信息，继续损害自己的财产安全。同时采取一些紧急措施，与银行联系冻结银行卡内的资金。如果被骗的钱财转入第三方平台，则与该平台联系寻求帮助。

5. 注意防患未然

个人的身份证和银行卡等信息如果泄露，为了防患未然，可将银行卡注销重办一张。同时，如果怀疑手机中木马病毒，哪怕没有资金损失也要及时刷机，并且更改相关密码。因为虽然没有资金损失，但木马病毒很可能已经盗取了你手机内的各项信息。

6. 坚决做到三个"千万不要"

一是千万不要擅自寻找网上所谓的"网警"报案或"黑客"自行调查。这些"网警""黑客"往往是诈骗分子伪装的，很可能会导致再次被骗。二是千万不要直接删除相关证据信息，以免影响警方对手机数据进行提取、固定。三是千万不要盲目与诈骗分子周旋，试图要回被骗钱财，如此不仅可能导致钱财无法追回，甚至可能再次陷入诈骗圈套，造成更大的损失。

7. 尽早下载"国家反诈中心"App

"国家反诈中心"App 是一款由国家公安机关推出的反诈骗软件。这款软件可以免费为用户提供防骗保护，当收到涉嫌诈骗的电话、短信、网址或者安装涉嫌诈骗的 App 时，可以智能识别骗子身份并及时预警，极大地降低受骗可能性；对非法可疑的电信网络诈骗行为进行在线举报，为公安提供更多的反诈线索。在使用过程中，如果发现可疑的手机号、短信、赌博、钓鱼网站、诈骗 App 等信息，可以在"我要举报"模块进行举报，后台会及时封杀他们；定期推送防诈文章，曝光最新诈骗案例，提高防骗意识。同时，会根据不同年龄、职业等人群特点，测试被骗风险指数，防患未然；可以进行风险查询，在涉及陌生账号转账时，可以验证对方的账号是否涉诈，包括支付账户、IP 网址、QQ、微信等，及时避开资金被骗风险；还可以进行真实身份验证，在社交软件上交友、转账时，验证对方身份的真实性，防止对方冒充亲友进行诈骗。

📖【知识拓展】

社会保险与商业保险的主要区别

(1) 两者保障的对象有所区别：社会保险的保障对象是劳动者，不过，灵活就业人员可以参保灵活就业社保，只是灵活就业社保只包括了医疗保险和养老保险；商业保险则是只要满足保险产品的投保要求，任何人都可以参加。

(2) 两者的基本属性有所区别：社会保险具有社会保障的性质，为非营利性、公益性的；商业保险则以盈利为目的，具有商业性和经营性等。

(3) 两者的保费负担者有所区别：社会保险的保费是由用人单位和劳动者共同承担，但如果是灵活就业社保或城乡居民社保，则由个人承担保费；商业保险则为个人负担，负责支付保费的人被称为投保人。

(4) 两者强制性方面有所区别：社会保险通常是强制要求用人单位为员工购买的，不过也可以自行购买灵活就业社保、城乡居民社保；商业保险则是个人自愿投保的。

(5) 社会保险包括养老保险、医疗保险、失业保险、生育保险和工伤保险；商业保险的种类比较多，包括重大疾病保险、医疗保险、意外保险、人寿保险、年金保险、财产保险、责任保险及其他商业保险。

(6) 管理部门有所区别：社会保险是由政府职能部门管理的；商业保险则由企业性质的保险公司运营和管理。

(7) 理赔待遇有所区别：社会保险中的养老保险主要可给付养老金、抚恤金、丧葬费，医疗保险主要用于报销医保内医疗费用，失业保险主要用于给付失业保险金；商业保险则根据保险险种的不同承担不同的理赔责任，比如，重大疾病保险主要可在被保险人罹患恶性肿瘤或其他重大疾病后给付一笔保险金，医疗保险主要可对被保险人因为疾病或意外而发生的医疗费用进行报销，人寿保险主要以人的生存或死亡作为保险金给付条件。

(8) 保障水平有所区别：社会保险为被保险人提供的保障是最基本的；商业保险提供的保障水平则取决于保险双方当事人的约定和投保人所缴保费的多少及其他因素，只要被保险人符合投保条件并有一定的缴费能力，则可以获得高水平的保障。

(9) 保费缴纳金额有所区别：社会保险中的养老保险一般是由单位缴纳一部分，个人再缴纳一部分，金额一般每年会有调整；商业保险则是根据投保人和被保险人的实际情况决定交多少，多交多得，少交少得。

(10) 法律基础有所区别：社会保险是由劳动法及其配套法规来立法；商业保险则是由经济法、商业保险法及其配套法规来立法。

【实践锻炼】

1. 假如你突然收到短信通知，有一笔 1000 元的银行入账，但亲戚朋友都说不是自己转的，你正在为这来路不明的 1000 元感到疑惑时，手机就收到一位"大姐"发来的短信。对方表示自己转错账了，这笔钱是她好不容易凑齐给儿子交学费的，因为不熟悉操作才错转给你，随后大姐表示"能不能把钱还给我？"，接下来，你会怎么做？怎样预防此类骗术？

2. 假如你用公用电脑登录淘宝网站，搜索到一家销售服装的店铺，并与对方取得了联系。对方主动发送了一个压缩文件包，声称该压缩包中有多款服装的图片。你接收并打开了该压缩包，从中选择了一款服装，双方谈妥的价格为 150 元。你通过电脑端的网上银行支付 150 元后，屏幕上显示没有交易成功，对方让你再次支付，你还会支付吗？怎样预防此类骗术？

3. 大学期间，你是怎样理财的？

第八章 家用设施维护维修

家是人们休憩的港湾。家用设施的好坏直接关系着人们的生活质量。家用设施主要包括水电气暖、家具门窗。随着人们生活水平的不断提高,越来越多的家用电器开始进入人们的家庭,家用电器(HEA)为人们的生活提供舒适与便捷的同时,各种问题也接踵而来。那么,面对这么多的家用电器,我们该如何更好地使用与保养,才能使出现的问题越来越少呢?一方面要保障家用电器的寿命,为自己节约经济开支;另一方面也是为自己家庭的安全做好保障。要了解什么是家电的"隐形杀手",什么东西最容易引起家电故障,这样才能真正做好家用电器的维护维修工作。家庭用水是人们生活必不可少的一部分,家庭用水设备使用不当或维修不及时会给我们的生活带来严重的后果,如下水道堵塞、供水不及时、水管爆裂造成"水灾"等。对用水设备进行定时的维护维修,可以及早发现问题,及时解决,最大限度地延长使用寿命,同时不断改善设备的使用条件,减少其给人们生活带来的不便。目前,在我国大部分地区,无论是企业、工业还是住宅小区,冬季采暖的主要措施均是依靠供暖设备供给。供暖设备虽说是耐用品,但不管是暖气片还是地暖,使用不当也会有坏的时候,室内暖气片坏了还方便维修,而对于地暖,坏了修起来是相当麻烦的,因此日常生活中掌握正确的使用方法及一些简单的维护维修方法是非常必要的,这样才能最大限度地延长暖气的使用寿命。现代人的生活水平不断提高,对于优质家具的需求也在不断增加。相应地,其价值也越来越大。当然,不管家具的价值大小与否,都需要得到使用者的保养和维护。这虽然会增加额外的支出,但是能够带来更大的效益,可以保障家具的质量,进而愉悦人们的身心。

科技日新月异,生活瞬息万变,家用设施多种多样,学会掌握一些家用设施的日常保养和简单的维护维修方法,将给家庭生活带来很大方便。本章将从几种常用家用电器的维护维修方法,家庭用水设备的维护维修方法,家用采暖设备的常见问题及维护维修方法,家庭用气的注意事项,家具、门窗的维护维修等几个方面简单介绍一些家用设施的维护维修小窍门,希望能对大家有所帮助。

第一节　几种常用家用电器的维护维修方法

家用电器主要指在家庭及类似场所中使用的各种电器和电子器具，又称民用电器、日用电器。家用电器使人们从繁重、琐碎、费时的家务劳动中解放出来，为人们提供了更为舒适优美、更有利于身心健康的生活和工作环境，提供了丰富多彩的文化娱乐条件，已成为现代家庭生活的必需品。

一、家用电器的分类

家用电器的分类方法尚未统一，但按产品的功能、用途分类较为常见，大致可以分为以下 8 类。

(1) 制冷电器，包括家用冰箱、冷饮机等。

(2) 空调器，包括房间空调器、电扇、换气扇、冷热风器、空气去湿器、冷风机、加湿器等。

(3) 清洁电器，包括洗衣机、干衣机、电熨斗、吸尘器、地板打蜡机、扫地机器人等。

(4) 厨房电器，包括电灶、微波炉、电磁炉、电烤箱、电饭锅、洗碗机、电热水器、食物加工机等。

(5) 电暖器具，包括电热毯、电热被、水热毯、电热服、空间加热器。

(6) 整容保健电器，包括电动剃须刀、电吹风、蒸发器、超声波洗面器、电动按摩器。

(7) 声像电器，包括微型投影仪、电视机、收音机、录音机、录像机、摄像机、组合音响等。

(8) 其他电器，如烟火报警器、电铃等。

随着生活水平的提高，净水器也成为家用电器中的一员，越来越多的家庭使用这种新型的电器产品。传统的自来水处理方法，已不能保障提供品质优良的饮用水，而且在市政供水中还存在着二次污染的问题，如高层的水箱供水、漫长的自来水输送管线等，都会造成潜在的铁锈、泥沙及微生物等污染问题。因此，各类净水器应运而生。

二、家用电器产品的安全标准

家用电器产品的安全标准是为了保障人们的人身安全和使用环境不受任何危害而制定的，对提高产品质量及其安全性能有重要影响。学习、了解产品安全标准对于大家安全使用家用电器很有益处。

(一)防止人体触电

触电会严重危及人身安全，如果一个人身上较长时间流过大于自身的电流，就会摔倒、昏迷甚至死亡。据统计，每年我国因触电造成死亡的人数均超过 3000 人，其中因家用电器造成触电死亡的人数超过 1000 人。防触电是产品安全设计的重要内容，要求产品在结构上应保证用户无论是在正常工作条件下，还是在故障条件下使用产品，均不会触及带有超过规定电压的元器件，以保证人体与大地或其他容易触及的导电部件之间形成回路时，流过人体的电流在规定限值以下。

(二)防止过高的温升

过高的温升不仅直接影响使用者的安全，还会影响产品其他安全性能，比如，造成局部自燃，或释放可燃气体造成火灾；使绝缘材料性能下降，或使塑料软化造成短路、电击；使带电元件、支承件或保护件变形，改变安全间隙引发短路或电击的危险。因此，产品在正常或故障条件下工作时应当能够防止由于局部高温过热造成人体烫伤，并能防止起火和触电。

(三)防止机械危害

家用电器中像电视机、电风扇等，儿童也可以直接操作，因此对整机的机械稳定性、操作结构件和易触及部件的结构要进行特殊处理，防止台架不稳或运动部件倾倒。防止外露结构部件边棱锋利，毛刺突出，直接伤人。另外，还要能保证用户在正常使用中或做清洁维护时，不会受到刺伤和损害。比如，产品外壳、上盖的提手边棱都要倒成圆角；电视机、收录机的拉杆天线顶端要安装一定尺寸的圆球，用来保证既清楚可见，不易误刺伤人，又能传递不会刺伤人的压力。

(四)防止有毒有害气体的危害

家用电器中所装配的元器件和原材料很复杂，有些元器件和原材料中含有毒性物质，它们在产品发生故障、发生爆炸或燃烧时可能挥发出来。常见的有毒有害气体有一氧化碳、二硫化碳及硫化氢等，因此，应该保证家用电器在正常工作和故障状态下，所释放出的有毒有害气体的剂量要在危险数值以下。

(五)防止辐射引起的危害

辐射会损伤人体组织的细胞，引起机体不良反应，严重的还会影响受辐射人的后代。激光视听设备会产生激光辐射，微波炉会产生微波辐射，这些都会影响消费者的人身安全，因此，在购买这些产品时应注意其产生的各种辐射泄漏限制在规定数值以内。

(六)防止火灾

起火将严重危及人们生命和财产安全。家用电器的阻燃性防火设计十分重要。在产品正常或故障甚至短路时，要防止电弧或过热使某些元器件或材料起火，如果某一元器件或材料起火，应该不使其支承件、邻近元器件起火或整个机器起火，不应放出可燃物质，防止火势蔓延到机外，危及消费者的生命安全和财产安全。

(七)防止爆炸危险

家用电器有时在大的短路电流冲击下会发生爆炸，电视机显像管受冷热应力或机械冲击时会发生爆炸。安全标准要求，电视机显像管万一发生爆炸，碎片不能伤害在安全区内(最佳收看距离为屏幕高度的4～8倍)的观众。

(八)夏天家用电器也要预防"中暑"

夏季持续的高温天气，让使用频率较高的家电也会像人一样"中暑"，容易出现故障。天气炎热，不少人喜欢将空调温度设置得很低，殊不知，这种做法不仅影响空调的使用寿命及保养，长时间处于温度过低的空调环境下，人体也会受到一定程度的不良影响，因此空调切忌温度设得过低。冰箱是 24 小时不间断使用的家电，在高频率的使用过程中，应尽量减少开门次数，以免造成压缩机频繁启动，导致冰箱寿命缩短。夏天冰箱容易出现内部结霜过厚的情况，因此放入冰箱的蔬菜、水果最好用保鲜膜封好，以免其表面的水蒸气在冰箱内壁结霜，影响制冷。夏季也是电脑的"多发病期"，应将电脑放在有空调的房间或者通风口处。电脑运行的最佳温度为 22℃，使用时间切忌过长。电脑散热主要依靠机内风扇，所以台式机后侧应该留出足够空间，以利于散热；笔记本电脑则应保证散热口附近没有物体遮挡。

三、家用电器的放置环境

高温环境：高温的环境会使家用电器的绝缘材料加速老化，而绝缘材料一旦损坏，就会引起漏电、短路，从而导致人身触电甚至引发火灾事故。

潮湿环境：不应将洗衣机长时间放在卫生间内，也不要把家用电器放在花盆及鱼缸附近，同时还要注意不要在家用电器上放置装有液体的容器，更不得用湿抹布带电擦洗或用水冲洗电器设备。

腐蚀环境：家电的外壳及绝缘材料受到化学物质的长期侵蚀，会缩短使用寿命。因此电冰箱、洗衣机等家用电器不宜放置在腐蚀性及污染性较严重的厨房内，以免受到煤气、液化石油气或油烟的侵蚀。

安全环境：家用电器一般应摆放在安全、平稳的地方，千万不要放置在有振动、易撞击的过道处。若放置的地方不安全，一不小心使家用电器遭到剧烈的振动和猛烈的撞击，则会使螺丝松动、焊点脱落、电气及机械等零部件移位，甚至会造成家电外壳凹陷开裂、零部件错位、导线断裂等损坏。

四、家用电器的使用寿命及其常见影响因素

家电安全使用的参考年限：电冰箱为 12～16 年，彩色电视机为 8～10 年，洗衣机为 8年，空调器为 8～10 年，电热水器为 8 年，个人电脑为 6 年，电饭煲为 10 年，电风扇为10 年，微波炉为 10 年，电熨斗为 9 年，电子钟为 8 年，电热毯为 8 年，燃气灶为 8 年，吸尘器为 8 年，电吹风为 4 年，电动剃须刀为 4 年。

影响家用电器使用寿命的因素主要有以下几种。

1. 灰尘

灰尘无处不在。有时候我们疏于清洁打扫，灰尘就成为家电的"冷血杀手"。空调要注意多清洁过滤网，否则容易给我们带来身体健康问题。电视机有时候会因为机内的灰尘太多而出现故障，我们只要把机内的灰尘清洁一下就恢复正常了。还有家庭影院、DVD机、VCD 机，都有相同的问题。灰尘是最难发现但往往又是最容易导致家电"发病"的

根源。

2. 温度

在夏季出现较大的降雨之前，空气中的湿度接近饱和，温度也较高，这种情况下家电最容易"感冒"——家电内部的元件受潮发霉而影响绝缘性能，大大缩短电器的使用寿命。我们经常发现，家中的电视需要打开一段时间才能看到影像，或者影像先是模糊，开启电视一段时间后才逐渐清晰。这就是电视机内部的线路受潮造成的。为有效防止家电受潮，最好每天开机一次，通通电，以机身产生的热量达到除潮目的。

3. 磁场

随着生活水平的提高，家中的电器越来越多。殊不知，过多的电器摆放在一起本来就是一种"杀手"行为。每一种家电都有各自的磁场，因此家电摆放在一起会影响使用效果。比如，电视机旁边就不适合摆放音响，因为音响的强力磁场会严重影响电视的画质，导致色块的出现，俗称"磁化"。因此，家用电器的摆放应离开一定距离，相互独立。

4. 油烟

在厨房的家电需要注意的就是油烟的问题。油烟不但会使电器元件的绝缘性下降，还会使电器接点之间形成断路。另外，油烟还会腐蚀电器的内部零件，缩短家电的使用寿命。因此，我们应该尽量避免油烟侵入家电。

5. 超载

要注意额定功率，家庭中的几件大功率电器，不能同时使用，以免发生事故。最好不要多种家用电器共用一个电源插座，以防接触不良或短路、超载等。

五、几种常用家用电器的保养与维护技巧

(一)电视机的保养和使用

(1) 电视机的机内温度不宜超过规定值运行。按规定值升高 $8℃$，电视机的使用寿命将缩短一半，因此收看电视时一定要注意电视机的通风、散热。

(2) 电视机如果经常受水汽、煤气的侵蚀，会使机内零件生锈腐蚀。机内潮湿，还可能引起高压打火，次数多了会使显像管漏气而报废，因此室内要注意通风、干燥。

(3) 电视长期受阳光照射，会使显像管的荧光屏受损，降低发光效率，加速显像管和元 器件的老化，使整机性能下降。

(4) 电视机应注意防尘。进入过多的灰尘会使机器吸潮而产生打火或短路。因此要保持干净，经常除尘。擦拭方式如图 8-1 所示。

(5) 电视机的亮度和对比度不要长期设置在最高和最暗的两个极端，否则会使显像管受损。

(6) 电视机音量开得过大，机壳和机内元件受震强烈，时间长了会发生故障。

(7) 电视机旁边不要放置磁性物品，否则会干扰甚至磁化电视机，并缩短电视机的使用寿命。

(8) 电视机在梅雨季节最好每天开机半小时，利用电视机本身的热量驱除潮气，以防止机内零件锈蚀。

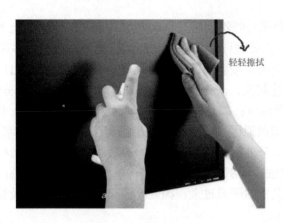

图 8-1　擦拭方式

此外，电视机若采用室外天线接收，要注意防雷，即使电视机不直接遭雷击，打雷时感应电压也会缩短电视机的使用寿命。

(二)家用电脑的保养和使用

(1) 不要靠近磁场：因为计算机显示器在磁场作用下会产生图像变形，如果长期受其影响，显示器图像将会形成永久性扭曲。所以不要靠近诸如磁铁、大功率音箱、电扇等产生强磁场的电器。

(2) 尽量远离热源：电脑不宜靠近火炉、暖气等热源，防止机器在高温下加速老化或损坏，因为电脑宜在 15℃～20℃ 的环境中工作，当超过 25℃时，则容易出现故障或出现死机，甚至烧坏元器件。

(3) 驱动器指示灯亮着时不要强行抽出磁盘：驱动器工作时，绝对不能抽出或放进磁盘，已破损、霉变的磁盘不能再放进驱动器，以免损坏驱动器和污染磁头，造成读写故障。

(4) 在计算机通电时不要拔外围设备：插拔计算机外围设备时，如打印机、绘图仪、显示器、鼠标、键盘应先关闭电源，以免损坏机器。

(5) 不要对硬盘进行多次格式化：格式化硬盘将会影响硬盘的使用寿命，最好经常用磁盘医生如 HDD、DM 等硬盘维护软件对硬盘进行检查与维护，防止有用数据丢失。

(6) 应注意电压波动：夏季用电量较大，因此市电电压波动较大，应使用 UPS 自动稳压电源，否则，电压过低导致电脑重启，容易烧坏显示器。

(7) 不要在机房内铺设不防静电的塑料地板和地毯：不防静电的塑料地板和地毯最易积累静电，静电对机器和数据会造成极大的危害，不可轻视。

(8) 不要频繁清洗软驱磁头：经实践证明，市面上使用的清洗盘特别容易改变磁头的方位角，减少磁盘使用寿命，甚至损坏磁盘。

(三)电冰箱的使用及简易维修

(1) 噪声的简易维修：如果发现噪声长，可用手摸耳听的方法找出噪声源。其中，大多是压缩机座螺丝或箱体某部位螺丝松动及胶皮垫圈脱落；有的是散热网个别焊点脱焊，此时用细铁丝扎紧即可。此外，箱脚着地不稳引起箱内塑料盘架等物共振，也是产生噪声的原因。一般距冰箱数米应听不到明显噪声(冰箱工作时有细微的流水潺潺声则属正常)。

(2) 制冷不佳的自检处理：如果能够制冷，只是不理想，大多是温控器组装时未经调试就出厂的缘故。即使同型号温控器，感温性能也有差别，组装出厂前均应调整至最佳状态，否则会有两种不佳状况：一是开机时间很短(有的仅启动一两分钟就停)，这种情况一般都达不到规定的制冷深度；二是开机时间长，停机时间短，打 1 档也制冷过深。这两种情况一般是温控器失调的原因。前者大多是感温管(温控器伸出的那根细管子)上的塑料套管破裂，使管体金属部分外露，过早感受到冷凝板上的低温而"指挥"停机，可采取加垫或加套的方法克服(镀银金属感温管切勿碰伤，以免失去感温作用)；后者大多是固定感温管的卡子脱落，距冷凝板的间隙过大，因此感温迟钝，开机时间较长，可设法上卡子，调整与冷凝板的间隙即可。

(3) "门封气密不良"的简易修复：大多发生在门角部位。虽不影响冰箱使用，但由于保温效果不好，势必增加电耗，加重电机负担。检查门封是否严密，可将一个电筒打开置于冰箱内，关上箱门便可很快发现是否有漏光处。处理此类工艺毛病有三种方法：一是用刀片将门封角上的模压残留的拉盘割开少许(此法只对因拉筋造成的微弱漏光的角有效，切勿割破沟底，以免破坏门封的双层气密性)；二是用电吹风加温纠正"漏光"处；三是从门封的内侧夹层处垫入适量塑料泡沫棉丝，此法最为简便。

🌀【小技巧】

另外几种小毛病的简易维修如下。如箱内照明灯不亮，除断丝须换灯泡外，大多属于组装时未拧紧，搬运途中螺丝松动所致。若为此而送修就太不值得。有的冰箱买回后，开机不停，制冷太强，或者难启机，误以为不制冷(此现象大多发生在严冬)，这主要是新购冰箱的用户缺乏使用常识，使用说明书介绍欠详细所致，前者应查看温控器旋钮是否置于"常开"(强冷或序号末档)位；后者则相反，查看是否置于过低。

(四)其他几种家用电器的简易维修

(1) 电熨斗：欲擦除电熨斗上的斑迹，千万不可用小刀或铁质、砂质器具直接去刮擦，而应将电熨斗通电一两分钟，使底板温热后，用软布蘸肥皂水或松节油，反复用力擦拭；或待底板温热后，用墨鱼骨蘸水反复擦拭，均能将斑迹擦除。

(2) 洗衣机：若有硬币等杂物旋入洗衣机波轮底部，会损坏机件。拆除方法是：将洗衣机的皮带轮推到外筒底端，使洗衣机的波轮向上，旋口向下，呈 45° 倾斜，这时，将水倒入波轮下部，里面的杂物就会被水冲出。

(3) 消毒柜：尽量每天通电消毒一次，这样既起到消毒的目的，又可延长消毒柜使用寿命。同时，消毒柜应放置在干燥通风处，离墙不宜小于 30 厘米。切忌将带水的餐具放入柜内又不经常通电使用，致使消毒柜的各电器元件及金属表面受潮氧化，易烧坏管座或其他部件。

(4) 微波炉：如发现异常或故障，应及时通知生产厂家的维修部门或特约维修点来维修，千万不要自己检修或继续使用。因为微波炉高压回路中蓄有高压电，触摸它将有被高压电电击的危险。

(5) 抽油烟机：使用抽油烟机的时候要保持厨房内的空气流通，防止厨房内的空气形成负压，最好在点火前先开启抽油烟机，以保障除油烟效果；为避免噪声或震动过大、滴油、漏油等情况的发生，应经常对抽油烟机的表面、双叶止回阀、百叶窗进行清洗，以免电机、涡轮及油烟机内表粘油过多；不要擅自拆开油烟机清洗，应让厂家的专业人员进行操作。

(6) 燃气热水器：要注意经常检查供气管道(橡胶软管)是否完好，有无老化、裂纹，发现异常要及时处理好。对滤水网应定期进行清洁，并观察有无漏水现象。每半年需委托合格的专业技工检查一次热交换器是否积炭和堵塞，并及时清理，以保证热水器正常工作。

六、家庭用电的注意事项

(1) 每个家庭都要有一些必要的电工器具，如验电笔、螺丝刀、胶钳等，还必须具备适合家用电器使用的各种规格的保险丝具和保险丝。

(2) 任何情况下严禁用铜丝、铁丝代替保险丝。保险丝的大小一定要与用电容量匹配。更换保险丝时要拔下瓷盒盖，不得在通电情况下(未拉开刀闸)更换保险丝。

(3) 保险丝烧断或漏电开关跳闸后，必须查明原因再合上开关电源。任何情况下不得用导线将保险短接或者压住漏电开关跳闸机构强行送电。

(4) 购买家用电器时应认真查看产品说明书，判断家中的配线、插头、插座、保险丝具及电表容量是否满足要求。

(5) 当家用线路设备或电表不能满足家用电器容量要求时(见图 8-2)，应更换改造室内布线或到供电部门办理电表增容，严禁凑合使用，否则可能引起火灾。

图 8-2　更换改造室内布线

(6) 带有电动机类的家用电器(电风扇等)，应了解是否能长时间连续运行，要注意家用电器的散热条件。

(7) 家用电器与电源连接，必须采用可断开的开关或插接头，禁止将导线直接插入插座孔。

(8) 家庭配线中间最好没有接头，必须有接头时应接触牢固并用绝缘胶布缠绕，或者用瓷接线盒，禁止用医用胶布代替电工胶布包扎接头。

(9) 接地线不得接在自来水管上(现在自来水管接头堵漏用的都是绝缘带，没有接地效果)；不得接在煤气管上(以防电火花引起煤气爆炸)；不得接在电话线的地线上(以防强电串弱电)；也不得接在避雷线的引下线上(以防雷电时反击)。

(10) 所有的开关、刀闸、保险盒都必须有盖。胶木盖板老化、残缺不全的必须更换。脏污受潮的必须停电擦拭干净后才能使用。

(11) 电源线不要拖放在地面上，以防电源线将人绊倒，并防止损坏绝缘。

(12) 家用电器通电后发现冒火花、冒烟或有烧焦味等异常情况时，应立即停机并切断电源，进行检查。

(13) 移动家用电器时一定要切断电源，以防触电。

(14) 禁止用湿手接触带电的开关；禁止用湿手拔、插电源插头；拔、插电源插头时手指不得接触触头的金属部分；也不能用湿手更换电气元件或灯泡。

(15) 对于经常手拿使用的家用电器(电吹风、电烙铁等)，切忌将电线缠绕在手上使用。

(16) 禁止用拖导线的方法来移动家用电器；禁止用拖导线的方法来拔电源插头。

(17) 使用家用电器时，先插上不带电侧的插座，最后才合上刀闸或插上带电侧的插座；停用家用电器则相反，先拉开带电侧刀闸或拔出带电侧的插座，然后再拔出不带电侧的插座(如果需要拔出的话)。

(18) 家用电器除电冰箱这类电器外，都要随手关掉开关，特别是电热类(电热汀、取暖器)电器，要防止长时间发热造成火灾。

(19) 家用电器烧焦、冒烟、着火，必须立即断开电源，切不可用水或泡沫灭火器浇喷。

(20) 家用电器损坏后要请专业人员或送修理店修理，严禁非专业人员在通电情况下打开家用电器外壳。

第二节　家庭用水设备的维护维修方法

水是生命的源泉，居民离不开水，应重视用水。家庭用水涉及的设备主要有水管、水龙头、水表、水阀等。常见的家庭用水问题主要是漏水，因此，本节将重点介绍漏水的可能原因及解决办法。

一、渗漏水的检测方法

(一)卫生间漏水检测方法

(1) 地面渗水检测：只要地面用水，楼下就有渗漏水现象，地面不使用水时，楼下不再渗漏水。

(2) 水管渗漏水检查：一般水管渗漏水量大，并且有持续性；往地漏、手盆、坐便器倒水即可判断下水管有没有问题，如果卫生间连续几天都没有使用水，但是还有渗漏水现象，并且渗漏水没有减少，即为上水管问题(见图 8-3)。

(3) 地漏漏水检测：堵住地漏，在卫生间放水，看楼下会不会漏水。找一个水管接在水龙头上，让水对着地漏的位置一直冲水，注意不要让水流到地面上来，坚持 2 小时，看楼下会不会漏水加剧。如果是地漏漏水，则是地漏口管道外围的混凝土不密实和防水做得不到位引起的，渗漏处理相对好做一些，用防水剂处理就行：把地漏口四周凿开一个 2～3 厘米宽的环状槽，将防水剂弄成膏状填充满槽子，然后等防水剂收水(30 分钟以内)，用压子压实抹光。如果楼下吊顶层没有管子的地方也漏，就需要大面积重做防水了。

(4) 防水层漏水检测：把所有水闸关了，把水管里的所有水放开，在楼上做闭水试验24～48 小时，看楼下会不会漏水。如果进水管和排水管都没有问题，且防水层漏水测试后楼下漏水，那就是防水层破坏导致漏水。如果是防水层没做好致使漏水，漏水情况严重的话建议重新做一遍防水，这样才能够从根本上解决问题。

图 8-3　上水管漏水

(二)厨房漏水检测方法

1. 水龙头漏水

厨房漏水我们首先要找到源头，如果是水龙头漏水，那么很容易，一般都是垫圈出了问题，我们只需要换掉损坏的垫圈就行了。

2. 洗菜盆漏水

洗菜盆漏水是因为洗菜盆的排水管一般都是塑料的，很容易破，有时候稍不注意就坏了。除了塑料管，还有就是洗菜盆与台面粘接处及洗菜盆与下水口接口处，这种情况一般都是密封不到位导致的，我们买一管玻璃胶打上去即可，如此一发现漏水就可以自行解决。除了这个方法，你还可以沿着管子缠生料带，缠紧即可。

3. 暗管漏水

如果厨房没有做防水，那么就做打压测试检查。对水管做打压测试检查暗埋的水管是否存在掉压的问题，试压器在规定的时间内表针没有丝毫的下降或者下降幅度小于 0.1 就说明水管管路是好的。

4. 防水层损坏漏水

对有做防水处理的地面做蓄水试验，把所有水闸关闭并放干水管中的水，做 24～48 小时闭水试验，看楼下是否漏水，如果楼下出现渗漏水，就可以判断是楼上防水层破坏导致漏水。

二、水龙头漏水的常见类型及解决办法

(一)普通水龙头漏水维修方法

1. 准备工具

(1) 十字改锥一把。

(2) 一字改锥一把。

(3) 剪刀一把。

(4) 小榔头一把。

(5) 扳手一个。

2. 维修步骤

(1) 先大致看看水龙头漏水部位，然后将水龙头开关上的商标取下，便可看到一个十字螺丝，用十字改锥将螺丝拧下后，将水龙头开关的扳手卸下向外拔，用手拔不动时，可用小榔头轻轻敲打。

(2) 将水龙头的开关卸下后，用手逆时针将水龙头芯取下。

(3) 将水龙头芯顶部的橡胶圈用一字改锥挑出。这样水龙头漏水的情况就会有些缓解。

(4) 用剪刀把 2 毫米厚的橡胶修剪成与水龙头芯一样大小的橡胶圈。这样可以使水龙头漏水的情况得到改善。

(5) 把修剪好的橡胶圈放入水龙头芯内，然后将原橡胶圈装好，并压住自制的橡胶圈，最后将水龙头重新安装好即可。

(二)冷热水龙头漏水维修方法

冷热水龙头构造如图 8-4 所示。

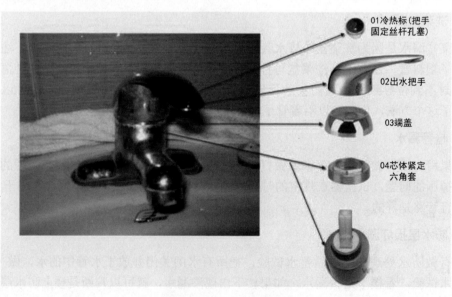

图 8-4　冷热水龙头构造

1. 准备工具

(1) 平口中号螺丝刀一把。

(2) 开口可达 30～50 毫米的活动扳手一把。

2. 维修步骤

(1) 如果冷热水龙头是由一个总进水阀门控制的，则关闭该总阀门。如果冷热进水管是分开的，那么就关闭所对应的两个阀门。

(2) 用平口螺丝刀启开图 8-4 中配件"01 冷热标(把手固定丝杆孔塞)"。

(3) 用平口螺丝刀伸进把手固定丝杆孔塞冷热标孔内，逆时针(左旋)螺丝刀大约 3 圈。

(4) 用左手抓水龙头把手，向上用力拔，同时用螺丝刀后端手柄(必须为非金属材质，否则会损坏水龙头外表面)向上轻轻敲击，这样配件"02 出水把手"就被分离出来。

(5) 逆时针(左旋)配件"03 端盖"，端盖与主体分离。

(6) 将活动扳手开头放在配件"04 芯体紧定六角套"六角位置，调整活动扳手开头尺寸，逆时针旋转，拆掉陶瓷阀芯检查，若完好，则顺时针(右旋)，固定阀芯；若损坏，则更换新阀芯。

(7) 原样装回配件"03 端盖""02 出水把手""01 冷热标(注意：红色代表热水侧，蓝色代表冷水侧)"。

(三)按压式水龙头漏水维修方法

1. 准备工具

螺丝刀、渗透润滑油、鲤鱼钳或活动扳手及其要更换的垫。

2. 维修步骤

步骤 1：关闭进水阀。

卸下水龙头把手上面或后面的小螺丝以拆下固定在水龙头主体上的把手。一些螺丝藏在金属按钮、塑料按钮或塑料片下面，这些按钮或塑料片卡入或拧入把手。你只要把按钮打开，就会看到装在顶部的把手螺丝。如果有必要，可以使用一些像 WD-40 规格的渗透润滑油来使螺丝变松。

步骤 2：卸下把手，查看水龙头的部件。

用鲤鱼钳或可调扳手取下填密螺母，小心不要在金属上留下划痕。向与你打开水龙头时旋转的同一方向旋转阀芯或轴以把它们拧下来。

步骤 3：取下固定垫圈的螺丝。

如果有必要，使用渗透润滑油使螺丝变松。检查螺丝和阀芯，如果有损坏要更换新的。

步骤 4：用一个完全相同的新垫圈换掉旧垫圈。

与旧垫圈几乎完全匹配的新垫圈一般都可以让水龙头不再滴水。需要注意的是，旧垫圈是有一个斜面的还是平的，并且用相同的新垫圈进行更换。只针对冷水设计的垫圈在有热水流过时会剧烈膨胀从而堵塞出水口，使热水流变慢，而有些垫圈在冷热水中都可以工作，因此要确定用于更换的垫圈与原来的是一模一样的。

步骤5：将新的垫圈固定到阀芯上，然后把水龙头中的各部件重新装好。

向顺时针方向旋转阀芯。阀芯就位后，把填密螺母重新装上。小心不要让扳手在金属上留下划痕。

步骤6：重新安装把手并把按钮或圆盘装回去。

重新供水，检查是否还有漏水。

(1) 水龙头阀芯出了问题导致漏水：水龙头内的轴心垫片磨损会出现这种情况。根据水龙头的大小选择对应的钳子将水龙头压盖旋开，并用夹子取出磨损的轴心垫片，再换上新的轴心垫片即可解决该问题。

(2) 水龙头接管的接合处出现漏水：检查接管处的螺帽是否松掉。解决办法为将螺帽拧紧或者换上新的 U 形密封垫。

(3) 龙头拴下部缝隙漏水：压盖内的三角密封垫磨损所引起。你可以将螺丝转松取下拴头，接着将压盖弄松取下，然后将压盖内侧三角密封垫取出，换上新的即可。

三、水管漏水的常见类型及解决办法

(一)普通水管漏水

1. 截掉漏水管道

截掉漏水管道是一种处理水管漏水最简单的方式，截掉重新安装，此法其实不难，只要你没有将管材暗敷进墙壁都应该可以实施，且最为彻底，因为 PP-R 管道的优点本来就是焊接强度高于本地，保证管路整体的严密性。

2. 胶水

一般来说，胶水比较适合压力比较低的管线，运行压力不能超过 4 公斤，此法对 PP-R 产品不太适合，因为 PP-R 材质决定了胶水一般很难溶解。

3. 熔接

若水管较厚，可以使用热熔器直接在外部焊接，将其缝隙堵上，此法不能有太高压力。

4. 焊枪

使用焊枪将焊料直接喷进焊口，这个方法可以使用 PP-R 修补棒。

(二)水管接头漏水

(1) 家里的水管接头漏水，首先要断开水源，拧开接口。

(2) 丝口处漏水可将其拆下，如果漏得不大，可以买组农机胶混合补上即可。如果是金属接头，可以先拧紧，如果不行就直接拆下来加点生料带再重新拧紧即可。如果是老化了或是胶接处或熔接处漏水就困难一些，最好的解决方式就是换个新的水管接头。

(三)下水管漏水

如果下水管是聚氯乙烯(PVC)材质，可以直接换一根相同材质的水管。也可以买防水胶带来修补下水管，先缠住漏水处管道，再用砂浆防水剂和水泥抹上去即可。

(四)水管管子的连接处漏水

如果水管长时间暴露在阳光底下，或者是室外，一到冬天水管就会冻裂。而到了春天，水管就会出现裂痕，出现漏水现象。因此为了防止水管漏水，最好是选择一些保温的保护膜对其进行包裹，那样就可以保护到水管了。

综上所述，当水管漏水时，大家一定要切记，先关上所有的电源。因为必须要先找出水管漏水的原因，而水是一种会导电的物质，如果电源没有关闭，有可能就会连电，从而危害人们的身体健康，危险就会发生。如果自己无法修理，那么就去请专业的维修师傅来维修。但是去请维修师傅以前，自己要先把总的水管开关关闭。

第三节　家用采暖设备的常见问题及维护维修方法

目前，采暖设备主要分为暖气片和地暖两种。

暖气片是一种以采暖为主的采暖设备，主要在冬天寒冷的北方地区使用，具有保暖的作用，以前多使用铸铁暖气片，现在已经发展出了更多材质的暖气片。铸铁暖气片已经逐步退出了市场，钢制暖气片、钢制板式暖气片、铜铝复合暖气片、铝制暖气片等新型暖气片无论从材质上还是制作工艺上都优于铸铁暖气片，成为市场上主流的暖气片。在东北等寒冷地区，暖气取代了火墙、火炕成为人们新的取暖设备。

地暖(见图 8-5)是地板辐射采暖的简称，英文为 radiant floor heating，是以整个地面为散热器，通过地板辐射层中的热媒，均匀加热整个地面，通过地面以辐射和对流的传热方式向室内供热，达到舒适采暖的目的。按不同传热介质分，地暖分为水地暖和电地暖两类；按不同铺装结构：主要分为干式地暖和湿式地暖两种。水地暖是指把水加热到一定温度，输送到地板下的水管散热网络，通过地板发热而实现采暖的一种取暖方式。低温地面热媒在室内形成脚底至头部逐渐递减的温度梯度，从而给人脚暖头凉的舒适感。地面辐射供暖符合中医"温足顶凉"的健身理论，是最舒适的采暖方式，也是现代生活品质的象征。干式地暖不需要豆石回填(属于超薄型)，从表面饰材上分为地板型地暖和地板砖型地暖；从功能上分为普通地暖和远红外地暖。

图 8-5　地暖

暖气片出现的问题包括漏水、暖气片不热等，本节将对此作简单介绍。

一、暖气片出现的故障及注意事项

(一)暖气片出现的故障

1. 管连接处出现漏水

无论漏水大小，用户切不可带压自行解决，一定要通知维修人员，关闭进口阀门，对管道进行减压后再实施维修。带压维修会使漏点扩大，管件损坏；同时管道内是热水，可能出现人员烫伤事故。

2. 暖气片爆裂

解决的办法是立即用厚毛巾、抹布等将裂口堵上，堵时要小心，不要被管内热水烫伤。有分户阀门的立即关闭分户阀门或暖气阀门，并拨打维修单位电话报修(无分户阀门，或阀门无法关闭的，直接拨打维修电话)，报修时说明住址及故障部位与故障情况。

3. 放气阀门断裂

解决的办法是用户可打开暖气尾部的放气阀门进行排气，但开放气阀门时不要过于用力，也不要把阀门全部打开，防止阀芯脱落。如果出现阀门断裂，应立即用厚毛巾将裂口堵上，也可找根圆形筷子，把漏水口塞住，然后拨打维修单位电话。

4. 暖气管出现砂眼

解决的办法是如果砂眼不大，可以找个旧自行车内带，将其剪成宽约 1 厘米，长约 50 厘米的小段，在距离砂眼 3 厘米处将内带用力拉开，然后一扣压一扣地将砂眼缠住，过几天砂眼会自己锈死。如果砂眼过大，就要关闭阀门，更换暖气管。

5. 暖气片不热

暖气片不热有如下几个原因。

(1) 如果整个小区不热，可能是热力公司供暖温度(压力)低，或者交换站有问题。如果热力公司供暖温度(压力)低，相关部门会及时与热力公司沟通；如果交换站有问题，值班人员会及时发现并通知维修人员检修。

(2) 如果一栋楼(一个单元)不热，可能是总管不畅通，或者进口过滤器堵塞，在运行过程中用户发现此现象可向维修单位报修。

(3) 如果一户不热，就要检查是否打开分户阀门或暖气阀门。

(4) 如果个别家庭的暖气不热，有排气阀的可以进行排气，排气后没有效果的，用户可以试着将热的暖气片上的阀门开小些，分一些热量给其他暖气片。

需要注意的是，排气时一定不要离人，排气完毕后要及时关闭排气阀；不能将排气阀当作排水阀使用。

进水阀、排气阀、回水阀位置如图 8-6 所示。

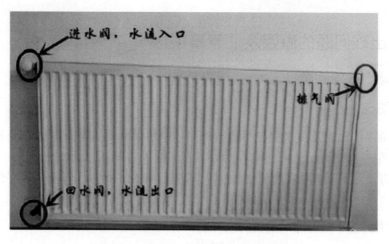

图 8-6　进水阀、排气阀、回水阀位置

(二)暖气片使用过程中的注意事项

1. 用户不要擅自改动暖气，增加相关设施

暖气片的大小、暖气管道的设置，都是设计单位通过整体计算合理分配的。用户擅自改动暖气、加热力泵、小型交换器等，都会造成暖气流通不畅，影响自身或周边用户。严重时会影响整体系统运行。

2. 装修时不要将排气阀封死

有的老小区的暖气排气阀都是在顶层用户家中，暖气管的上部，如果要进行装修一定要留检修口，方便检修和放气。一旦装修封死，不但影响排气，造成系统循环不畅，如果排气阀损坏漏水，甚至给用户造成不必要的损失。

3. 装修时要给暖气预留维修、拆卸位置

很多用户在装修时，为了美观，会把暖气包起来，但注意要给维修留出空间，否则出现问题需要拆卸暖气时，不仅会破坏装修，同时也造成维修不便。

4. 不要私自关闭总阀、泄压排水

用户发现暖气、管道、设施出现故障时，要及时通知维修单位，家里出现泄漏可以关闭分户阀门，但不能私自关闭总阀，更不能在总管上排水。

5. 集中供热暖气中的热水不可用

集中供热管道中的热水是在高温高压下全封闭循环系统中传导热能的媒体介质，供热时为了防止管道、阀门腐蚀锈化，保证供回水循环畅通，会在水中添加一定量的化学药剂，使用暖气片中的水不仅会损害您的身体健康，同时也会使供热管道中严重缺水，使供热管网系统压力失衡，导致局部或全供热系统不能稳定供热，影响其他居民正常供热。

二、地暖出现问题的原因及注意事项

(一)地暖出现的问题

1. 过滤器堵塞

过滤器堵塞的原因是供水主杠不热，有可能是供热水质太脏，导致过滤器堵塞，不能使其正常循环。

解决的方法是用活口扳手打开过滤器，清洗里面的过滤网，重新安装回去即可，也可以找专业的人员进行清洗。

2. 长时间开启不热可能系统阀门未开启

如果地暖长时间开启后地暖还是不热，那可能是地暖系统还未开启，这种原因不是技术问题，就像我们电视机没图像一样，你的第一反应可能是电视机坏了，也有可能是你没有把电源线插好。

解决的办法是检查系统总阀门是否开启，如果总阀门在开启的情况下，检查每一路分集水器上的调节阀，如果分集水器上的调节阀都在开启状态，有可能是地暖系统出现了问题。

3. 有效散热面积小

地暖是辐射散热取暖，热量由下向上辐射散热，这也是地暖采暖如此舒适的原因，但如果地面覆盖物较多，会影响散热，可能让你感觉地暖不热。

为了让地暖更好地发挥散热效果，最好选用带脚的家具，而且不要大面积地铺设地毯。

4. 施工不当

地暖是一项系统工程，需要专业的工程公司进行专业安装，有些地暖公司的施工人员不照图施工，为了节省地暖管材，在地暖盘管时扩大盘管间距，这样就达不到实际的采暖效果，另外盘管弯度如果出现死弯，就会造成水循环不通畅，地暖也会不热。

施工不当导致的地暖不热的解决方法比较麻烦，建议用户在选择地暖工程公司时应当核查其相关资质和样板工程，在安装的过程中也要亲赴现场，对工作流程做详细的核实，防止其偷工减料。

5. 管道内部有气体未排出

地暖管道里有气顶着，导致热水不能进入回路里进行循环供热。

解决的办法是打开分水器上的放气阀，把管道里的气放出去，直至放出热水为止。

6. 地暖管道没有定期清洗

地暖设备的保养不及时、不到位造成地暖不热。地暖采暖系统中，平均每年管道结垢 1 毫米，而这 1 毫米厚的水垢可导致水温下降 6℃。另外，地暖采暖系统采用的管道回路式结构，容易吸附淤泥、锈垢等。

解决的办法是地暖管道 3 年需清洗一次，当然视具体情况而定。另外，最好在每年供暖之前，找专业的地暖清洗公司对地暖设备进行一些维护，以确保地暖的使用效果良好。

7. 地暖管漏水

地暖管漏水的原因是暖气管破裂或接缝处不严。

解决的办法是立即关闭进回水阀门，主要是防止其漏水量大泡了地板；请地暖专业维修公司进行维修，他们也只能刨开地板，检查漏点，分析判断故障原因，然后做接头甚至换掉整个故障管路。

(二)地暖使用过程中的注意事项

(1) 严禁打洞、钉凿、敲打、撞击等。

(2) 严禁私自拆散。

(3) 承受荷载不得≥2T/m^2。

(4) 重物下面应垫护。

(5) 地面装饰材料以石材或复合地板为主。

(6) 严禁高温作业。

(7) 避免接触有机溶液。

(8) 非采暖季节应注满水养护。

第四节　家庭用气的注意事项

一、燃气使用的注意事项

(一)燃气的分类

燃气是气体燃料的总称，它能燃烧而放出热量，供居民和工业企业使用。燃气的种类很多，主要有天然气、人工燃气、液化石油气和沼气、煤制气。

按燃气的来源，通常可以把燃气分为天然气、人工燃气、液化石油气和生物质气等。我国燃气供应行业和发达国家相比起步较晚，配送的燃气主要包括煤气、液化石油气和天然气三种。我国的燃气供应从 20 世纪 90 年代起有了大幅增长。其中，人工煤气供应量经过 1990 年的大幅增长后，由于其污染较大、毒性较强等缺点，处于较为缓慢的增长阶段；液化石油气受到石油价格上涨的影响，供应量稳定；产生相同热值的天然气价格相对汽油和柴油而言，便宜 30%～50%，具有良好的经济性，同时国家日益重视环境保护，市场对清洁能源需求持续增长，作为清洁、高效、便宜的能源，天然气消费获得快速发展。

(二)燃气泄漏的危险及原因

1. 危险

甲烷(CH_4)：天然气的主要成分就是甲烷。甲烷对人有窒息作用。当其在空气中浓度达到10%时，可使人窒息死亡。空气中天然气(甲烷)含量达到 5%～15%时，遇到火源就会发生爆炸。

一氧化碳(CO)：人工煤气的主要成分。一氧化碳是无色无味的气体，它是天然气不完全燃烧的产物。空气中一氧化碳浓度不得大于 0.0024%，一氧化碳对人体危害极大，它与人体的血红蛋白的结合力大于氧的结合力，会造成人体缺氧，从而使人窒息，严重时引起人的内脏出血、水肿及坏死。由于一氧化碳的特性，人们难以觉察到它的存在，被人们称为"沉默杀手"。当人中毒后发生头晕、恶心等症状时，即使能意识到是一氧化碳中毒，但往往已经丧失控制行动的能力，不能打开门窗通风或呼救。此时若不被人发现，发生死亡事故的可能性很大。

液化石油气的气体比空气重 1.5～2.0 倍。在空气中像水一样，流向低洼处而存滞下来，可随风吹散。钢瓶内的液化石油气，若以液体状态流出，则会变成 250～300 倍的气体而扩散。其正常燃烧时是浅蓝色的无烟火焰，若火焰发黄有烟，则说明一次空气量供给不足，此时液化石油气没有完全燃烧，燃烧生成的一氧化碳会使人中毒。液化石油气会使橡胶软化，使石油产品溶解。因此软管要求用特制的耐油胶管，不能使用一般的胶管。常温下，液化石油气气体与空气混合后体积混合比达到 1.5%～9.5%时，遇火源会发生爆炸。

2. 常见原因

(1) 胶管问题致使燃气泄漏：燃气胶管是连接燃气管道和燃气用具的专用耐油胶管，因燃气胶管老化或老鼠咬破造成的燃气泄漏事故占所有燃气事故的30%以上。

① 胶管老化龟裂。胶管超过安全使用期限使胶管老化龟裂造成燃气泄漏。

② 长时间使用燃气灶具，自然或人为使连接胶管的两端松动造成燃气泄漏。

③ 老鼠咬坏天然气软管会导致天然气泄漏。老鼠属于啮齿类动物，生有一对凿状无齿根的门齿，门齿不断地生长，因而需要经常不断啃咬硬物进行磨损。

(2) 点火失败，致使未燃烧的燃气直接泄漏。

(3) 使用灶具煮饭或烧开水时，沸水浇灭炉火或风吹灭炉火造成燃气泄漏。

(4) 灶具使用完毕，忘记关火或关火后灶具阀门未关严致使燃气泄漏。

(5) 管道腐蚀或燃气表、阀门、接口损坏。

(6) 搬迁、装修或人为地在室内管道上拉绳或悬挂物品等外力破坏，使管道接口松动，造成燃气从损坏或松动部位泄漏。

(7) 燃气灶具的损坏致使燃气泄漏。

(8) 使用燃气灶具过程中突然发生供气中断，而未及时关闭燃气阀门，致使恢复供气时管道燃气的泄漏。

(9) 其他原因的燃气泄漏。

3. 预防措施

(1) 经常检查连接燃气管道和燃气用具的胶管是否压扁、老化、接口是否松动，是否被尖利物品损坏或被老鼠咬坏，如发生上述现象应立即与燃气公司联系，而像图 8-7 中的情况就需要更换软管。

(2) 定期更换胶管。根据有关燃气安全管理规定和技术规范，每两年应更换一次胶管。各种品牌胶管的质量参差不齐，为了用户的自身安全，建议每年更换一次胶管，用户应自觉做到这一点。更换胶管时应注意以下几点。

① 胶管连接时，应采用专用的气嘴接头，然后用喉码紧固。

② 胶管长度应小于 2 米。胶管不得产生弯折、拉伸、脚踏等现象。龟裂、老化的胶管不得使用。

③ 胶管不应安装在下列地点：有火焰和辐射热的地点、隐蔽处。胶管不宜跨过门窗、穿屋过墙使用。

④ 胶管不要与灶具紧贴。对于台式灶具，胶管不要盘在下面或穿越，应靠边绕过，胶管如果从高处接下来，不要让火苗燎到。对于嵌入式灶具，胶管不要紧贴在灶具下方。胶管应在灶面下自然下垂，保持 10 厘米以上的距离，长度不宜超过 2 米，以免被火烤焦烧断。

⑤ 装好胶管后，可用肥皂水检测胶管是否漏气。打开燃气开关，看是否有连续的冒泡，如有，则表明漏气，不安全。

图 8-7 胶管时间过久

(3) 使用时应先点火，后开气。一次未点着，要迅速关闭天然气灶开关，切忌先放气，后点火。使用自动点火灶具时，将开关旋钮向里推进，按箭头指示方向旋转，点火并调节火焰大小。

(4) 使用天然气灶具时，请勿远离并注意观察，以防止火焰被沸水溢息或被风吹灭。同时注意厨房通风，保持室内空气新鲜。

(5) 使用完毕，注意及时关好天然气灶或热水器开关，同时将表前阀门关闭，确保安全。

(6) 燃气使用过程中如遇突发供气中断，应及时关闭天然气开关，防止空气混入管道内。在恢复供气时，应将管道内的空气排放后方可使用。

(7) 严禁燃气管道用装修材料包覆，卧室内禁止通过燃气管道。

(8) 请勿在安装燃气管道及燃气设施的室内存放易燃易爆物品。

(9) 灶具等燃气设施出现故障后，请勿自行拆卸，应及时联系燃气公司，由燃气公司派专门人员进行修理。

(10) 请勿在燃气管道上拴宠物、拉绳、搭电线或悬挂物品，这样容易造成燃气管道的接口处在重力作用下发生松动，致使燃气泄漏。

(11) 安装管道燃气设施的室内，经常保持通风换气，保持良好的空气流通。请勿在安装管道燃气设施的室内休息或睡眠，严禁当卧室使用。

(12) 晚上睡觉前、长时间外出或长时间不使用燃气时，请检查灶具阀门是否关闭，并关好燃气表前阀门。

(13) 进行搬迁或装修时，请勿人为破坏燃气管道及其燃气设施。

(14) 房屋装修时请勿将燃气管道、阀门等埋藏在墙体内，或密封在橱柜内，以免燃气泄漏无法及时散发。

(15) 请勿自行变更燃气管道走向或私接燃气设施，如需变动，请及时与燃气公司联系，由燃气公司派专门人员进行接改。

(16) 经常用肥皂水、洗涤灵或洗洁精等检查室内天然气设备接头、开关、胶管等部位，看有无漏气，切忌用明火检查漏气。

(17) 灶具炉头孔眼经常用细铁丝进行清理，以免堵塞回火。

(18) 教育孩子不要玩弄燃气管道上的阀门或燃气开关，以免损坏灶具或忘记关闭阀门。

(19) 有条件的家庭可配备小型灭火器或少量干粉灭火剂，以便燃气事故发生时，立即灭火。

4. 应急措施

(1) 燃气泄漏应急措施。

请保持冷静，采取以下措施。

① 关闭气源。立即关闭燃具开关、灶前阀门及燃气表前阀门。

② 勿动电器，杜绝明火。严禁触动任何室内电器开关，因为打开和关闭任何电器(电灯、电扇、排风扇、抽油烟机、空调、电闸、有线与无线电话、门铃、冰箱等)，都可能产生微小电火花，导致爆炸。原来的电器处于什么状态就维持什么状态。

③ 疏散人员。迅速疏散家人、邻居，阻止无关人员靠近。

④ 打开门窗，让空气流通，以便燃气散发。

⑤ 电话报警。在未发生燃气泄漏的地方，拨打 119 报警。

(2) 燃气泄漏着火应急措施。

请保持冷静，采取以下措施。

① 切断气源。切记"断气即断火"。应立即关闭灶前阀门及表前总阀门，即可灭火。如果火势较大，灶前阀门附近有火焰，可用一把干粉从上向下用力打火焰的根部或用湿毛巾、湿衣物包手，尽量关闭阀门。

② 尽量灭火。用灭火器、干粉灭火剂、湿棉被等扑打火焰根部灭火。

③ 疏散人员。迅速疏散家人、邻居，阻止无关人员靠近。

④ 电话报警，在没有燃气泄漏的地方，如室外拨打燃气公司客户服务中心电话报修。如火势无法控制，须在疏散人员后，迅速离开现场，在没有燃气泄漏的地方，拨打火警"119"，并立即向燃气公司客户服务中心报险。

二、煤气使用的注意事项

煤气，是以煤为原料加工制得的含有可燃成分的气体。根据加工方法、煤气性质和用途分为：煤气化得到的水煤气、半水煤气、空气煤气(发生炉煤气)，这些煤气的发热值较低，故又统称为低热值煤气；煤干馏法中焦化得到的气体称为焦炉煤气，属于中热值煤气，可供城市做民用燃料。煤气中的一氧化碳和氢气是重要的化工原料。

(一)煤气使用安全知识

(1) 使用煤气前要检查胶管是否脱落或破损、老化，发现破损、老化的要及时更换，切勿使用接头。

(2) 使用时要先点火后开旋塞，点燃后发现燃烧不好时应及时调整空气调节板，使火焰呈蓝色，但不要火焰脱离灶具。使用中，人不要长时间离开灶具，防止风吹、汤水将火焰熄灭。有时煤气压力过低，也会突然熄火，因此切勿粗心大意。

(3) 用户要时刻注意煤气是否泄漏，如闻到有异味，应立即检查煤气设施是否泄漏，检查方法可用肥皂水涂刷(先切断火源)，严禁明火检查。

(4) 如发现煤气泄漏，要立即打开门窗通风，熄灭火源，不要启动电源，人员要立即离开，并与煤气公司营业所联系处理。

(5) 人员离家外出或入睡前，都要认真检查煤气旋塞是否关好。

(6) 人员不要在有煤气设施的房内睡觉，严禁将煤气引入卧室取暖或做饭。

(7) 教育、看管好孩子不要玩弄煤气旋塞，对患有精神疾病或生活不能自理的人，要做好监护工作，严禁独自使用煤气。

(8) 严禁将煤气设施封在墙壁、壁橱、水池及其他封闭的设施内，以免煤气泄漏不易发现，酿成大祸。

(9) 禁止利用煤气设施悬挂其他物品。不要用金属器械敲打煤气设施，以免其受到损坏。

(10) 不要在煤气设施附近堆放易燃、易爆物品，或用电气设备、火炉等取暖、做饭。

(11) 连接煤气灶具的胶管长度不要超过 1.2 米，过长容易脱落，更不准胶管跨过门坎，穿过墙壁。

(12) 用户不要私自改制灶具，购买灶具时要选用适合煤气的灶具。

严禁用户自行拆卸或改装煤气设施，需要时，持《煤气使用证》到煤气公司申请办理手续，批准后由煤气公司派专门人员处理。

(13) 新安装的煤气设施，试点火由煤气公司专业人员操作，其他人员不得擅自操作，否则后果自负。

(14) 严禁在煤气管道挖沟取土和搞建筑，必要时，应报经煤气公司监察部门审批，并按批准的要求、规定施工。

(二)煤气使用安全注意事项

(1) 保证通风良好，防止煤气中的一氧化碳中毒。

(2) 使用燃具要有人照看，防止煤气火焰被风吹灭或被溢出的汤浇灭，造成煤气泄漏引起事故。

(3) 发生煤气灶回火应立即关闭气阀，再重新点火以免烧坏灶具；不要在装有煤气设施的屋内住人。

(4) 不得擅自拆、迁、改、遮挡、封闭煤气管道设施。

(5) 使用管道煤气的燃具不能和使用其他气体的燃具互相代替；使用管道煤气的房间不得同时使用其他火源。

(6) 煤气管道内严禁混入空气、液体或其他异物。

(7) 连接管道煤气燃具的胶管长度不准超过 2 米，严禁用胶管过墙或穿门窗用气。要经常查看胶管有无脱落、老化，若有应及时更换，以免漏气。若发现漏气，正确的检漏方法是：用肥皂水涂抹在可能漏气的地方，若连续起泡，就可以断定此处是漏点，绝对禁止用明火检查漏气。

(8) 不得在煤气设施上搭挂物品，不得将煤气管道作为家用电器接地线。

(9) 初次使用管道煤气不能自行点火。

(10) 当你发现煤气设施漏气时，请立即通知煤气公司。

(11) 有煤气或液化气的家庭最好安装可燃气体泄漏报警器，当周围出现煤气或液化气泄漏时，可以及早采取避险措施。

第五节　家具门窗的维护维修

一、家具的维护维修

家具是指人类维持正常生活、从事生产实践和开展社会活动必不可少的器具与设备。家具跟随时代的脚步不断发展创新，到如今门类繁多，用料各异，品种齐全，用途不一，是建立工作生活空间的重要基础。

家具由材料、结构、外观形式和功能四种因素组成，其中功能是先导，是推动家具发展的动力；结构是主干，是实现功能的基础。这四种因素既互相联系，又互相制约。由于家具是为了满足人们的物质需求和使用目的而设计与制作的，因此还具有材料和外观形式方面的因素。

家具包含以下内容。

客厅：沙发、沙发椅、长(方)茶几、角几(放电话)、电视柜、酒柜以及装饰柜。

过道：鞋柜、衣帽柜、玄关柜、隔断。

卧室：床、床头柜、榻、衣柜、梳妆台、梳妆镜、挂衣架。

厨房：橱柜、抽油烟机、灶具、挂件、冰箱、微波炉、烤箱、餐具。

餐厅：餐桌、餐椅、餐边柜、角柜、吧台。

卫生间：洗脸盆、坐便器、淋浴屏、浴缸、花洒、墩布池、小便斗、手纸篓、地漏、马桶。

书房：书架、书桌椅、文件柜。

门厅：鞋柜、衣帽柜、雨伞架。

(一)家具的保养措施

1. 木质家具：远离热源和空调风口

大多数品牌沙发在处理木材时，都会先进行含水率的处理。专业人士介绍，很多家具在受力部分采用实木，其他部分则用高密度板，这是为了防止季节性的热胀冷缩。即使夏天的湿度相对上升，木材也只会稍微膨胀，而这些自然变化并不会影响优质家具的耐用性。

🖐【小技巧】

不管有多强的耐用性，家具都是有使用寿命的，为了尽可能延长其使用寿命，要学会呵护它们。专家建议，要将家具远离热源或空调风口，实木抽屉、拉门可能会因过度膨胀而难以开合，可以在抽屉、拉门边缘和底部滑道上涂抹蜡或石蜡。

2. 布艺沙发：防止灰尘遗留在纤维里

夏季，烈日的暴晒、巨大的温度变化、烟熏与宠物的破坏等都会使原本干爽舒适的布艺沙发日渐紧绷、褪色，最好经常使用吸尘器或刷子除去沙发上的灰尘，以此防止灰尘或污渍长时间遗留在纤维里。

3. 皮质沙发：勤用抹布擦拭皮面

夏季更应注意真皮沙发的保养，如果保养不当，会导致其褪色、陈旧，失去光泽，使皮革缺乏延展性，从而使沙发变形。

对不慎滴了油污的沙发，用棉布蘸适当浓度的肥皂水或氨水与酒精的混合液(氨水 1 份，酒精 2 份，清水 2 份)将油污去除，最后再用清水擦净，以干净棉布擦干即可。如果经常拍打真皮沙发坐的部位及其边缘，可使沙发寿命延长 3～5 年，因为这可使皮料的伸缩性得到良好维护。

4. 藤艺家具：清洁"从小抓起"

藤艺家具多孔，且春季各种虫类猖獗，因此要定时清洗，清洗时要"无孔不入"。应查看各处的油漆有否脱落，如无，可用柳条等削尖剔除孔中的龌龊之物，再以牙刷蘸肥皂水或植物油轻刷小孔即可；如有油漆脱落，则需在清洗的基础上再补上油漆。

5. 合成皮革：重湿度，避高温

合成皮革与木料、棉麻丝织物性质不同，高温、高湿、低温、强光、含酸溶液、含碱溶液对它都有影响。因此其保养要注意两个方面。第一，切忌将之放置在高温的地方，因为这会使合成皮革外观发生变化，相互粘连，擦拭时也不要用湿毛巾或湿布，而要用干布。第二，要保持适中的湿度，湿度过高会水解皮革，损坏表面皮膜；湿度过低则易发生龟裂和硬化。

6. 塑合板家具的保养

一般来说，合板中最高级的就数塑合板家具。它本为实木复合板的一种，但因为其制造工艺更加精密，所以被广泛使用。不过，它不同于一般的三夹板。塑合板家具的保养也是要特别仔细下功夫的。

(1) 塑合板组装相当容易，因此在购买时你就得先询问门市组装时应该注意的问题，这样一旦松脱了才有办法自己重新做简易的组装。

(2) 塑合板类家具的踢脚板如果是封密式的设计，那么你可以在组装前先放些干燥剂和除虫剂在里面，以保持其干燥洁净。

(3) 对于塑合板上的污垢可以用啤酒来清除，再用抹布蘸清水擦拭一遍，就可保证其光亮如新。

(4) 板面如果有小刮伤，可以使用和板面颜色相近的蜡笔来做刮痕的补色，另外再打上无色蜡即可。

(5) 塑合板均有封边处理来防止水分渗透，以保护家具的寿命。而一旦发现其有脱落的现象，就要赶快以熨斗垫上软布在其上来回地加热，使其恢复原状。

(6) 塑合板类家具抽屉多属滑轨式，平常只要用蜡烛在滑轮上打上一层蜡质，就可维持滑动的顺畅。

(7) 至于平时的清理，用居家平时使用的清洁剂擦拭就可以了，唯一要注意的就是不要用挥发性油剂涂抹。

7. 金属玻璃的维护

尽管很多家具的金属构件都使用不锈钢，但千万不要用水擦拭，因为水中的部分矿物质很容易与金属发生反应，从而使之产生腐蚀。另外，玻璃板材要严防刮伤，所以在上面放置东西时最好加上软布垫或泡沫等物。清洗时则要用专门的玻璃水。

8. 冬季使用的注意事项

(1) 要避免阳光直射。虽然冬日阳光没有夏季猛烈，但长时间日晒加上本来就干燥的气候，木质过于干燥，家具容易出现裂缝和局部褪色。

(2) 应定期进行保养。在正常情况下，每季度只打一次蜡就可以，这样家具看起来有光泽而且表面不会吸尘，清洁起来比较容易。

(3) 要保持滋润。木制家具的滋润不能靠水分来提供，也就是说，不能光用湿漉漉的抹布简单地擦拭，而是应该选用专业的家具护理精油，它蕴含容易被木质纤维吸收的天然香橙油，可锁住木质家具中的水分，防止木质干裂变形，同时还能滋养木质，由里到外令木质家具重放光彩，延长家具的使用寿命。

(4) 不宜放在十分潮湿的地方，以免木材遇湿膨胀，时间长了容易腐烂，抽屉也不容易拉开。

(5) 避免硬物划伤。打扫卫生时勿使清洁工具触及家具。平时也要注意，不要让坚硬的金属制品或其他利器碰撞家具，以保护其表面不出现硬伤痕迹等现象。

(6) 要防止灰尘。一般用红木、柚木、橡木、胡桃木等制作的比较高档的原木家具都有精美的雕花装饰，如不能定期清洁除灰，细小缝隙中容易积灰影响美观，同时灰尘更是让木制家具迅速"变老"的"杀手"。

(二)家具的擦洗

白色家具也有其先天的缺憾，因为是白色，保养护理方面很累人，很容易出现发黄现象。下面就给您介绍几种经济省钱、简单易行的擦拭家具的小窍门。

牙膏：牙膏可使家具增白。白色家具使用时间长了会变黄，如果使用牙膏擦拭，就会有所改观，但操作时不可太用力，否则会损伤漆膜。

牛奶：牛奶可以消除家具内部的异味。先将一杯煮沸的牛奶放置在家具内部(柜橱类)，把柜门关紧，待牛奶冷却后取出，家具内原有的异味就会消失。

食醋：恢复家具光泽靠食醋。很多家具老化后都会失去原有光泽，这时只要在热水中加入少量食醋，然后用软布蘸醋水轻轻擦拭。待水完全干后再用家具上光蜡抛光就可以使其恢复光泽。

甘油：清洗家具时，在水中滴数滴甘油，可以清洗得更干净彻底。但是，切忌使用水擦洗，更不要用肥皂水或碱水，这样会影响家具表面的光泽度，甚至造成漆面脱落。

以上是几个日常保养家具的小窍门，但若要彻底清洁家具，最好还是寻求专业保洁人员。

【小技巧】

1. 金属家具除锈

你可以使用蘸少量缝纫机油的纱布擦拭锈斑，露出锈迹，然后用 1 号细水砂纸去除锈迹，用纱布清洁锈油，然后以 2∶3 的比例将油漆与松节油调配，均匀涂抹防锈。

2. 抽屉磨损

如果抽屉磨损，可以将抽屉拉出并翻转。用电熨斗加热抽屉上的蜡烛油，使油渗透到木材中。以同样的方式，蜡烛油也被施加到桌子柜的相应桌子上，从而可以减少抽屉的磨损。

3. 铰链松动

你可以拿一块和筷子一样细的木头，涂抹白胶并将其插入木材的螺孔中。锤击后，打破木条并再次拧入木螺钉。

4. 裂缝、孔洞

修复橱柜中的裂缝和孔洞有两种方法：一是将旧书撕成碎片，加入适量的明矾和水制成糊状，嵌入裂缝中，经过一段时间后非常坚固；二是用 1∶1 的白胶水将木屑均匀混合，嵌入裂缝，经过一夜后用砂纸打磨，简单经济。

5. 油漆污点

油漆滴在家具上，如果没干，可以用有蜡水的布擦拭，或用钢丝球蘸上蜡油轻轻擦拭。如果油漆已干，可将亚麻籽油滴在油漆上使其变质，然后用布擦拭，最后用蜡油抛光。

6. 火灼损伤

火灼过的木材可以先取出，再用钢丝球清洗，然后用补家具的胶木装满，用油磨平滑，并用家具蜡抛光。

7. 光泽暗淡

家具漆面光泽恢复有两种方法：一是用半杯清水和 1/4 杯醋，用软布蘸醋擦拭；二是用酒精或花露水、茶水浸泡软布擦拭一两次，然后再擦地板蜡。

8. 油漆剥落

将家具表面上的小块油漆剥离后，可以涂上相同颜色的广告漆，然后在表面涂上清漆，就会完好如初。

9. 电镀家具除锈

可将小件放入装有机油的盆中浸泡并除锈。大件可以用刷子或棉纱蘸机油涂在锈上，过一会儿来回擦拭就能去除锈迹。

二、门窗的维护维修

(一)门窗的作用

门：室内、室内外交通联系、交通疏散(兼起通风、采光的作用)——尺度、位置、开启、构造。

窗：通风、采光(观景眺望的作用)——大小、形式、开启、构造。

门窗的作用如下。

(1) 门窗按其所处的位置不同分为围护构件或分隔构件，其有不同的设计要求，要分别具有保温、隔热、隔声、防水、防火等功能，新的要求节能，寒冷地区由门窗缝隙而损失的热量，占全部采暖耗热量的 25%左右。门窗的密闭性的要求，是节能设计中的重要内容。门和窗是建筑物围护结构系统中重要的组成部分。

(2) 门和窗又是建筑造型的重要组成部分(虚实对比、韵律艺术效果，起着重要的作用)，因此它们的形状、尺寸、比例、排列、色彩、造型等对建筑的整体造型都有很大的影响。

(3) 目前很多人都装双层或三层玻璃的门窗，除了能增强保温的效果，很重要的作用就是隔音，城市的繁华，居住密集，交通发达，隔音的效果愈来愈受到人们的重视。

🔑【小技巧】

(1) 应定期对门窗上的灰尘进行清洗，保持门窗及玻璃、五金件的清洁和光亮。

(2) 如果门窗上有油渍等难以清洗的东西，最好不要用强酸或强碱溶液进行清洗，否则不仅容易使型材表面光泽度受损，也会破坏五金件表面的保护膜和氧化层而引起五金件的锈蚀。

(3) 应及时清理框内侧颗粒状等杂物，以免其堵塞排水通道而引起排水不畅和漏水现象。

(4) 开启门窗时，力度要适中，尽量保持开启和关闭时速度均匀。

(5) 尽量避免用坚硬的物体撞击门窗或划伤型材表面。

(6) 发现门窗在使用过程中有开启不灵活或其他异常情况时，应及时查找原因，如果自己不能排除故障，可与门窗生产厂家和供应商联系，以便故障能得到及时排除。

(二)门窗使用过程中出现的问题及解决方法

1. 窗扇下垂

若是由于窗扇五金紧固件松动或产品质量问题造成的窗扇下垂，开关窗扇困难，一般可以通过紧固窗扇五金件或者更换有质量问题的配件来解决。

如果是门窗变形，可能是窗扇在制作过程并没有严格按照标准执行，在放置窗扇玻璃垫块时位置不正确，导致窗扇受力不均，引起窗扇变形下垂。在这种情况下，就需要拆除窗扇玻璃，先将变形窗扇复位，再进行安装窗扇玻璃，并正确地放置玻璃垫块。

2. 门窗漏水

五金原因：若是因为窗扇五金紧固件松动或产品质量的问题，造成窗扇关闭不严，引起漏水，只需通过紧固窗扇五金件或更换有质量问题的配件即可。

胶条原因：如果门窗所使用的密封胶条质量不合格，在使用一段时间后，密封胶条就会失去弹性，造成系统装配缝隙之间不能密封，引起漏水等问题。这时，更换一下密封胶条就可以了。

打胶原因：门窗外檐胶质量不合格，易造成打胶部位开裂，引起漏水，解决这个问题并不困难，重新打胶即可。

生产质量：门窗扇在制作时，尺寸会存在偏差，或者生产工艺未严格按照标准执行，导致门窗漏水。此类问题进行维修，短期内可以暂时解决问题，但是不能根除。

墙体保温层漏水：在排除以上问题后，如果门窗漏水问题还是没有得到彻底解决，那么漏水原因，可能就是保温层与墙体之间进水至门窗与墙体之间，从而渗入室内造成漏水情况。这种问题处理起来比较麻烦，需要先拆除门窗玻璃，剔除外檐窗台及门窗与墙体之间的抹灰，再用防水砂浆重新抹灰，然后打硅酮耐候胶，重新安装窗玻璃。

3. 门窗漏风

如上所述，若是窗扇五金紧固件松动或产品质量有问题，可以通过紧固窗扇五金件或者更换有质量问题的配件解决。

门窗扇在制作过程中，尺寸难免会存在一定的偏差，并不能满足型材系统的搭接需求，从而引起窗扇漏风。这种问题无法通过维修解决，需要进行重新更换。

【知识拓展】

一、用水安全小常识

(一)用水安全常识

(1) 注意保持饮用水清洁卫生，发现饮用水变色、变浑、变味，应立即停止饮用，防止中毒，并拨打供水客服热线。

(2) 不得私自挪动供水设施，尤其不得私自移动水表。

(3) 如装修改造用水设施，应选用饮用水专用管材，改造后做打压试验。

(4) 定期自检用水设施，关闭用水阀门后如出现水表自走，说明漏水。

(5) 寒冷季节，应对用水设施采取必要的防冻保护措施。室内无取暖设施的，应在夜间或长期不用水时关闭走廊和室内门窗，保持室温；同时关闭户内水表阀门，打开水龙头，放净水管中积水；室外水管、阀门可用棉、麻织物或保暖材料绑扎保暖，以防冻裂。

(6) 长期无人居住的房屋，应到水务集团辖区客服中心办理暂停用水手续，并关闭用水阀门；将自家的电话号码留给邻居或物业公司，以便情况紧急时联系。

(二)用水安全常见问题

(1) 低温天气，如何做好用水设施防冻保温工作：用水设施受冻情况绝大多数都是室内管道保温不到位、门窗不密封等原因造成。因此，加强住宅保温自我防护工作尤为重要。家中水管、水表、水龙头等用水设施，可以使用棉麻织物、塑料泡沫进行绑扎；夜晚应关闭厨房、厕所对外以及所有背阴房间的窗户，保证室内的温度在零度以上；阳台等露天的水管更要注意保温，防止水管冻住影响室内水管用水。

(2) 严寒天气，如何保证自来水正常使用：在严寒天气(-5℃以下)，最有效的方法是在晚间用水后稍稍拧开水龙头使水流成线，保证水管内自来水流动以防止夜间受冻。同时，晚上做好储水准备，最好是热水，以防止给次日凌晨生活造成不便。

(3) 如果家中水管已经冻住，也有急救的措施：对确已冻住的水管，可以用电吹风烘吹或用毛巾包裹后慢慢用温水浇淋，切不可用火直接烘烤或用开水急烫，以免造成管道或者水表爆裂。

(4) 为什么有时感觉自来水有消毒水药味：消毒水药味其实是氯气混合在水中的氯味。为确保自来水符合安全卫生标准，防止水生传染病的发生，自来水多以氯气消毒，但对其含量有严格的标准，现行《生活饮用水卫生标准》(GB5749—2022)规定，出厂水余氯含量应控制在 0.3～4.0 毫克/升，用户龙头水大于 0.05 毫克/升。水中的余氯量在国家标准要求的范围内，人是能感觉出氯味的，说明水质是安全卫生的，对人体健康并无影响，而且自来水所含氯味经煮沸后可以完全消除，可以放心饮用。

(5) 不要经常饮用纯净水：纯净水是通过天然矿泉水加工、除菌而得到的水，几乎不含有任何杂质和微量元素，作为日常饮用水，它的价位较高，难以适应人们的生活需要。另外，长期饮用不含有任何养分的纯净水，可能会由于各种元素缺乏导致疾病，轻者会吃不香、睡不着、浑身乏力，重者会神经紊乱、骨质疏松、贫血等。

(6) 用水不当对水质造成的二次污染：首先部分用户采用关小水龙头，滴水入桶、缸储存，由于滴水过久，余氯耗尽，自来水得不到有效消毒；其次高温天气，桶、缸底部水质恶化，长青苔或蚊虫掉入，影响水质。另有用户在水龙头嘴部接一段塑料管，水龙头是金属材质，长时间使用，会使管壁变黑，沉积结垢，也会污染水质。

(7) 为什么饮水机夏季要半月清洗一次：目前越来越多的家庭已经用饮水机、桶装水代替了传统的水壶和暖水瓶，而这也就给我们的饮水安全带来了新的问题。首先，饮水机如果卫生不过关，就可能病从口入。水放的时间长了就可能有微生物滋生，导致胃肠道疾病等，因此建议一桶桶装水最好在半个月内更新。如果家庭人口比较少，可以选择容积小的桶装水，以保证尽快更新，保证水质。 其次，还要注意饮水机的消毒、清洁。很多家庭注意到要经常更换水，但很少考虑到饮水机的卫生，事实上饮水机里也很容易滋生细菌，因此建议夏季最好每半个月清洗一次饮水机，而冬季可以一个月清洗一次，清洗时可以用消毒液，浸泡水嘴之后一定要冲洗干净。

二、燃气使用"七不准"

一不准：不准擅自拆、改燃气设备和用具。如需拆、改(装修)的，由具有相应资质的燃气安装、维修企业负责施工。确须移动燃气计量装置及计量装置前的设施，必须经燃气供气单位同意。

二不准：不准将燃气管道、阀门、燃气表、燃气器具等燃气设施密封或在暗室安装，如装在墙壁内、吊顶内、柜内、灶台内等。

三不准：不准在安装燃气表、阀门等设施的房间内堆放杂物、住人。使用天然气的房间集表、灶、输气管道等于一室，一旦出现漏气，燃气浓度过高时，氧气不足会使人窒息，遇火星还会导致爆炸，因此，有燃气设施的房间不能住人。

四不准：不准在燃气管道上牵挂电线、绳索悬挂杂物。

五不准：不准私自开启或关闭燃气管道公共阀门。

六不准：不准非法使用燃气设施和偷盗、转供燃气。

七不准：不准在天然气管线上建造房屋和临时建筑。

三、煤气中毒急救方法

凡是有明火燃烧场所,如果密闭或通风极差,就可能因燃烧不完全使空气中 CO 浓度大幅度增加,人们吸入后短时间内就会发生急性 CO 中毒。煤气中含 CO 10%～40%,煤气中毒实际上就是 CO 中毒。CO 能与血红蛋白结合成为碳氧血红蛋白,其妨碍了红细胞的带氧、输氧功能,CO 中毒的基本病变就是缺氧,主要表现是大脑因缺氧而昏迷。其急救方法如下。

(1) 将中毒者安全地从中毒环境中抢救出来,迅速转移到清新空气中。

(2) 若中毒者呼吸微弱甚至停止,立即进行人工呼吸;只要心跳还存在就有救治可能,人工呼吸应坚持 2 小时以上;如果患者曾呕吐,进行人工呼吸前应先消除其口腔中的呕吐物。如果心跳停止,立刻进行心肺复苏。

(3) 高浓度吸氧,氧浓度越高,碳氧血红蛋白的解离越快。吸氧应维持到中毒者神志清醒为止。

(4) 如果中毒者昏迷程度较深,可将地塞米松 10 毫克放入 20%的葡萄糖液 20 毫升中缓慢静脉注射,并用冰袋放在其头颅周围降温,以防止或减轻脑水肿的发生,同时转送医院。最好是有高压氧舱的医院,以便对脑水肿进行全面的有效治疗。

(5) 如有肌肉痉挛,可肌肉或静脉注射安定 10 毫克以控制,并减少肌体耗氧量。

(6) 在现场抢救及送医院过程中,都要给中毒者充分吸氧,并注意其呼吸道的畅通。

【实践锻炼】

1. 将抽油烟机漏油原因及检修方法对应填在下表。

故障现象	可能原因	检修方法
漏油		

2. 分析判断电冰箱接通电源后压缩机运转不停的原因,请对应填在下表。

故障现象	可能原因	维修方法
压缩机运转不停,箱内温度过低		
压缩机运转不停,但不制冷		

故障现象	可能原因	维修方法
压缩机运转不停，但制冷效果差		

3. 检查自己家的电冰箱、电视机、空调是否有安全故障，若有，在安全的前提下，请试着维修。

4. 知道家具都有哪些保养措施，请按照分类逐一简述，并对照自己家中家具的材料，对其进行保养。

5. 卫生间、厨房漏水的检测方法都有哪些？请简要概述，并按照此方法对家中的卫生间、厨房水管进行检修。

第九章 家 庭 安 全

学习目的及要求

- 了解家庭火灾发生的主要原因，掌握火灾处置的基本方法。
- 了解生活安全常识，掌握防骗知识。
- 了解出行安全常识，掌握出行安全注意事项。
- 了解应急安全常识，掌握遇险处置方法。

家庭平安是人们追求美好生活的前提。习近平总书记多次强调："人民对美好生活的向往，就是我们的奋斗目标。"党的十九大报告指出，树立安全发展理念，弘扬生命至上、安全第一的思想，健全公共安全体系，完善安全生产责任制，坚决遏制重特大安全事故，提升防灾减灾救灾能力。党的二十大报告指出，坚持安全第一、预防为主，建立大安全大应急框架，完善公共安全体系，推动公共安全治理模式向事前预防转型。提高防灾减灾救灾和重大突发公共事件处置保障能力，加强国家区域应急力量建设。强化食品药品安全监管，健全生物安全监管预警防控体系。加强个人信息保护。国务院安全生产委员会办公室明确提出："要通过加强家庭安全生产宣传教育，推动形成有效的安全生产社会治理和良好的安全生产社会秩序。"本章旨在提高全民安全意识和安全素质，广泛营造全社会关注和参与安全生产的良好氛围，增强万千学子的安全防范能力，以保障万千学子未来的家庭安全。

第一节 消 防 安 全

火灾带来的危害人人都懂，但在日常生活中往往被忽视，被大意和侥幸心理代替，常常要等到确实发生了事故，造成了损失，又悔之不及。让我们采取实际行动和措施，切实做好消防安全工作。

一、家庭防火

(一)家庭火灾发生的主要原因

1. 电气安装或使用不当

(1) 违规安装、检修电气线路和电器造成故障。

(2) 过多使用电器用具，造成电路超负荷而发热。

(3) 电线陈旧老化、破损。

(4) 电热器或白炽灯泡与可燃物距离过小，烤燃可燃物。

(5) 忘记关闭电热器等的电源开关，时间过长烤燃可燃物。

2. 生活用火不慎

(1) 炉火与可燃物距离太近，引燃可燃物。
(2) 做饭时离开灶台，饭锅烧干，油锅烧着。
(3) 油炸食品不慎失火。

3. 燃气泄漏遇明火、电气火花或碰撞火花

(1) 自己安装或检修燃气管线造成漏气。
(2) 燃气管线破损。
(3) 更换液化石油气瓶时减压(调节)阀与角阀之间的密封不严。
(4) 使用燃气炉灶时，饭锅或水壶内的水溢出浇灭炉灶火焰。

4. 儿童玩火

(1) 儿童玩弄打火机，在炉灶引火，在室外烧烤食物。
(2) 儿童在可燃物附近燃放烟花爆竹。

(二)电动车防火常识

近年来，电动车以其经济、便捷等特点逐步成为群众出行代步的重要交通工具，拥有量迅猛增长。但由于安全技术标准不健全、市场监管不到位、存放充电方面问题突出等，电动车火灾事故频发，给人民群众生命和财产安全造成重大损失。

1. 电动车起火时间多发于夜间

超过一半的电动车火灾都发生在夜间充电的过程中。根据以往的案例来看，很多人都是晚上在楼道内充电，这个时间段正是人们休息的时候，即使发现了，往往也没有时间逃离。

电动车放在楼道内，直接把逃生通道堵住。电动车燃烧实验证明，一旦电动车燃烧起来，就会产生大量的有毒浓烟。毒烟以每秒 1 米的速度快速向上，所以 1 楼电动车着火很快会导致整幢楼陷入毒烟密布的状态。居民一旦吸入有毒浓烟，只需 3~5 口就会昏迷，随后窒息死亡，而一台电动车燃烧产生的浓烟足以使上百人窒息死亡。因此，电动车火灾极易造成群死群伤的火灾事故。

《中华人民共和国消防法》第二十八条规定，任何单位、个人不得损坏、挪用或者擅自拆除、停用消防设施、器材，不得埋压、圈占、遮挡消火栓或者占用防火间距，不得占用、堵塞、封闭疏散通道、安全出口、消防车通道。

2. 电动车火灾频发的原因

(1) 线路老化。电动车使用时间久了，车里的连接路线很容易老化、短路。如果车内的线路发生短路，加上外部温度过高，就很容易发生燃烧。

(2) 电池短路。一般电动车自燃，人们很容易将缘由归结到电池上。以铅酸电池为例，即使电池内部温度较高，产生大量气体，也会通过排气孔释放出去，因此不会轻易发生爆炸。除非是电池使用年限长了，内部线路容易短路，引起自燃。还有一个原因是电池安装不规范，在长期使用摩擦后会导致短路发热引发电池燃烧。有关技术标准规定，电动

车内普通电池使用年限为 1.5～2.5 年，因此建议用户定期更换电池，并且一定要到正规店铺购买匹配的电池，不要选择劣质的电池。

(3) 充电器不匹配。不匹配的电动车充电器也会导致电动车起火。现在很多家庭不只有一辆电动车，不同品牌的电动车充电器千万不要混合使用，这样不仅会给电动车电池造成损害，也会埋下安全隐患。

(4) 过多充电。过多充电也是引发电动车自燃的主要原因。一般情况下，电动车充 8 小时左右的电就能够满足用户的需求。实际情况中，很多用户为了省事都是直接让电动车充电过夜，充电 12 小时，甚至更长时间。这样不仅不会有积极效果，反而会降低电池的性能。

(5) 电压不稳。当多辆电动车同时充电时，就会导致电压不稳，容易引发安全事故。另外，还有些人喜欢私拉电线充电，这也会埋下安全隐患。

(三)电气火灾预防常识

不当使用电器，很可能造成火灾，引发更严重的后果。如果我们多了解一些预防电气火灾的知识，在日常生活中提高消防意识，不制造火灾隐患，消防员就能少冒一次险。

(1) 选择合格的电器产品。想避免电器故障，大家在选购电器产品时就要多一些安全意识：不合格的电器产品可能价格便宜，但很容易引起短路、火灾和触电危险，还是应该尽量选择规模较大、产品质量和服务质量较好的产品。

(2) 万用孔插座不能选。其插孔较大，插座接片与电器插头接触面积过小，容易使接触片过热导致火灾发生。

(3) 不私拉乱接电线。千万别为图方便就私拉乱接电线，这可能造成短路并引发火灾。

(4) 安装防漏电保护装置。这可以防止触电伤人、漏电起火等事故的发生。

(5) 规范用电，人走电断。

(四)吸烟防火常识

有的人吸了一辈子烟，因为时时警惕，从未引起火灾；有的人吸烟时间不长，却因麻痹大意而引起火灾，不仅害了别人，也害了自己。有下列吸烟习惯者，应引以为戒。

(1) 躺在床上或沙发上吸烟。一些人喜欢躺在床上或沙发上吸烟，特别是在喝醉了或过度疲劳的情况下，往往一支烟未吸完，人已入睡，以致带火的烟头掉在被褥、衣服、地毯等可燃物上，引起火灾。

(2) 随手乱放点燃的香烟。随手将点燃的香烟放在写字台、桌上、窗台边上等，人离开时烟火未熄，结果烟头引燃可燃物并蔓延而引起火灾。

(3) 烟灰随处乱弹。烟灰掉落在可燃物上，引起火灾。

(4) 尚未熄灭的烟头随手乱丢。尚未熄灭的烟头可以将纸篓、废纸等可燃物引燃，从而引发火灾。

(五)烟花爆竹安全

1. 烟花爆竹安全之"十要"

(1) 要到就近有《烟花爆竹销售许可证》的商店或摊位购买烟花爆竹。

(2) 要购买正规厂商生产，包装完好的烟花爆竹。

(3) 要放在家中远离火种或取暖器等发热物体的地方。

(4) 要选择安全地点，且平稳放置后燃放。

(5) 要按说明书正确燃放。

(6) 要由大人燃放，小孩燃放时，身边要有大人监护。

(7) 要做到离家时把门窗关好，防止飞来火种引起家中火灾。

(8) 要把阳台、平台、屋顶、天井上及建筑物旁的可燃物清理掉，预防可燃物被引燃后引起火灾。

(9) 要把外墙处布料等可燃遮阳布、空调保护布收起来，以防被火星引燃。

(10) 要将外墙上开口和孔洞封堵，防止火星飞入室内引起火灾。

2. 烟花爆竹安全之"十不要"

(1) 不要在无证摊点、骑车兜售的不法商贩处购买烟花爆竹。

(2) 不要携带烟花爆竹乘坐车、船、飞机等公共交通工具。

(3) 不要购买具有伤害性的礼花弹、大型烟花。

(4) 不要过多地购买烟花爆竹存放家中，更不允许为非法销售提供储存场所。

(5) 不要在楼上的窗口、阳台、平台上燃放，防止火星下落后引起火灾。

(6) 不要将烟花的喷射口对准门窗燃放，防止火星飞入室内引起火灾。

(7) 不要在明文禁止的时间、区域或路段燃放。

(8) 不要在不具备安全条件的场合燃放，如加油站、变电站、燃气调压站等建筑附近，也不要在高压线下燃放。

(9) 不要让未成年人单独燃放烟花爆竹。

(10) 不要将头部伸向烟花爆竹的正上方点火或查看点燃后熄灭的烟花爆竹。

(六)家庭防火常备设备

如果在火灾发生之前预防在先，有所准备，火灾发生时就会从容不迫地应对，避免和减少火灾造成的损失。不妨在家中备好以下防火设备。

(1) 家用灭火器：绝大多数火灾，开始时都是小火，如果家中备有灭火器，并能熟练地操作它，那么当"星星之火"燃起时，就可以将其及时扑灭，把火灾扼杀在萌芽状态。

(2) 救生绳：当大火燃起时必须考虑逃生问题。如果住在不太高的楼房里，起火时楼梯的通道被堵塞，或者木制楼梯被烧坏，家中的救生绳就可以派上用场。如果没有救生绳，只有一条又粗又长的绳子，也可将绳子分段打结，然后拴在牢固的物体上，沿着绳子向楼下爬，就能顺利逃生。另外，也可以将床单、桌布等纺织物剪开并连接起来当绳索用。

(3) 手电筒：失火时火场内能见度显著降低，尤其是夜间失火，往往周围一片漆黑。这时，身边如有一只手电筒照明，就能照出一条"逃生之路"。经常外出的人，也应该带一只手电筒，如果入住的宾馆着火断电，手电筒就能派上用场。

(4) 防烟面罩：火场的烟雾是有毒的，许多丧生者都是由于烟熏窒息而死。如果家中备有防烟面罩，危急关头戴上它，就能抵御有毒烟雾的侵袭而顺利逃生。如果没有防烟面罩，也可以用湿毛巾捂住口鼻，阻止有害烟雾进入口鼻。

二、灭火方法

(一)快速扑灭初起火灾的方法

发现火情后，如果身边没有灭火器具，就应该灵活运用身边可以立即拿到的东西来救火。

水盆——用盆接水泼洒或用水杯分数次浇泼着火源灭火。这种方法对灭电火、油火之外的小火效果较好。

被单——将棉制被单或毛毯在水中浸湿，从火源的上方慢慢盖下，盖好后，再浇上少量的水。这种方法对于油锅或煤油取暖炉引起的火灾较为有效，但要防止烧伤。

扫帚——将扫帚蘸水，使其成为湿扫帚，用其拍打火。一只手用扫帚拍火，另一只手向火中撩水会更有效，该方法还适用于窗帘等纵向起火的初起火灾。

沙土——用铁锹挖土或扬沙覆盖掩埋着火物体灭火，该方法主要适用于地面油类火灾。

(二)家电起火灭火方法

(1) 电器着火千万不要着急，着火又带电，看到此场景第一反应应该是关掉电闸。为了防止发生更大的火灾，必须切断总电源。而拔掉插座已经不是那么安全，因为一般家用电器的线比较短，如果电器可能发生爆炸，那么此刻的电器已经是个危险品，即使线够长，也难保插座不会烧坏，发生意外。因此，最安全的方法就是关掉总电源的电闸。

(2) 如果一时找不到总电源的电闸或者暂时没法切断，那么此刻最主要的事是先灭火，可以选择用棉被捂住电器，当然棉被不能用湿的，或者用灭火器灭火，灭火器要使用二氧化碳或者干粉灭火器。火势控制住之后立即切断电源。

(3) 如果没法切断电源又来不及拿棉被且没有灭火器，可以用干沙子或者干泥土作为应急之物。另外要注意的是，即使电源拔掉了也不要用水来灭火。

(4) 当发生电器着火时，一定要注意看清附近有没有易燃物，如果没有就及时用上面方法扑灭；如果有如油、酒精等这些易燃物，能及时处理就及时处理，没办法拿开就迅速跑离起火点，及时拨打119报警。

(5) 发生此类事件时，最主要的还是生命，所以要量力而为。若实在无力拯救时就及时逃离事故发生地。

(三)厨房火灾灭火方法

日常生活中，煎、炒、烹、炸是少不了的，做饭中因不慎引起的火灾也偶有发生。那么，怎样才能有效及时地扑灭厨房中意外发生的火灾呢？这里介绍几种简便易行的方法。

(1) 蔬菜灭火法。当油锅因温度过高，引起油面起火时，可将备炒的蔬菜及时投入锅内，锅内油火随之就会熄灭。使用这种方法，要防止烫伤或油火溅出。

(2) 锅盖方法。当油锅火苗不大，油面上又没有油炸的食品时，可用锅盖将锅盖紧，然后熄灭炉火，稍等一会儿，火就会自行熄灭。这是一种较为理想的窒息灭火方法。

一定要注意的是，油锅起火，千万不能用水灭火，水遇油会将油炸溅锅外，使火势蔓延。

(3) 杯盖灭火法。如果酒精火锅在加酒精时突然燃烧起来，并烧着了装酒精的容器，这时不能慌，千万不能把容器摔出去，应立即将其用杯盖盖死或封闭容器口，窒息燃烧源。如果丢出去，酒精流到哪里或溅到哪里，火就会烧到哪里。另外，灭火时不要用嘴去吹，可用茶杯或小碗盖在酒精盘上。

(4) 湿布灭火法。如果家庭厨房起火，初起火势不大，可以用湿毛巾、湿围裙、湿抹布等直接将火苗盖住，将火"闷灭"。

(5) 食盐灭火法。食盐的主要成分是氯化钠，在高温火源下，会迅速分解为氢氧化钠，通过化学作用，抑制燃烧中的自由基。家庭使用的颗粒盐或细盐均是灭厨房火灾和固体阴燃火灾的灭火剂，食盐在高温下吸热快，能破坏火苗的形态，稀释燃烧区的氧气浓度，所以能使火很快熄灭。

(6) 干粉灭火法。平时厨房中准备一小袋干粉灭火剂，放在便于取用的地方，一旦遇到煤气或液化石油气的开关处漏气起火，可迅速抓起一把干粉灭火剂，对准起火点用力投放，火就会随之熄灭。这时，应及时关闭总开关阀。除气源开关外，其他部位漏气或起火，也应立即关闭总开关阀，火就会自动熄灭。

(四)火灾类型与灭火器的选用

火灾发生初期，火势较小，如果能正确使用灭火器，就能将火灾消灭在初起阶段，不至于使小火酿成大灾，从而避免重大损失。

通常用于扑灭初起火灾的灭火器较多，使用时必须针对火灾燃烧物质的性质，否则会适得其反，不但灭不了火，还会发生爆炸。各种灭火器材内装的灭火药剂对不同火灾的灭火效果不尽相同，因此必须熟练地掌握灭火器在扑灭不同火灾时的灭火作用。

按照不同物质发生的火灾，火灾主要分为 4 大类。

(1) A 类火灾为固体可燃材料的火灾，包括木材、布料、纸张、橡胶及塑料等。

(2) B 类火灾为易燃可燃液体、易燃气体和油脂类火灾。

(3) C 类火灾为带电电气设备火灾。

(4) D 类火灾为部分可燃金属，如镁、钠、钾及其合金等火灾。

一般灭火器都标有灭火类型和灭火等级的标牌，如 A、B 等，使用者一看就能立即识别该灭火器适用于扑救哪一类火灾。目前常用的灭火器有各种规格的泡沫灭火器、各种规格的干粉灭火器、二氧化碳灭火器等。

泡沫灭火器一般能扑救 A、B 类火灾，当电器发生火灾且电源被切断后，也可使用泡沫灭火器进行扑救。

干粉灭火器和二氧化碳灭火器适用于扑救 B、C 类火灾。

D 类火灾则可使用干粉灭火剂进行扑救。

发生火灾后，使用灭火器及时地扑救初起火灾，是避免火灾蔓延、扩大和造成更大损失的有力措施。同时，一旦发现火情，应立即向消防部门报警，万万不可只靠自己灭火。

三、逃生自救

(一)安全、快速的人员疏散方法

(1) 镇定第一。首先一定要冷静下来，如果火势不大，可尽快采取措施扑救；如果火势凶猛，要在第一时间报警，并迅速撤离。

(2) 注意风向。应根据火灾发生时的风向来确定疏散方向，火势蔓延之前，朝逆风方向快速离开火灾区域。一般来说，当发生火灾的楼层在自己所处楼层之上时，应迅速向楼下跑；逃生时要注意随手关闭通道上的门窗，以阻止和延缓烟雾向逃离的通道流窜。当发生火灾的楼层在自己所处楼层之下时，应根据火场的具体情况进行处理。

(3) 毛巾捂鼻。火灾烟气具有温度高、毒性大的特点，人员吸入后很容易引起呼吸系统烫伤或中毒。因此，逃离时要用湿毛巾掩住口鼻，并尽量避免大声呼喊，防止烟雾进入口鼻。也可用水打湿衣服、布类等掩住口鼻。通过浓烟区时，要尽可能以最低姿势或匍匐姿势快速前进。注意，呼吸要小而浅。

(4) 结绳逃生。楼道被火封住，欲逃无路时，可将床单、被罩或窗帘等撕成条结成绳索，牢系窗槛，顺绳滑下。家中有绳索的，可直接将其一端拴在门、窗柜或重物上沿另一端爬下。在此过程中，要注意手脚并用(脚成绞状夹紧绳，双手一上一下交替往下爬)，要注意把手保护好，防止顺势滑下时脱手或将手磨破。

(5) 暂时避难。在无路可逃的情况下，应积极寻找暂时的避难场所。如果在综合性多功能大型建筑物内，可利用设在电梯、走廊末端及卫生间附近的避难间，躲避烟火的侵害。若暂时被困在房间里，要关闭所有通向火区的门窗，用浸湿的被褥、衣物等堵塞门窗缝，并泼水降温，以防止外部火焰及烟气侵入。被困时，要主动与外界联系，以便尽早获救。

(6) 靠墙躲避。消防员进入着火的房屋时，都是沿墙壁摸索进行的，所以当被烟气窒息失去自救能力时，应努力滚向墙边或者门口。同时，这样做还可以防止房屋塌落砸伤自己。

(7) 勿乘电梯。逃生不可使用电梯，应通过防火通道走楼梯脱险。因为失火后电梯竖井往往成为烟火的通道，并且电梯随时可能发生故障。

(二)火场逃生巧用毛巾

毛巾是日常生活的必需品，遇到火灾时，还能派上大用场。

(1) 使用煤气或液化石油气时，要常备一条湿毛巾在身边，万一煤气或液化气管道漏气失火，可以利用湿毛巾往上面一盖，立即关闭阀门，就可以避免一场火灾。

(2) 如果楼房失火，人被困在房间内，浓烟弥漫时，毛巾可以暂时作为防毒面具使用。试验证明，毛巾折叠层数越多，除烟效果越好。

(3) 湿毛巾在消烟和消除烟中的刺激性物质方面的效果比干毛巾好，但通气阻力比干毛巾大，人呼吸起来不如干毛巾顺畅。

(4) 质地不密实的毛巾，要尽量增多折叠层数。同时，要捂住口鼻，使保护面积大一些，那样更有利于自救。

(5) 在烟雾里一刻也不能把毛巾从口和鼻上拿开，即使只吸入一口烟，也会使呼吸困难。应该注意，使用毛巾是不能消除一氧化碳的。

另外，高层建筑物着火时，人被围困在楼里，还可以向窗外挂出毛巾作为求救信号，以得到消防人员的救援。

(三)正确判断隔门房间的着火情况

当隔门房间内着火时，如果自己将房内关闭的门贸然打开，往往会遭到猛烈高温与浓烟的袭击，这样不仅无法外逃，反而引火入室，而且不能重闭房门。判断隔门房间内的着火情况，一般可通过如下一些途径。

(1) 当用手接触门面有升温时，表示隔门房间已发生严重火灾。手摸门面确定是否升温应以离地面越高越好。感觉门面温度，对空心金属门非常有效。但对绝热性高的金属防火门和实心木板门无效，因此有时冷的门面并不能保证隔门没有火灾。

(2) 查看有没有烟气从门缝中侵入是很有效的方式，大部分烟气应是从门的上部侵入。但当受房屋通风系统运转影响或装上耐火的硬质门缝封闭装置时，单靠烟气来确定火灾威胁也并不都是可靠的。

(3) 当门面暴露在火焰中 1 分钟以内，金属门把的底部就可以感到升温，因此用手接触全金属贯穿门上把手底部是否升温来察觉隔门房间有无火情，通常是一个有效可靠的方法。但一定不要抓实，避免被烫伤。

第二节　生　活　安　全

一、居家安全

(一)预防触电伤害

触电事故是由电流的能量造成的，是电流伤害事故，分为电击和电伤。日常生活中，要注意以下几点安全要求。

(1) 电气设备发生故障或损坏，如刀闸、电灯开关的绝缘或外壳破裂等应及时报告，请电工检修，不要擅自拆卸修理。

(2) 在生产中，如遇照明灯损坏或熔断器熔体熔断等情况，应请电工来调换或修理。调换熔体，粗细应适当，不能随意调大或调小，更不能用铁丝、钢丝代替。

(3) 使用的电气设备，其外壳应按使用要求进行保护性接地或接零。

(4) 使用手电钻、电砂轮等手用电动工具时，应有漏电保护器，要有接零(接地)保护。不得将导线直接插入插座孔内使用。

(5) 清扫环境时，不要用水冲洗开关箱或电气设备，更不要用碱水擦拭，以免设备受潮受蚀，造成短路和触电事故。

(6) 在雷雨天，不要走近高压电线杆、铁塔、避雷针的接地导线周围 20 米以内，以免雷击时发生雷电流入产生跨步电压触电。

(7) 对设备进行维修时，一定要切断电源，并在明显处放置"禁止合闸，有人工作"警示牌。

(二)触电急救措施

触电急救的第一步是使触电者迅速脱离电源，第二步是现场救护。

1. 脱离电源

发生触电事故时，切不可惊慌失措，要立即使触电者脱离电源，并采取以下方法。

(1) 就近关闭电源开关，拔出插销或保险，切断电源。要注意单极开关是否装在火线上，若是错误地装在零线上则不能认为已切断电源。

(2) 用带有绝缘柄的利器切断电源线。

(3) 找不到开关或插头时，可用干燥的木棒、竹竿等绝缘体将电线拨开，使触电者脱离电源。

(4) 可用干燥的木板垫在触电者的身体下面，使其与地绝缘。如遇高压触电事故，应立即通知有关部门停电。要因地制宜，灵活采取各种方法，快速切断电源。

2. 现场救护

(1) 若触电者呼吸和心跳均未停止，此时应将触电者躺平，就地安静休息，不要让触电者走动，以减轻其心脏负担，并应严密观察其呼吸和心跳的变化。

(2) 若触电者心跳停止、呼吸尚存，则应对触电者做胸外心脏按压。

(3) 若触电者呼吸停止、心跳尚存，则应对触电者做人工呼吸。

(4) 若触电者呼吸和心跳均停止，应立即按心肺复苏方法进行抢救。

3. 注意事项

(1) 动作一定要快，尽量缩短触电者的带电时间。

(2) 切不可用手、金属或潮湿的导电物体直接触碰触电者的身体或与触电者接触的电线，以免引起抢救人员自身触电。

(3) 脱离电源的动作力度要适当，防止因用力过猛造成在场的其他人员受伤。

(4) 在帮助触电者脱离电源时，应注意防止触电者被摔伤。

(5) 进行人工呼吸或胸外心脏按压抢救时，不得轻易中断。

(6) 不要让触电者直接躺卧在潮湿冰凉的地面上，要保持触电者的体温。

(7) 救助触电者不可盲目使用强心剂。对触电时发生的不危及生命的轻度外伤，可在触电急救后处理；严重外伤，应与人工呼吸同时处理。

(三)用气安全

1. 安全用气的基本常识

(1) 燃气包括天然气、液化石油气、人工煤气等，由于它们的热值不同，燃具的构造也不同，正确选择与燃气气种相符的燃具，能保障用户的用气安全。

(2) 燃气的安装和使用必须是在空气流通的与浴室(卫生间)、卧室、客厅相隔的独立厨房或阳台，并禁止堆存易燃物。

(3) 严禁将热水器安装在客厅、浴室(卫生间)，严禁在有燃气设施的房间内住人。

(4) 严禁将燃气设施和计量表暗装暗埋。严禁私自拆装、改造、迁移或启封燃气设施。严禁私拆计量装置，盗用燃气。

(5) 胶管安装，应在 2 米以内，不准弯折、拉伸、扭转或踩压等。严禁乱拉超长度胶管或胶管过墙。

(6) 严禁擅自改变用气性质，扩大用气范围等。严禁燃气设施所在的房间有两种火源。

2. 用气设施是否漏气检查方法

天然气是我们经常使用的一种燃料，一旦泄漏会对人的生命和财产造成很大危害，一定要严加防范，及时排查天然气设备，判断天然气是否泄漏。当怀疑气管、阀门等漏气时，可按下述步骤处理。

(1) 闻气味。最简单的判断方式是闻气味，为了方便人们识别天然气泄漏，家用的天然气一般都经过特别处理，有很大的刺鼻味道，人闻了之后会出现头昏、恶心等症状。

(2) 用肥皂水检查。可以在怀疑有漏气的地方(胶管、接口处、管道、旋塞阀等)抹点肥皂水或者洗涤剂，如果漏气，肥皂水会出现气泡。

(3) 查看天然气表。这种方法比较直接，如果没有使用天然气，天然气表指针仍然走，那就说明有漏气，但当泄漏量少时，天然气表的走动不明显，很容易被忽视。

(4) 安装天然气泄漏报警器。现在市面很容易买到天然气泄漏报警器。它的工作原理就是当空气中的燃气达到一定指标时，警报器会自动报警，并切断相关天然气设施。这时不应该开电气、打火等，应该先开窗通风，等警报解除之后，再排查问题。

(5) 听声音。有的时候管道上面小裂口、接口等处有天然气泄漏时，可能会有很小的"刺刺"声音，如果有听到，一定要先打开门窗，然后结合以上几种方式认真排查一下。

(6) 严禁用明火查漏。

3. 煤气中毒的症状

通常说的煤气中毒就是一氧化碳中毒。造成中毒的原因是在通气不良的环境中烧煤取暖，也有些是燃气管道泄漏、使用热水器等。

大量一氧化碳吸入人体内后，因为一氧化碳与血红蛋白的亲和力比氧大 300 倍，会形成大量碳氧血红蛋白，导致急性血液性缺氧。

根据吸入量的多少，一氧化碳中毒的症状有轻度、中度、重度之分。

(1) 轻度中毒症状有头晕、胸闷、心慌、眼花、恶心、耳鸣、腿软、头痛等症状。患者及时离开中毒环境，呼吸新鲜空气，中毒症状很快就会消失。

(2) 中度中毒症状除了轻度中毒症状外，患者呼吸、脉搏增快，全身无力，颜面潮红，四肢冰凉，嗜睡。患者的嘴唇、胸部与四肢皮肤潮红，如樱桃颜色。让患者脱离中毒环境吸入新鲜空气或氧后，患者可很快苏醒，一般不会留下后遗症。

(3) 重度中毒患者深度昏迷，大小便失禁，呼吸浅快，四肢瘫软，各种反射消失，血压下降，瞳孔先缩小后放大。这时即使抢救成功，也会留下精神障碍的后遗症。

4. 煤气中毒的抢救措施

(1) 打开室内门窗，迅速将患者移到空气流通的室外，解开患者衣扣(注意保暖)。有条件的可以直接给中毒者吸氧。

(2) 如患者能饮水，可给予热糖茶水或其他热饮料。

(3) 若中毒者已昏迷，可立即针刺其人中、劳宫、涌泉、十宣等穴位，使其苏醒。

(4) 若中毒者的呼吸、心跳已停止，应立即进行人工呼吸和胸外心脏按压。要注意将中毒者的头偏向一侧，清除口鼻里的呕吐物及分泌物，摘下假牙。

(5) 遇到煤气中毒者，在抢救的同时应第一时间拨打 120 急救电话。

二、公共空间安全

(一)乘坐电梯安全

为保障乘客的人身安全和电梯设备的正常，请遵照以下规定正确使用电梯。

(1) 禁止携带易燃、易爆或带腐蚀性的危险品乘坐电梯。

(2) 请勿在轿门和层门之间逗留，严禁倚靠在电梯的轿门或层门上。

(3) 严禁撞击、踢打、撬动，或以其他方式企图打开电梯的轿门和层门。

(4) 在电梯开关门时，请不要直接用手或身体妨碍门的运动，这样可能导致撞击的危险。正确的方法是按压与轿厢运行方向一致的层站召唤按钮或轿厢操纵箱开门按钮。

(5) 严禁乘坐明示处于非安全状态下的电梯。

(6) 进入电梯前一定要看清脚下是否是真实的地板，防止发生高空坠落事故。

(7) 离开电梯一定要确保电梯正常停靠在平层。乘客被困在轿厢内时，严禁强行扒开轿门以防发生人身剪切或坠落伤亡事故。

(8) 乘坐电梯时勿在轿厢内左右摇晃，勿在电梯内蹦跳。

(9) 禁止在轿厢内吸烟，以免引起火灾。

(10) 电梯因停电、故障等原因发生乘客被困在轿厢内时，乘客应保持镇静，及时与电梯管理人员取得联系。

(11) 乘客发现电梯运行异常，应立即停止乘用并及时通知维保人员前来检查修理。

(12) 乘坐客梯注意载荷，如发生超载请自动减员，以免因超载发生危险。

(13) 当电梯门快要关上时，不要强行冲进电梯。

(14) 等候电梯时及进入电梯后不要背对轿门，以防止门打开时摔倒，并且不要退步出电梯。

(15) 电梯乘客应遵守乘坐须知，听从电梯服务人员的安排，并正确使用电梯。

(16) 学龄前儿童及其他无民事行为能力的人搭乘电梯时，应当有健康成年人陪同。

(二)社区健身器材安全注意事项

(1) 跑步机。双手应紧握横杠，防止摔下；双腿摆动幅度不宜过大，避免肌肉拉伤。

(2) 组合单杠。双手紧握横杠，防止摔下受伤。

(3) 旋转健腰器。扭转时腰部要有所控制，幅度不宜过大。手始终不要离开手柄，保持扭腰转角在 45° 以下，扭转速度要缓慢而均匀。

(4) 腰背按摩器。用力适中，动作由慢到快。

(5) 跷跷板。两手应紧握扶手，振荡频率不应过快、过大，否则容易造成骨质疏松者椎体压缩骨折或尾骨受伤。

(6) 太空漫步机。切忌摆动幅度过大。如果双腿摆动的幅度过大，速度过快，很容易拉伤脊柱周围的肌肉。因此，摆腿的幅度应在 45° 左右，频率控制在每次 3 秒左右为宜。

(7) 健骑训练机。椎间盘突出者别碰。这项运动很适合那些经常伏案、颈肌和腰肌都有劳损的人。但如病情已发展到椎间盘突出，就千万不要使用。

(三)高空坠物的危害与防范

随着社区高楼的不断增多，高空坠物已经成为城市居民人身安全的重要威胁。从果皮、剩菜、粪便等生活垃圾，到令人恐惧的钢筋、石块、玻璃，高空坠物可谓五花八门，若不幸被其砸中，轻则致伤致残，重则性命难保。

那么，如何预防高空坠物呢？

(1) 不主动抛物。这是违法的行为。《中华人民共和国民法典》第一千二百五十三条规定，建筑物、构筑物或者其他设施及其搁置物、悬挂物发生脱落、坠落造成他人损害，所有人、管理人或者使用人不能证明自己没有过错的，应当承担侵权责任。所有人、管理人或者使用人赔偿后，有其他责任人的，有权向其他责任人追偿。第一千二百五十四条规定，禁止从建筑物中抛掷物品。从建筑物中抛掷物品或者从建筑物上坠落的物品造成他人损害的，由侵权人依法承担侵权责任；经调查难以确定具体侵权人的，除能够证明自己不是侵权人的外，由可能加害的建筑物使用人给予补偿。可能加害的建筑物使用人补偿后，有权向侵权人追偿。

(2) 注意检查房屋。从高空坠下的物体，小的有纸巾、果核、牙签，大的有晾衣架、烟灰缸、花盆，更让人惊讶的还有钢板、防盗网等庞然大物。注意几个需要定期检查的点：门窗边沿螺丝和窗框是否出现松动脱落；外窗玻璃是否变形、破裂或发生松动；阳台、天面等悬挂物是否松动；阳台种植的植物、花盆等是否有坠落风险；外墙渗水情况。

(3) 购买高空坠物险。高空坠物险可对自家高空坠物砸伤路人给予赔付。窗框、花盆等因意外从自家坠下导致他人受伤或他人财物损毁，而因此须负法律责任的费用将可获得赔偿，甚至你所住楼宇范围内发生高空坠物，而无法确定肇事者，由此经法院判决由相关住户分摊的费用也可获得赔偿。

(4) 关注警示牌通告。一般经常坠物的路段常贴有警示牌等标志，注意查看绕行。

(5) 尽量走内街。如果行走在高层建筑路段，尽量走有防护的内街等，可增加一份安全保障。

(6) 刮风下雨天更要注意。如沿海地区城市，多大风暴雨天气，而此天气是坠物的高发期，更要小心观察。

(7) 购买人身意外保险。如果经济条件允许，建议购买人身意外保险。

三、防盗、防骗

(一)家庭防盗窍门

家中被盗，不仅受害人损失财物，还让人苦恼不已。想要提高自防意识，及时排除安全隐患，就要了解几个简单、实用的家庭防盗小窍门。

(1) 单扇移动式窗户防范妙法。在许多公寓式小区内，物业管理公司为了小区的美观，不允许二楼以上住户在窗外安装防盗窗或护栏。但许多住宅的窗户都是单扇移动式窗户(另外一扇固定)，因此，很多住户都有不安全感。尤其到了夏天，睡觉时关上窗户闷得慌，可打开窗户睡觉又害怕被盗。对此，可在移动窗扇的滑槽内放一硬条，可以是木条、石条、瓷砖条甚至铁棍，一般家庭装修后，这些东西都会有，可以说是变废为宝。也可以在滑槽内侧打孔，穿入铁钉，就更不会让小偷察觉了。当然，需要注意的是，可移动窗扇打开的宽度必须以小于一个人能钻进为标准。

(2) "针刺"花卉保安全。现在还有个别小区的楼房没有封上阳台，阳台就成了家中的安全隐患。为了防止窃贼通过阳台入室盗窃，可在阳台上种植"针刺"花卉，如仙人掌、仙人球等，既美化了阳台，又安装了一张"绿色防护网"。当然这些"针刺"花卉的摆放也要讲究一些原则，如远近结合、高低结合等，如果小偷胆敢冒险爬阳台，阳台上摆放的仙人掌、仙人球使其难以逾越。

(3) 防护栏的安装有讲究。大多数居民都注意安装防盗门，但往往忽略了窗户的安全，错误地认为窗户装上了铁护栏就能达到防范效果，其实护栏的材质、疏密、焊接都有讲究。护栏铁栅间距只有小于 15 厘米才能限制人钻入。因此，护栏一定要交叉焊接制成"井"字形，"田"字格，这样即便盗贼将铁护栏弄断两三根也进不了屋。另外，铁护栏的材料一定要高质量，不能只图美观，最好选用不锈钢钢管，里面再套上一根钢筋，这样的护栏既好看又牢固。安全防盗窗安装时尽量选择防盗窗整体与墙体成一平面为好。有的家庭为了晒衣服方便，选择凸出来的防盗窗。防盗窗凸出太多，影响美观不说，受力也是问题，时间一长，固定螺栓生锈，容易出现安全事故。

(4) 插销暗锁双保险。据以往侦查经验，小偷打开一把锁的时间仅需要两三分钟，如果开锁时间超过 5 分钟，就会感到烦躁不安，很可能停止作案。所以，除选用安全性高的门锁外，还可在门的上、下两端各装一个暗插销，这样即使小偷打开门锁也打不开门，延长了其开锁时间，增加了其心中的恐惧，可能就溜掉了。

(5) 外出前的准备。居民如果要外出，一定不要把便于携带的贵重物品和大额现金留在家中，也不要将存折、存单等与户口簿、身份证放在一起。另外，平日出门时门口可放一双男鞋，将电话机话筒拿下，也可以在安装防盗门时设置门铃开关，临出门前关掉开关，以免长时间响铃，暴露家中无人。

(6) 加强防盗意识。出门务必关好门窗，反锁防盗门，不将钥匙存放在门前脚垫下、花盆里等自以为安全的地方。楼内发现可疑人员，应提高警惕，核实身份。夜晚睡前务必从室内用钥匙反锁防盗门，并将钥匙与锁孔处于垂直状态，可减少被技术开锁入室盗窃风险。夜晚睡觉不要将放有钱包的外套、手提包放置在室内靠窗的醒目位置，谨防被"钓鱼"盗窃。发现家中门前有新出现的不明符号要提高警惕，严防是犯罪分子踩点后留下的记号。邻里相互守望，遇到可疑情况互相提醒，遇到危险互相帮助。

(二)防诈骗常识

骗术千变万化，花样层出不穷，但是一些基本的诈骗伎俩还是有迹可循的，如果掌握了防骗、识骗常识，绝大多数诈骗犯罪还是可以预防和避免的。这里就教给大家一些基本的防骗、识骗小常识。

(1) 电话诈骗。一种情况是受害人会接到诈骗人打来的电话，诈骗人往往在电话里提及受害人所认识的朋友或家人，然后以某某医院或老师的身份告知受害人"你朋友或家人在医院接受急救，急需用钱"等情况，这是典型的诈骗，也是老套路，接到这种电话，首先要先和朋友或家人取得联系，确定情况真实与否，千万不要上诈骗者的圈套。另一种情况是借某某调研的名义套取你的个人信息，遇到这种情况可直接不予理睬。

(2) 网络诈骗。诈骗者借助社交软件实施诈骗，具体的诈骗方式更是千奇百怪。遇到这类诈骗只要个人不贪图小便宜，不轻信别人的话，即使诈骗者巧舌如簧也难以奏效。

(3) 短信诈骗。短信诈骗的方式千差万别。有显示中奖信息让登录某网站领取的，有告诉密码丢失让登录某网站挂失的，总之花样繁多，防不胜防，但往往都给某一个链接网址，有的网址就是恶意的病毒，有的网址就是推销网站，看到这类短信不要点击链接地址即可，然后删除。

(4) 博同情骗钱财。街头有时会见到一些打扮成学生模样的人以钱包丢失等借口博取别人的同情，换取小额的饭费、打车费之类的，不排除有真实情况，但也有很多是假冒的，不要乱发善心。

(5) 金融诈骗。这种诈骗手法比较高端，针对的也是有一定积蓄的人士。对于互联网金融诈骗，往往是由一个团队实施，借助分红、虚假借款等方式套取投资人的资金，等数额足够多后就会消失，给投资人造成很大的损失。因此，理财前一定要慎重选择平台，不要轻信他人的一面之词。

(6) 掉包诈骗。以掉包的形式，引诱事主私下分赃，然后以障眼法骗走事主财物。

(7) 迷信型诈骗。这类诈骗以生命科学为包装，以算命、卜卦为幌子，以看相、拜神消灾或变钱骗取事主财物。

(8) 古玩型诈骗。这类诈骗多以邮票、铜钱、古董等为诱饵，一人充当卖主，几人扮演买主当托儿，怂恿事主出高价抢购。

(9) 赌博型诈骗。这类诈骗多用事先做过手脚的扑克牌、精心设计过的棋局当作赌具，以是否猜准牌或输赢为赌码，引人上套。

(10) 募捐行善型诈骗。诈骗分子以修桥、修路、修寺院为名，以为大额捐款人立碑为诱饵，骗钱骗物。

骗子的骗术再高明，诈骗方式和技巧再多，只要大家能保持理性，不盲目听信别人的话，客观地分析问题，骗子也很难得逞。

第三节 出行安全

一、交通安全

(一)酒后驾车安全

1. 酒后驾车的危害

酒后驾车是一种危险的驾驶行为，会带来非常大的安全隐患，不仅会给驾驶人自己和他人的人身安全带来危害，也会给社会带来危害，甚至造成让人追悔莫及的交通事故。酒后驾车的危害有哪些呢？

(1) 车辆操作能力降低。饮酒后驾车，因酒精的麻痹作用，行动笨拙，反应迟钝，操作能力降低，往往无法正常控制油门、刹车及方向盘，一旦出现紧急情况，事故的发生就是必然。

(2) 对路况的判断能力和反应能力降低。饮酒后注意力分散，判断能力降低。酒后的人对光、声的反应时间延长，因而无法正确判断安全间距与行车速度，不能准确接收和处理路面上的交通信息，从而容易导致事故的发生。

(3) 视觉障碍。血液中酒精含量超过 0.3%，就会导致视力降低。在这种情况下，人已经不具备驾驶能力。如果酒精含量超过 0.8%，驾驶员的视野就会缩小，视像会不稳，色觉功能也会下降，导致不能发现和领会交通信号、交通标志标线，难以发现视野边缘的危险隐患。

(4) 心态不稳。喝酒后，在酒精的刺激下，感情易冲动，胆量增大，过高估计自己，具有冒险倾向，对周围人的劝告不予理睬，往往做出力不从心的事情。

(5) 易疲劳。酒后易犯困、疲劳和打盹儿，表现为驾车行驶不规律、空间视觉差等疲劳驾驶行为。

2. 酒后驾车处罚规定

《中华人民共和国道路交通安全法》第九十一条规定，饮酒后驾驶机动车的，处暂扣 6 个月机动车驾驶证，并处 1000 元以上 2000 元以下罚款。因饮酒后驾驶机动车被处罚，再次饮酒后驾驶机动车的，处 10 日以下拘留，并处 1000 元以上 2000 元以下罚款，吊销机动车驾驶证。醉酒驾驶机动车的，由公安机关交通管理部门约束至酒醒，吊销机动车驾驶证，依法追究刑事责任；5 年内不得重新取得机动车驾驶证。饮酒后驾驶营运机动车的，处 15 日拘留，并处 5000 元罚款，吊销机动车驾驶证，5 年内不得重新取得机动车驾驶证。醉酒驾驶营运机动车的，由公安机关交通管理部门约束至酒醒，吊销机动车驾驶证，依法追究刑事责任；10 年内不得重新取得机动车驾驶证，重新取得机动车驾驶证后，不得驾驶营运机动车。饮酒后或者醉酒驾驶机动车发生重大交通事故，构成犯罪的，依法追究刑事责任，并由公安机关交通管理部门吊销机动车驾驶证，终生不得重新取得机动车驾驶证。其中，血液中的酒精含量大于或等于 20 毫克/100 毫升、小于 80 毫克/100 毫升为饮酒驾车；血液中的酒精含量大于或者等于 80 毫克/100 毫升为醉酒驾车。

(二)高速公路行驶安全注意事项

(1) 上高速前一定要检查车况。做到"围着车子绕一圈，蹲下身子看一看，车辆启动再看看"。"围着车子绕一圈"主要是检查轮胎气压是否正常，轮胎花纹是否磨损过大，轮胎上有无扎着铁钉、卡着石子，因为在高速公路上开车轮胎的正常与否直接关系行车是否安全；"蹲下身子看一看"是看车底下有无漏油和漏水的迹象；"车辆启动再看看"主要是查看仪表盘各仪表工作是否正常，听一听发动机有没有异常的响声，同时开车途中也要经常注意查看仪表盘和各指示灯是否有异常，听一听车子有无异常响声。

(2) 上高速必须系好安全带，包括副驾驶座和后排乘客。因为当时速超过 100 千米发生事故时，如果没系安全带，死亡率是非常高的。另外，未满 12 周岁的小孩，一定不能坐在前排座位。

(3) 双手扶握方向盘，不要有下列小动作：弯腰捡东西或取后排座椅上的东西；调节收音机、摸手机、接电话、拨号码、收发短信；挠痒痒，尤其将手伸至后背挠痒痒；设置卫星导航；扭头与旁边或后排乘客说话；摸烟盒、掏烟、找打火机、点火及弹烟灰；吃东西、喝水、拧水杯盖或瓶盖。以上行为均可能造成注意力不集中，同时引起方向盘晃动，极易引发事故。

(4) 高速公路上开车要密切关注路边的警告和告示标牌。比如，当你看到"前方事故多发，请减速慢行"的提示时，就一定要减速慢行，不要不重视，认为是小题大做。这些标牌点的设置都是高速公路管理部门根据多年的事故经验总结得出的，绝对不是吓唬人的。

(5) 在正常行驶过程中，尽量不要在行车道上急刹或者停车，以免发生追尾事故。在驶离高速出口或者进入服务区前，一定要看清出口指示牌，提前选择好车道。绝对不能临到匝道口才急打方向盘变换车道或者错过出口后在行车道上停车甚至倒车，这样做的后果基本上就是被撞飞，而且极有可能造成连环相撞的重大事故。

(6) 途中跟车时不能跟得太近，特别是不能和一些大型车辆跟得太近。跟在大型车后面视线不好，一旦前方有紧急情况会因为没有提前预判而来不及采取有效措施。小车一旦和大货车发生追尾，小车基本都是钻到大货车底下，后果可想而知。

(7) 高速公路上因爆胎引发的翻车和死亡事故频率也非常高。但是，爆胎事故也不是洪水猛兽，只要驾驶员处置得当，也没想象的那么可怕。发生爆胎时，最关键的是"两个不能"：一是不能慌神，要镇定，两手紧握方向盘，不乱打方向盘，稳住车子。如果是前轮爆胎，肯定会使方向盘向爆胎的方向快速转动，那么就要马上向相反的方向用力，避免方向转动过大，这样可以有效避免翻车和撞车；二是绝对不能紧急刹车，爆胎时紧急刹车的后果就是撞车或者翻车。正确的做法应该是在稳住车子的前提下，看清车子后方的车流情况，视情况采用点刹或者是轻踩刹车的方法，缓慢减速，在保证安全的情况下慢打方向，让车停在硬路肩上，绝不能把车停在行车道上，更不能在行车道上下来查看，这样会导致二次事故的发生。

(8) 高速公路的硬路肩，除了发生车辆故障或者是非常紧急的情况，都不能随意停车。将车停在硬路肩上并不安全。虽然交通法规规定高速公路硬路肩不能行车，但是总有个别人偶尔不遵守法规，有时强行从硬路肩超车，导致事故发生。如果不是紧急情况，停车必须选择服务区或者是港湾式停车带，或者驶离高速后停车。确实须在硬路肩临时停车的，一定要开启双闪，在后方 150 米处放置三角牌。而且人员不能在车辆左侧走动，最好是下车到防撞护栏外面等待。

(9) 如果发现前方大货车或者大客车突然变道，那就尽量跟着变道，很有可能是前方有情况，因为大车驾驶室位置高，看得比较远。

(10) 尽量远离一些车况看上去不是很好、运输散装货物或者货物捆扎不牢的大货车，尽量不和它们并行或者跟随行驶，防止货物或者车上物件飞落。超越这类车辆时，要看准机会，快速安全地超车。

(11) 最后的一条，也是最关键的一条：十次事故九次快，一路顺利才最快。不管什么车，只要超速驾驶，就一定有安全隐患。另外现在高速公路上的监控测速设备也非常齐全和完善，只要超速，就一定逃不过监控的"法眼"，因此出门游玩和回家的路上一定要遵守交通规则，安全开车。

(三)城市道路行驶安全注意事项

(1) 增强自控能力。所谓自控能力，就是在意志的作用下约束和控制自己情绪和言行的能力。机动车驾驶要求驾驶员不能有丝毫的马虎和鲁莽，注意力要保持高度集中。如果自控能力差，不能保持良好的心态，带着负面情绪驾车，就有可能导致交通事故的发生，造成无法弥补的损失。

(2) 开车不使用手机。开车玩手机是严重的交通大忌，日常的轻微碰撞事故中，有很多与驾驶员行车中使用手机有关。开车时玩手机、等红绿灯时发信息、过马路时看手机……这些随时随地玩手机的"低头族"所引发的交通事故日益增加。

(3) 十字路口行人先行。与机动车相比，行人处于道路交通的弱势，必须更好地保障其安全。机动车遇到行人，要减速、停车，让行人优先通过。请记住：机动车驾驶员在不开车时也会走路，我们每个人也会是一名行人。

(4) 夜间行车请勿乱用远光灯。夜间行车，通过看车灯的运用就能判别司机的驾驶素质。城市道路，一般都会有路灯，夜间行车时配合汽车近光灯就能让驾驶员看清前方及旁边的路况。远光灯会给其他驾驶员的驾驶带来很大干扰，从而带来安全隐患。特别是迎面而来的车辆，在强光的照射下基本无法看清路况，十分容易造成迎面撞击事故。因此，在有路灯照明或会车时，千万不要使用远光灯。

(5) 遇见黄灯等一等。"红灯停，绿灯行，黄灯亮时等一等"这是我们都熟知的儿歌，也是应当恪守的交通规则。实践中有部分机动车驾驶员将这一交通规则抛诸脑后，当黄灯亮起来时开足马力，"一往无前"地抢行黄灯，全然不顾本人和他人的人身安全。他们忘了，道路上还有行人，电动车、摩托车也在等候红绿灯，黄灯亮起时，等候通行方向的行人、车辆都"跃跃欲试"，很多车辆和行人也算好时间准备启动，结果很可能是双方都"加速"而相撞。因此，提醒机动车驾驶员，遇到黄灯，应当减速停车等一等，不论黄灯时间有多长。

(6) 保持安全车距，防止追尾。在驾驶车辆时，经常会遇到前车忽然刹车的情况，只有保持了安全车距，才能在前车紧急刹车的状况下做出正确的应对。许多连环大碰撞事故，常常是因为前两三辆车刹住，后面车却没有刹住。因此，在急刹的同时，也不要忘了往后面和两侧看一眼，判断后车有没有减速迹象。坚持安全车距是最有效的预防追尾措施，给自己留有反应时间，也能有效避免因急刹造成后车反应不及。

(7) 不要随意向车外扔杂物。随地乱扔杂物本来就是不文明的行为，开车随手向车外扔垃圾更有可能危害他人的生命安全。高速公路上随手向车外扔一个矿泉水瓶，后车压到了可能直接爆胎；要是砸在后车的挡风玻璃上，很可能会将挡风玻璃砸裂。即使不在高速公路上，在普通道路上扔东西也是不可取的。

(8) 停车后，后排乘客应从车辆右侧车门下车。下车开门也有讲究：开右侧车门用左手，开左侧车门用右手，这样身体会有一个自然的向后转身，可以看清车后过来的行人和车辆，避免事故的发生。

(9) 系好安全带，酒后不开车。不论是在城市道路还是别的路上行驶，绝不酒后驾车，驾车一定要系安全带，一定要养成上车就系安全带的驾车习惯。

(四)社区道路行驶安全注意事项

对于很多车主来说，社区内的道路是最熟悉不过的道路，也是每天驾车的必经之路，但社区内的道路相对狭窄，两侧绿化及健身区域容易形成驾驶视野盲区；而且社区人员出入频繁，老人、儿童甚至宠物的活动都会给行车安全带来隐患。下面介绍社区内行车、停车的注意事项。

(1) 低速行驶。社区内道路狭窄，行人往往与机动车共用道路；住宅区内儿童比较多，有可能出现追逐打闹冲上道路或蹲在路中间玩耍等突发状况；由于社区内遮挡物较多，驾驶员看不到的地方也就是视觉盲区，因此在社区行车时一定要降低车速，多注意观察道路周边情况，避免交通事故发生。

(2) 倒车前先环顾四周。社区空间狭窄，障碍物多，加上身高有限，儿童更容易出现在驾驶员的视线盲区里，因此社区内停车前最好先观察周边环境，确保安全后再倒车。

(3) 发生事故后先报警。如果在社区里发生交通事故，一定要先报警。社区里的交通事故属于非道路交通事故，但是也需要依照道路交通事故相关法规进行处理。

(五)电动自行车安全行车常识

(1) 集中注意力。骑电动自行车的时候要集中注意力。有很多人在骑电动自行车的时候，会拿手机打电话，甚至玩手机，这样不仅会给自己带来很大的危险，也会严重威胁他人的安全。

(2) 遵守交通规则。因为骑电动自行车比较灵活，所以道路上经常有电动自行车闯红灯、走机动车道甚至逆行的现象出现，由此造成的事故更是屡见不鲜。电动自行车看似速度不快，但是一旦有突发事件，留给他人和电动自行车驾驶员的反应时间其实很短，发生撞击后的力度也能够造成严重伤害。事故就发生在一瞬间，大家一定要注意骑车安全。

(3) 勿饮酒驾驶。电动自行车很轻巧，是近距离交通工具的方便之选。一些人因为知道酒后驾驶机动车处罚严厉，所以碰到有需要喝酒的应酬都会选择骑乘电动自行车赴宴。但就像前文提到的，电动自行车发生事故后造成的伤害一点儿也不小，由于没有驾驶室的保护，一些事故造成的伤害甚至更严重。为了自身与他人的安全，一定要避免酒后驾驶电动自行车。

(4) 熟悉电动自行车的基本功能。比如，在拐弯的时候，要及时地打开转向灯，若电动自行车没有转向灯，可以伸出一只手表示转弯，这样会使出行更加安全。

(5) 重视电动自行车的刹车。要及时检查电动自行车的刹车，如果觉得刹车不灵敏，应该第一时间进行修理或养护。同时，如果车速过快，再灵敏的刹车也不能让电动自行车立刻停下来，而是会有一定的刹车距离，有时甚至会造成失去平衡摔倒。因此，重视刹车但不要盲目相信刹车能保障安全，控制车速最重要。

(6) 小心遮挡物。骑电动自行车的时候，不要把注意力完全放在正前方，而是要经常地留意左右，特别是通过复杂路口的时候，要更加小心。横过公路时如有机动车让路也不要突然加速驶过，而是要留意让路的机动车旁是否有其他车辆突然驶过。经过胡同路口时要减速，防止有行人突然出现而躲避不及造成交通事故。

(六)步行安全常识

(1) 不在马路上追逐、嬉戏、打闹、游戏，不要边走路边听音乐、看书、玩手机。上述行为都会分散注意力，在危险突发时无法做出迅速反应。

(2) 要在人行道内行走，没有人行道就靠路边行走，有过街天桥和地下通道的路段，自觉走过街天桥和地下通道。

(3) 老年人外出最好有人陪伴，学龄前儿童在路上行走应由大人带领。

(4) 行走时随时注意路面状况，遵守交通标志、路牌、标线的规定。道路并非一马平川，有些路段会有坑洼，有些路段会有路面维修，有些路面还会有井盖丢失的现象。因此，行走时切勿东张西望，要时刻留意自己前方的路面状况和各种指示标志，防止落入"陷阱"。

(5) 不要在车辆靠近时突然横穿公路，或者中途倒退、折返。

(6) 不要翻越道路中间的安全护栏，不要倚坐在人行道、车行道、铁路道口的护栏上。

(7) 通过没有信号灯和交通标志线的路口时，要遵循"一停、二看、三通过"的交通规则，确认安全时，方可通过。

(8) 不准在道路上扒车、追车、强行拦车或抛物击车。

二、旅行安全

(一)旅行前的准备事项

(1) 查询出行期间的天气情况，备好防雨、防晒、防寒等工具和衣物。如果外出旅游，还要携带一些常用药品。

(2) 规整所带物品，尽量减少包、箱的数量，严禁携带违禁物品乘车。

(3) 避免身上带有大量的现金，随身携带的现金最好分几处保存，票据与现金、银行卡与身份证要分开保管，路上不用的现金和路上预计使用的现金要分开，现金与贵重物品不得外露。

(4) 如有小孩同行，要在孩子的衣袋内放置紧急联系电话，并告知孩子存放位置。

(5) 准备旅途所需的手机充电器(充电宝)、食品、洗漱用品，穿着要舒适，便于行动，女士禁穿高跟鞋。

(6) 妥善或委托他人保管出行期间不能带的个人贵重物品，留下相互间的联系方式。

(7) 短信或电话告知家人或朋友乘坐的交通工具、出行时间、预计到达时间等信息。

(8) 确认出行所带的手机、身份证、钱物、机票、车票(票据信息最好输入手机中)、所带箱包的数量，箱包上要做明显的标志。

(9) 贵重物品(现金、银行卡等)最好放在包中，拉好拉链，提前准备些零用钱以备路途使用。

(10) 卸下身上所佩戴的金银首饰。

(11) 确认电、水、气的开关或阀门已关闭，如冰箱内存放有物品，断电前应妥善处理。确认没有未熄的余火，如炉火、香烟、蚊香等，关闭门窗。

(二)旅途中的安全事项

(1) 不要在街上长时间接打电话，确实需要时请进入路边的超市、商场、商铺等安全的地方。

(2) 徒步行走时要遵守交通规则，在远离快车道的路基内侧或靠右行走，以斜挎方式挎包，包要放在身前。从以往发生的摩托车抢夺事件来看，几乎都发生在马路边上或自行车道中间。

(3) 任何时候避免乘坐"摩的"，必须乘坐摩托车时，不要将手提包、背包背在背上、肩上，应将包放在身前夹牢。

(4) 上、下公交车时要依序进行，不要在人群中拥挤，避免被偷窃，下公交车或出租车时选择人多的地方，尤其是晚间。

(5) 单人乘坐出租车时，要记住驾驶员姓名、车牌号，一旦发现异常，马上拨打电话联系家人或朋友，并大声告诉对方所乘坐车辆的车牌号和目的地。

(6) 将物品放在私家车和出租车后排或后备箱时，要确保车后门、后窗和后备箱已锁好。

(7) 避免经过偏僻、阴暗的角落或区域，避免晚上独自上街，当确实有事情需要出门时，安排家人或朋友在路口等候。

(8) 夜晚单身女性最容易成为被攻击对象，夜间外出的女性要注意选择人多、光线亮的地方，最好结伴而行，对于悄悄驶近的摩托车、小汽车要注意防范，要避免单独与陌生人同乘一部电梯。

(9) 注意人与人之间有效的安全距离，要保持一臂(约 75 厘米)以上，在街上必须随时保持警惕性，观察四周状况，包括自己的身后。

(10) 如果不幸遇到抢劫，请牢记"人身安全最重要"，在没有必胜把握时，不要冲动反抗，不要死拉住自己的物品不放。

(11) 到银行提存大额现金时，要有伙伴同行，警惕周边人员。

(12) 旅行中，随身包、箱勿离开自己的视线，包括行走、乘车、候车等。

(13) 乘坐车辆状况好的正规客运车辆，避免乘坐超员车辆，尽量避免半路上车。

(14) 不要与陌生人搭讪，远离那些陌生但非常热情的人，如主动提出带路、帮忙、看管东西的人。

(15) 避免在火车站或汽车站随意向人问路，如需问询请联系工作人员，避免被居心叵测的人误导和利用。

(16) 不要接受陌生人馈赠的物品，尤其是香烟、饮料、食物。

(17) 有小孩同行时，请随时确保小孩在你的视线之内，尤其是上、下车和游玩时。

(18) 上车后、行走时都要时刻保持警惕，防止包裹被小偷割破。落座后不要将装有钱物的衣服挂在衣帽钩上，中途下车购买物品时要注意周边人员，防止钱物被盗。

(19) 如果有不认识的人来接站，请务必核实来人的身份。

(20) 不要参与路边、广场、车上游戏活动的围观，避免到人群较密集的场所，慎防游戏骗局。

(21) 旅途中尽量不要饮酒或少饮酒，进食也要尽量食用大众熟知的食品，切忌过量食用生冷或不好消化的食品，防止引起肠胃不适。

(22) 住宿时要选择正规的酒店、宾馆，不要轻信拉客人员的花言巧语。

(23) 入住酒店、宾馆后，要知晓所居住楼层及房间号码，熟知火灾逃生的消防通道，妥善保管自己的物品，反锁房门，不要轻信服务电话的优惠服务和上门服务。

(24) 如被人跟踪，可绕行到人多的场所，或就近向公安、治安亭、巡逻车报案。

(25) 牢记莫贪小便宜，拒绝小恩惠，防止因小失大。

(三)乘坐机动车安全常识

(1) 不得携带易燃、易爆等危险品。所谓易燃、易爆等危险品，是指具有燃烧、爆炸、腐蚀、毒害、放射性等物质，在生产、储存、装卸、运输、使用过程中能引起燃烧、爆炸、毒害等后果，致使人身伤亡、国家和人民群众的财产受到损毁的物品。

(2) 不能在机动车道上拦乘机动车。要"打车"或者等车，请在人行道里等；乘坐公共汽车、电车和长途汽车时，应该在停靠站或者指定地点依次候车，待车停稳后，先下后上。

(3) 不得向车外抛撒物品。在机动车行驶的过程中，经常会发现向车外抛撒物品的现象。这种现象容易扰乱后面行驶的机动车驾驶人的视线，产生安全隐患，甚至造成交通事故。因此，乘车人在乘车过程中，应养成良好的乘车习惯，文明乘车，有社会公德，不向车外抛撒物品。

(4) 不得有将身体探出车外的危险动作。乘车人不得将自己身体的任何部位探出车外，此动作容易造成不必要的损害。特别是在高速行驶的机动车道上，相邻车道的机动车彼此之间距离较近，如果将身体探出车外，容易导致受伤。

(5) 不得与驾驶人进行妨碍安全驾驶的交谈。与机动车驾驶人交谈容易导致驾驶人注意力不够集中，对于突发性事件难以及时做出反应。

(6) 在机动车道上，乘客不能从机动车左侧上下车；开关车门时，不要妨碍其他车辆和行人通行。

(7) 明知驾驶人无驾驶证、饮酒或者身体疲劳不宜驾驶的，不得乘坐。

(8) 在乘坐机动车时，驾驶人、乘坐人员都应当按规定使用安全带。

(9) 乘坐货运机动车时，不得站立或者坐在车厢栏板上。

(10) 乘坐二轮摩托车时，只准在后座正向骑坐，且驾驶人及乘坐人员都应戴安全头盔。

(11) 不准搭乘的车辆有：黑车、超载车、疲劳车等。

(四)酒店住宿安全注意事项

随着经济的发展和人们生活水平的提高，商务旅行或外出旅游已经成为很普遍的事情。外出期间住酒店是免不了的，要想平平安安地度过出行的几天，住酒店时的安全注意事项是不容忽视的。

大多数的酒店都有与消防安全有关的设计，熟悉它们的位置、用途和功能，紧急情况下将助你一臂之力。

(1) 熟悉酒店住宿指南，留心周围消防设施。入住酒店后，第一件要做的事就是浏览一下住宿指南和客房电话簿，熟悉内部应急号码。第二件要做的事是留心一下客房内外灭火装置的设置情况，熟悉它的位置，掌握它的使用方法。一般在每个防火分区或每层楼的楼梯出口处都有一个比较醒目的红色盒样装置，那便是火灾报警装置，分手动控制方式和自动控制方式两种。发生火灾后，手动或自动启动该装置，便可以迅速告知消防控制室哪个方位起火或可以直接启动消防泵，实现区域喷淋灭火。

(2) 看懂逃生路线图，了解应急疏散指示牌。在居住的房间门背后，一般都会贴有一张印有本楼层平面图的图纸，即所谓的逃生路线图。逃生路线图虽不起眼，但在发生火灾等意外事件的时候，熟悉它的人会比较容易找到逃生路线。应急疏散指示牌是镶嵌在墙壁上的画着人奔跑图案的绿色长方形指示牌，在夜间或照明电源被切断的情况下，这些应急照明的绿牌子会显得异常明亮，能够在关键时刻引导人们以最便捷的路线找到出口。通常，在公共场所的门上方，都有一块这样的显示牌；而在走廊里，这样的显示牌设置在墙的下方。这是因为发生火灾时，为了防止有毒气体和烟雾的侵袭，要求人们俯身或匍匐逃离现场，指示牌位于距地面一米以下的地方便于人们随时能看到。

(3) 准备一些应急逃生工具，学会应急逃生方法。旅行时不妨带一把小剪刀(乘飞机时就不行了)和一只微型手电筒，一旦遇上火灾，可用剪刀将床单或窗帘剪成能承受一定重量的布条来代替绳索逃离火灾区；而微型手电筒可在没有照明的情况下发挥照明和报警等特殊作用。

(五)发生踩踏事故如何自救

在拥挤的人群中，人群的行进速度不取决于个体的移动速度，而取决于人群的密度。人群的密度越大，能够行进的速度就越慢，当人群密度达到一定极限值时，就会因为拥堵而无法前进，进而发生踩踏。

1. 容易发生踩踏事故的地点

(1) 楼梯口，比如，上海外滩踩踏事故中的陈毅广场与外滩观景平台楼梯处。

(2) 双向通行，比如，上海外滩踩踏事故起因之一，观景平台人群下挤，陈毅广场人群上行。

(3) 障碍物，第一个跌倒的人。

2. 人群拥挤或已经发生踩踏后的自救方法

(1) 靠墙站，千万不要靠近栏杆、楼梯、花坛、盆景等物体。为什么靠墙站？因为靠墙会抵消一部分人群挤压的压力，所以靠墙还是比较安全的。

(2) 掉了东西千万不要捡。有人说，在人群拥挤的情况下想倒都倒不了，这个说法没错，但是一旦倒下去就再也站不起来了！哪怕是新买的手机掉了，咬咬牙也不要去捡。

(3) 鞋带一定要系好，万一鞋带散掉了，迅速用脚尖踩脚跟脱掉鞋子。这个是出游之前就应当检查好的事情。如果事发突然遇到这种情况，应立刻想办法脱掉鞋子，脚被踩肿总好过被绊倒受到更大的伤害。因为踩踏发生后，最核心的一条就是"千万不能倒"。

(4) 在自己腰以下的孩子一定要抱着，牵手一旦松开后果不堪设想。小孩在人群中无疑是最弱势的群体，而且人群拥挤时，整个人群的流动都是盲目无意识的。因此这个时候最好的方法是在自己保持平衡的状态下让小孩骑在自己脖子上。

(5) 遇事冷静，不能因过度自我保护而伤害他人。上海外滩发生踩踏事故后，有人组织高声大喊"往后退"，从某一方面就是非常好的处理方式，起到了压制恐慌气氛的效果。

(6) 自己万一倒下了怎么办？蜷缩身子，保护头部，一定要给胸部预留呼吸空间，这样能加大生还概率。

第四节　应急安全

一、暴雨灾害

(一)暴雨的危害

暴雨是降水强度很大的雨，一般指大气中降落到地面的水量每日达到和超过 50 毫米的降雨。按其降水强度大小又分为三个等级，即 24 小时降水量为 50～99.9 毫米称为暴雨，100～250 毫米以下称为大暴雨，250 毫米以上称为特大暴雨。暴雨诱发洪涝灾害，导致洪水冲击、深坑低洼积水、房屋设施倒塌，不仅影响工农业生产、正常工作生活秩序，而且严重威胁人的生命和财产安全，给人造成严重的经济损失。

(二)应急避险注意事项

(1) 暴雨预警的颜色为蓝色、黄色、橙色、红色。蓝色预警，就是 12 小时内降雨量达到 50 毫米；黄色预警，就是 6 小时内降雨量达到 50 毫米；橙色预警，就是 3 小时内降雨量达到 50 毫米；最严重是红色预警，其 3 小时内降雨量就达到 100 毫米。

(2) 地势低洼的居民住宅区，可将人员转移到安全地区，也可因地制宜采取围挡措施，如砌围墙、大门口放置挡水板、配置小型抽水泵等。

(3) 不要将垃圾、杂物等丢入下水道，以防堵塞，造成暴雨时积水成灾。

(4) 一层居民家中的电器插座、开关等应移装在离地 1 米以上的安全地方；一旦室外积水漫进屋内，应及时切断电源，防止触电伤人。

(5) 在积水中行走要注意观察，防止跌入窨井或坑洞中。

(6) 若在室外遇到雷雨大风，行人应立即就近躲到室内避雨，千万不要在高楼下停留，也不要在大型广告牌下躲雨或停留，以避免高空坠物砸到自己。

二、雷电灾害

(一)雷电的危害

雷电是伴有闪电和雷鸣的一种雄伟壮观而又令人生畏的、超强放电的自然现象。雷电一般产生于对流发展旺盛的积雨云中，常伴有强烈的阵风和暴雨，有时还伴有冰雹和龙卷风。雷电产生的电压高达 1 亿～10 亿伏特，电流达几万安培，同时还放出大量热能，瞬间温度可达 1 万摄氏度以上，其能量可破坏建筑，能劈开大树，击伤人、畜。

(二)应急避险注意事项

(1) 雷雨天，应尽量留在室内，避免外出，同时，要关闭门窗，防止球形闪电穿堂入室；拔掉电器用具插头，关闭电器和天然气开关；不要拨打电话和手机；不要靠近打开的门窗、炉子、暖气片、金属管道等金属部位；不要靠近潮湿的墙壁。

(2) 在野外，可躲避到没有被淹没危险的洞穴或林间空地，或进入有防雷设施的建筑物或金属壳的汽车、船只(具有屏蔽作用)。无法躲避时，应将手表、眼镜等金属物品摘掉。不要在空旷场地打伞，不要在距离电源、大树和电线杆较近的地方避雨；尽量降低身体高度，减少遭受雷击危险；双脚要靠近，与地面接触越小越好，以减小跨步电压。

(3) 切勿接触天线、水管、铁丝网、金属门窗、建筑物外墙等导电物体或其他类似金属装置，远离山丘、海滨、河边、池塘边，远离孤立的树木和没有防雷装置的孤立建筑物，远离建筑物的避雷针及其接地引下线，远离各种天线、电线杆、高塔、烟囱、旗杆，以防止雷电反击和跨步电压伤人。

(4) 不要收晒衣绳或铁丝上的衣服，不要从事栅栏、电话、输电线、管道或建筑钢材等的安装工作，不要在河里游泳或进行其他水上运动，不要进行室外球类运动，不要骑自行车、驾驶摩托车和敞篷拖拉机，禁止处理开口容器盛载的易燃物品。

(5) 当感觉到身体有电荷时，如头发竖起来，或者皮肤有明显颤动时，要明白自己可能就要遭到电击，应立即倒在地上，等雷电过后，呼叫别人救护。一旦有人遭到雷击，应及时进行抢救(方法同触电急救)，及时进行人工呼吸和胸外心脏按压等，同时拨打 120 急救电话。

三、洪涝灾害

(一)洪灾的危害

洪灾，是指由于暴雨或江、河、湖、库水位猛涨，堤坝漫溢或溃决，水流入境造成的灾害。洪灾具有明显的季节性、区域性和可重复性，发生频率高，危害范围广，对国民经济影响严重，是威胁人类生存的重大自然灾害。洪灾除危害农作物外，还会破坏村庄、房屋、建筑、水利工程设施、交通设施、电力设施等，造成生命和财产损失。

(二)应急避险注意事项

(1) 沉着冷静，尽快向上或较高的地方快速转移；转移按照"先人员后财产，先老幼病残弱人员，后其他人员"的原则，切不可心存侥幸或因救捞财物而贻误避免洪灾的时机。

(2) 不要沿着行洪通道方向跑，要向洪水两侧快速躲避，千万不要轻易涉水过河；如被洪水困在山中，应及时与当地有关部门取得联系，可利用通信工具寻求救援，或利用烟火向外界发出紧急救助信号，或挥动颜色鲜艳的衣物求救，或大声呼救，或寻找体积较大的漂浮物进行自救。

(3) 发现高压线铁塔倾斜或者电线断头下垂时，要迅速远离避开，防止触电。

(4) 对于因呛水或泥石流、房屋倒塌等导致的受伤人员，应立即清除其口、鼻、咽喉内的泥土及痰、血等污物，排出体内污水；对于昏迷伤员，应将其平卧，头后仰，将舌头牵出，尽量保持呼吸道的畅通，如有外伤，应采取止血、包扎、固定等方法处理，然后转送医院进行急救。

四、台风灾害

(一)台风的危害

台风是发生于热带海洋上空的一种气旋。在 26℃以上的热带或副热带海洋上，冷暖空气相互旋转愈加猛烈，最后形成了台风。台风危害不容小觑，强大的风力能随时摧毁陆地上的建筑、桥梁、车辆等物体。沿海地区，每年6—10月是台风的频发季节。

(二)台风来临前的安全准备

(1) 要弄清自己所处的区域是否为台风要袭击的危险区域。

(2) 要了解安全撤离的路径及政府提供的避风场所。

(3) 要准备充足且不易腐坏的食物和水、强光手电筒、药品、蜡烛、防裂胶带等。

(4) 警惕台风的动向。注意收听、收看相关媒体的报道或气象台的天气预报，及时了解台风的最新动向。

(5) 在公共区域通告台风的最新信息，提醒防台风的注意事项。

(6) 出家门之前，务必关闭门窗，清理并移除阳台物品；如有必要，准备、储存必要的饮用水、食物等生活必需品。

(7) 通知所有施工供应商，做好防台风的预防工作，加固室外的设施。

(8) 保养好家用交通工具，加足燃料(以备紧急转移)。

(9) 台风伤害的预防重点时间是台风登陆前1~6小时，尤其是登陆前3~4小时，而不是登陆时。因此，一切准备工作要在台风登陆前12小时完成，台风登陆前1~6小时应避免外出，尽量留在屋内。在屋外的人发生伤害的危险比留在屋内的人大很多。

(三)应急避险注意事项

(1) 听从当地政府的安排。

(2) 如遇雷雨、大风，应及时将正在运转的家用电器关闭，并拔出插头；如果家中不慎进水，应立即切断电源。

(3) 如须离开住所，应尽快到避灾安置场所，并且尽量和朋友、家人在一起。

(4) 不要在危旧住房、厂房、工棚、临时建筑、在建工程、市政公用设施(路灯等)、吊机、施工电梯、脚手架、电线杆、树木、广告牌、铁塔等地方躲风避雨，防止这些东西在强风下倒塌伤人。

(5) 驾驶汽车要把汽车停靠在安全地方，迅速下车，依靠建筑物躲避台风，千万别有躲在汽车里躲避台风的侥幸心理，台风来时，汽车里并不安全，不足以抵抗台风。

(6) 请有车的朋友不要把车停在地势低矮的地方，尽量往高处停。停车处要注意高空落物，广告牌旁、树木旁也是危险区域。

(7) 行车的时候，要注意积水深度，如果在积水处熄火，请不要点火。另外，请注意井盖。

(8) 千万别为了赶时间而冒险过水流湍急的河沟，不要在河、湖、海的路堤或桥上行走，不要在强风影响区域开车、骑车。

(9) 如果在路上看到有电线被风吹断掉在地上，千万别用手去触摸，更不能靠近。

(10) 如果居住在移动房或海岸线上、小山上、山坡上容易被洪水(泥石流)冲毁的房屋里，就要做好随时撤离的准备。

(11) 如果被通知撤离，应立即执行。

(四)台风信号解除后的注意事项

(1) 要坚持收听电台广播、收看电视，当撤离的地区宣布安全时，再返回该地区。

(2) 如果遇到路障或者被洪水淹没的道路，要切记绕道而行。避免走不坚固的桥，不要开车进入洪水暴发区域，留在地面坚固的地方。

(3) 那些静止的水域很可能因为地下电缆或者是垂下来的电线而隐藏电击危险。

(4) 要仔细检查煤气、水及电线线路的安全性。

五、山体滑坡

(一)滑坡的危害

山体(堆土、渣料等)由于种种原因在重力的作用下沿一定的软弱面(软弱带)整体地向下滑动的现象叫滑坡。滑坡主要与诱发滑坡的各种外界因素有关，如地震、降雨、冻融、海啸、风暴潮及人类活动等。滑坡往往造成一定范围内较大的人员伤亡和财产损失，此外，滑坡还会严重威胁附近的道路交通安全。

(二)应急避险注意事项

(1) 滑坡前往往有征兆，在滑坡体中部、前部出现横向及纵向放射状裂缝；滑动之前，滑坡体前缘坡脚处，土体因向前推挤而出现上隆(凸起)、土石块脱落等现象。

(2) 发现可疑的滑坡活动时，应立即报告邻近的村、乡、县等有关政府或单位，组织有关政府、单位、部队、专家及当地群众参加抢险救灾。

(3) 当处在滑坡体上时，首先应保持冷静，不能慌乱；要迅速环顾四周，向较为安全的地段撤离；以向两侧跑为最佳方向，在向下滑动的山坡中，向上跑或向下跑均很危险；当遇到无法脱离的高速滑坡(滑坡呈整体滑动)时，可原地不动，或抱住大树等物，争取不被滑坡体淹没。

(4) 滑坡停止后，不应贸然返回滑坡现场，避免滑坡连续发生而遭到第二次滑坡的侵害，只有当滑坡体完全稳定，确认安全后，方可返回。

六、泥石流灾害

(一)泥石流的危害

泥石流是在山区或者其他沟谷深壑、地形险峻的地区，因为暴雨、冰雪融化等水源激发的含有大量泥沙及石块的特殊洪流。泥石流的形成要同时具备陡峻的便于集水和集物的地形地貌、丰富的松散物质、短时间内有大量的水源三个条件。泥石流往往具有暴发突然、来势凶猛、具有破坏性等特点，且经常伴随崩塌、滑坡和洪水破坏等多重危害，对农田和公路、铁路、桥梁及民房、工矿企业等建筑物破坏极大。

(二)应急避险注意事项

(1) 泥石流灾害高发区的居民在雨季应高度警惕泥石流的发生，关注气象部门在电台、电视台、短信、网络上发布的暴雨预警信息，利用电话、广播、收音机等设施及时收听有关部门发布的灾害消息；安排专人值班，发生险情应及时发出险情预警通知。

(2) 大雨或暴雨时，室内人员应注意室外异常声音，比如，树木被冲倒、石头碰撞的声音，是否有从深谷或沟内传来的类似火车轰鸣声或闷雷声等；距离沟道较近的居民要注意观察沟水流动情况，如沟水突然断流或突然变得十分混浊并伴有轰鸣声或轻微的震动感；等等。出现上述异常情况时，说明泥石流将要发生或已经发生，应立即撤离。

(3) 发现泥石流袭来时，要马上向沟岸两侧高处跑，千万不要顺沟方向往上游或下游跑；暴雨停止后，不要急于返回沟内住地，应等待一段时间。

(4) 野外扎营时，要选择平整的高地作为营址，必须避开有滚石和大量堆积物的山坡下方或山谷、沟底。

七、地震灾害

(一)地震的危害

地震是地壳快速释放能量过程中造成振动，其间会产生地震波的一种自然现象。地球上板块与板块之间相互挤压碰撞，造成板块边沿及板块内部产生错动和破裂，这都是引起地震的主要原因。地震能引起房屋等建筑物和构筑物倒塌、火灾、水灾、有毒气体泄漏、细菌及放射性物质扩散，还可能造成海啸、滑坡、崩塌、地裂缝等次生灾害，常常造成严重的人员伤亡。地震对人体的伤害主要由倒塌的建筑物、构筑物及高空坠物等造成，目前人类尚不能阻止地震发生，但是可以采取有效措施，最大限度地减轻地震灾害。

(二)应急避险注意事项

(1) 最可靠的自救方法：发生地震之后，目前公认可靠的自救方法是伏地、遮挡、手抓牢：迅速钻到桌子下边或用靠垫捂住最脆弱的头部，手牢牢抓住桌子腿并做好桌子大幅度移动的准备。

(2) 将门打开，保留出口。钢筋水泥结构的房屋等由于地震的晃动造成门窗错位，打不开门，曾经发生过有人被封闭在屋子里的情况。因此，地震发生时一定要将门打开。

(3) 不要慌张地向室外跑。地震发生后，不要慌张地向室外跑，碎玻璃、屋顶上的砖瓦、广告牌等掉下来砸在身上是很危险的。

(4) 若身处户外，要保护头部，避开危险地带。当大地剧烈摇晃、站立不稳的时候，人们都会有扶靠、抓住什么的心理。身边的门柱、墙壁大多会成为扶靠的对象。但是，这些看上去结实牢固的东西，实际上是危险的。在日本宫城县近海海域地震时，水泥预制板墙、门柱的倒塌造成多人死伤，因此，不要靠近水泥预制板墙、门柱等。在繁华街、楼区，最危险的是玻璃窗、广告牌等。要注意用手或手提包等物保护好头部。

(5) 搭乘电梯时，将各楼层的按键全部按下。发生地震时，不能使用电梯。万一在搭乘电梯时遇到地震，将操作盘上各楼层的按钮全部按下，一旦停下，迅速离开电梯，确认安全后避难。

(6) 避难时要徒步，携带物品应遵循最少原则。地震发生时，人们都希望以最快的速度离开危险地带。不过，即使这样，也应采取徒步避难的方式，绝对不能利用汽车、自行车等工具，因为地震时，车胎可能会漏气，难以控制。此外，物品不可多带，尽量节省时间。

(7) 远离山边、水边等危险地。地震时正在郊外的人员，应迅速离开山边、水边等危险地，以防止滑坡、地裂、涨水等突发事件。地震时，骑车的下车，开车的停下，人员靠边行走。

📖【实训与思考】

1. 对自己的家庭安全隐患进行全面排查，并提出安全隐患排查整改方案，与家人一起探讨加强家庭安全的方案，提高全家人的安全防范意识。

2. 拟定一份外出旅游活动方案，将安全出行作为重要内容进行详细规划，并请有经验的"旅行达人"予以指导。

第十章　健康医疗救护

疾病和意外事故是健康的大敌。各种疾病和意外事故都会对人体的健康造成伤害。其中，有些影响是短期的、可以弥补的，而有些影响则是长期的，甚至是终身难以弥补的。疾病对人体的危害程度，取决于疾病发现的早晚和发现后的处理是否得当。早期发现生病的迹象，对早期出现的症状进行准确判断，并采取科学合理的预防护理措施，可有效降低疾病对人体健康的危害。而意外事故会使人体蒙受很大的痛苦，及时、妥善处理意外事故，可有效减轻伤害造成的影响。

第一节　生活中的常见疾病与护理

通常，实际生活中一旦发现自己的身体有异于平常的表现，可能就是提示我们生病了。尤其是婴幼儿生病时，不会像成人一样可以清晰、明确地告知我们，他们或告知不清楚或告知不全，所以家长平时应多注意幼儿的行为，如果发现有异常情况，可能就是提示幼儿发病了。

日常发病的一般征兆，包括烦躁不安；精神不好，疲惫；脸色潮红或苍白；头痛或耳朵痛；皮疹，冒冷汗、打寒战；前额发冷或发热；吃饭减少；肚子痛、呕吐；大便次数、形状改变；小便量明显减少或增多，颜色改变；等等。

一、发烧

发烧是由于体内产热过多或散热过少，导致体温升高。发烧有个体差异并随着外界环境因素的变化有一些波动。

(一)发烧可能伴随的并发症

发烧同时抽风——热惊；发烧同时流涕——感冒；发烧同时咽喉痛——咽喉炎、扁桃体炎。发烧同时疲惫——中暑；发烧同时腮腺肿痛——腮腺炎；发烧同时耳朵流异物——中耳炎；发烧同时咳嗽、气喘、呼吸困难——肺炎；发烧同时呕吐、抽风、意识不清——脑炎、脑膜炎；发烧同时尿频、尿痛、尿急——尿道感染。

(二)发烧的护理

(1) 休息。室内安静，温度适中、通风，衣被不宜过厚。

(2) 用温水擦洗。擦拭额头、脖子、腋窝及腹股沟，忌擦拭前胸、后背，以免受凉。

(3) 饮食。流食、半流食，多喝水。

(4) 退热剂。

二、惊厥

惊厥临床表现为患者突然发病、意识丧失、头向后仰、眼球固定上翻或斜视、口吐白沫、牙关紧闭、面部或四肢肌肉痉挛或抽搐，严重者可出现颈项强直、角弓反张、呼吸不整、面色青紫或大小便失禁。惊厥持续时间数秒至数分钟或更长，继而转入嗜睡或昏迷状态；惊厥发作时或发作不久后检查，可见瞳孔散大、对光反应迟钝、病理反射阳性等体征，发作停止后不久意识恢复。

(一)惊厥可能导致的并发症

高热同时抽风，抽风 1～3 分钟恢复正常——高热惊厥(婴幼儿常见症状)；没有发热却抽风——癫痫、低血糖；发热伴有抽风，抽风 5 分钟以上，抽风后意识不能恢复——脑炎、脑膜炎。

(二)惊厥的护理

(1) 保持呼吸道通畅。救助者应迅速将患者安置到常温环境中，解开患者的衣服，使其平卧或侧卧、头偏向一侧，及时清除其口腔、鼻腔、喉咙分泌物防止误吸窒息。在患者惊厥发作时应就地取材选择压舌板，如金属汤匙柄、毛巾等，并在这些材料上缠绕多层消毒纱布后放置在患者的上、下门牙之间，防止其因痉挛将舌咬伤。

(2) 吸氧治疗。惊厥患者因呼吸不畅，或因发热呼吸频率增加，肺血氧交换减少，有效血氧浓度降低。加之因发热各组织器官耗氧量增加，特别是脑组织对氧非常敏感，如果脑组织缺氧可导致水肿，加大惊厥发生的概率。因此，对惊厥者应给予持续高流量吸氧(3～5 分钟)，确保其脑组织的有效血氧浓度的灌流量。

(3) 降温护理。及时送医治疗，对于医院外发生的惊厥而就诊时惊厥停止者，治疗主要是防止再次发作，应先降温，后去除病因。

三、腹泻

腹泻是一种常见疾病，俗称"拉肚子"，是指排便次数明显超过平日的次数，粪质稀薄，水分增加，每日排便量超过 200 克，或含未消化食物、脓血、黏液。

(一)腹泻可能导致的并发症

有感冒症状后开始腹泻——感冒症状之一；只有腹泻，大便变黄、稀——腹泻；秋季发病，有呕吐——秋季腹泻；伴发热，便中有脓血——肠炎、痢疾。

(二)腹泻的护理

输液、口服补液盐的同时，观察腹泻者口唇、皮肤、泪液、尿量及脱水情况等。

口服补液盐的用法：大包装补液盐用凉开水或温开水 1000 毫升溶化后给腹泻者分次口服。(我国市场上出售的口服补液盐为小包装，即大包装的一半，故加水量为 500 毫升。) 口服补液盐是经专家科学配制的，不需再加糖或其他成分。切忌用滚烫开水将其冲化，以免使其发生化学反应成为有害物质。已加水配制成的溶液不宜久置，应在 24 小时内服完。

四、肺炎

肺炎也是生活中的常见疾病，尤其是婴幼儿和老人。肺炎在我国北方地区以冬春季多发，是婴幼儿和老人死亡的常见原因。肺炎主要临床表现为发热、咳嗽、呼吸急促、呼吸困难及肺部有啰音等。

(一)肺炎的病因

肺炎由病毒或细菌感染引起，是婴幼儿和老人冬春季常见病，发病时伴有发烧、咳嗽、气喘。

(二)肺炎的护理

(1) 居室环境要保持空气流通且清新，温度、湿度要适宜，避免对流风。

(2) 及时就诊。

患肺炎后，应当及时就医。即使痊愈后，免疫力也会受到一定影响，成为各类流行性疾病的易感人群。此外，婴幼儿和老人日常接触的家人中如果有人患有感冒或者其他流行性疾病，也应尽量远离他们，避免出现交叉感染。

五、肥胖症

因过量的脂肪储存使体重超过正常的 20%以上的营养过剩性疾病称为肥胖症。轻度肥胖症为超过标准体重的 20%～30%；中度肥胖症为超过标准体重的 30%～50%；重度肥胖症为超过标准体重的 50%。患者往往食欲极好，喜食油腻的甜食，懒于活动，皮下脂肪堆积，分布均匀，面颊、肩部、乳房、腹壁脂肪积聚明显，血总脂、胆固醇、甘油三酯及游离脂肪酸均增高。严重肥胖者可因腹壁肥厚、横膈抬高诱发换气困难、缺氧，导致气促、继发性红细胞减少、心脏扩大及充血性心力衰竭，称为肥胖性脑心综合征。

(一)肥胖症的病因

肥胖症的发病原因有以下几点。第一，营养过剩。营养过剩导致摄入热量超过消耗量，多余的脂肪以甘油三酯的形式储存于体内致肥胖。第二，心理因素。心理因素在肥胖症的发生发展过程中起重要作用，情绪不好或父母离异、丧父或者丧母、被虐待、溺爱等，可诱发胆小、恐惧、孤独，而造成不合群、不活动，或以进食为自娱，导致肥胖症。第三，缺乏运动。肥胖一旦形成，由于行动不便，便不愿意活动以致体重日增，形成恶性循环。某些疾病如瘫痪、原发性疾病或严重智力落后等，导致活动过少，消耗能量减少，发生肥胖症。第四，遗传因素。肥胖症有一定的家族遗传倾向，双亲胖，子代 70%～80% 出现肥胖；双亲之一肥胖，子代 40%～50%出现肥胖；双亲均无肥胖，子代近 1%出现肥胖。第五，中枢调节因素。正常人体存在中枢能量平衡调节功能，控制体重相对稳定；而肥胖症患者调节功能失去平衡，致使机体摄入过多，超过需求，引起肥胖。

(二)肥胖症的防治

(1) 调整饮食结构，养成科学的饮食习惯。不过快进食，实行定时进餐，减少零食。

(2) 适当地增加运动量，鼓励患者多参加运动，不要进食后就立即睡觉。

(3) 不可盲目服用减肥药。减肥药主要有食欲抑制和促进代谢药，以及众多的减肥中成药。非单纯性肥胖经医院确诊之后，要按照医嘱进行服药。

六、龋齿

龋齿俗称虫牙、蛀牙，是细菌性疾病，可以继发牙髓炎和根尖周炎，严重的甚至引起牙槽骨和颌骨炎症。龋齿如不及时治疗，病变继续发展，会形成龋洞，终至牙冠被完全破坏，其发展的最终结果是牙齿丧失。龋齿特点是发病率高，分布广。龋齿是口腔主要的常见病，也是人类普遍的疾病之一。世界卫生组织已将其与肿瘤和心血管疾病并列为人类三大重点防治疾病。

(一)龋齿的病因

(1) 口腔中细菌的破坏作用。

(2) 牙面、牙缝中的食物残渣。

(3) 牙齿结构的缺陷，即牙釉质发育不良、牙齿排列不齐。

(二)龋齿的预防

(1) 注意口腔卫生。口腔护理要从婴幼儿期抓起，宝宝 6 个月到 2 岁半，乳牙陆续萌发。婴儿期口腔黏膜未发育完全，牙釉质和牙本质很薄弱，牙齿钙化程度低，极易患上各类口腔疾病，因此要清洁孩子的牙齿。可将纱布蘸一点水，在牙龈上来回擦拭。在每一次喝完奶或吃完辅食后都擦拭一次，以免细菌滋生。成年人除了早晚刷牙外，还要注意餐后漱口。

(2) 定期做口腔检查。幼儿在 2～2.5 岁时，20 颗乳牙全部出齐，但牙齿稚嫩、口腔发育尚未完善，是龋齿的易发人群。培养孩子早晚科学刷牙的同时最好定期做口腔检查，尽早发现口腔疾病。正常宝宝可半年检查一次，成年人一年检查一次。

七、心脑血管疾病

心脑血管疾病是心脏血管和脑血管疾病的统称，泛指由于高脂血症、血液黏稠、动脉粥样硬化、高血压等导致的心脏、大脑及全身组织发生的缺血性或出血性疾病。心脑血管疾病严重威胁人类健康，是 50 岁以上中老年人的常见病，具有高患病率、高致残率和高死亡率的特点，即使应用最先进、完善的治疗手段，仍有 50%以上的脑血管意外幸存者生活不能完全自理。全世界每年死于心脑血管疾病的人数高达 1500 万，居各种死因首位。

(一)心脑血管疾病的病因

心脑血管疾病是全身性血管病变或系统性血管病变在心脏和脑部的表现。其病因主要有 4 个：①动脉粥样硬化、高血压性小动脉硬化、动脉炎等血管性因素；②高血压等血流动力学因素；③高脂血症、糖尿病等血液流变学异常；④白血病、贫血、血小板增多等血液成分因素。

(二)心脑血管疾病的防治

心脑血管疾病的预防包括一级预防和二级预防，一级预防是指发病前的预防，即无病防病发生；二级预防是为了降低疾病再次发生的危险及降低致残率，即患病后防止再发病。

1. 防止栓塞

血管尤其是冠状动脉，冬季寒冷时容易收缩、痉挛，因此会发生供血不足，并可能导致栓塞，要十分注意保暖。高危患者进行有效的抗栓治疗，可在医生指导下长期服用阿司匹林等药物。

2. 患者晨练应注意的问题

睡眠时，人体各神经系统处于抑制状态，活力不足，晨起时突然大幅度锻炼，神经突然高度兴奋，极易诱发心脑血管疾病，冬季应该注意。

3. 改变不良的生活方式

不良的生活方式是导致心脑血管疾病的发生、发展的重要因素，直接影响疾病的康复与预后。控制饮食总量，调整饮食结构；坚持运动，循序渐进，量力而行，持之以恒；戒烟少酒，劳逸结合；减少钠盐摄入，每天食盐控制在 5 克以内；增加钾盐摄入，每天摄入钾盐量大于等于 4.7 克。

4. 多吃富含精氨酸的食物

富含精氨酸的食物有助调节血管张力，抑制血小板聚集，减少血管损伤。这类食物有海参、泥鳅、鳝鱼及芝麻、山药、银杏、豆腐皮、葵花籽等。

5. 控制血压和血脂是关键

(1) 血压控制。将血压控制在一个比较理想的范围内，是预防心脑血管疾病的重中之重。资料表明，坚持长期治疗的高血压患者心脑血管疾病的发病率，仅为不坚持治疗者的1/10，也就是说，只要长期坚持控制血压，心脑血管疾病发病率可下降90%。

(2) 血脂控制。如果血脂过多，容易造成血稠，在血管壁上沉积，逐渐形成小斑块，这就是人们常说的动脉粥样硬化，进而引发各种心脑血管疾病。常见的血脂控制是服用调脂药物，包括他汀类、贝特类、烟酸类等。血脂异常是心脑血管疾病的独立危险因素，控制血脂也是心脑血管疾病防治的重中之重。

6. 进补要适度

我国民间素有冬季进补的习惯，冬季人们运动本来就少，加之大量进补热性食物和滋补药酒，很容易造成血脂增高，诱发心脑血管疾病，因此，冬季进补一定要根据个人的体质进行。

八、高血压

高血压是指以体循环动脉血压(收缩压和/或舒张压)增高为主要特征(收缩压≥140 毫米汞柱，舒张压≥90 毫米汞柱)，可伴有心、脑、肾等器官的功能或器质性损害的临床综合征。高血压是最常见的慢性病，也是心脑血管疾病最主要的致病因素。正常人的血压随内外环境变化在一定范围内波动。一般来说，血压水平随年龄逐渐升高，以收缩压更为明显，但 50 岁后的舒张压呈现下降趋势，脉压也随之加大。

2022 年 11 月 13 日，首部《中国高血压临床实践指南》发布。推荐将我国成人高血压诊断界值下调为收缩压大于等于 130 毫米汞柱和/或舒张压大于等于 80 毫米汞柱。

(一)高血压的病因

1. 遗传因素

大约 60%的高血压患者有家族史。目前认为是多基因遗传所致，30%～50%的高血压患者有遗传背景。

2. 精神和环境因素

长期的精神紧张、激动、焦虑，受噪声或不良视觉刺激等因素也会引起高血压的发生。

3. 年龄因素

发病率有随着年龄增长而增高的趋势，40 岁以上的人发病率高。

4. 生活习惯因素

膳食结构不合理，如过多的钠盐、低钾饮食、大量饮酒、摄入过多的饱和脂肪酸均可使血压升高。吸烟可加快动脉粥样硬化的过程，为高血压的致病因素。

5. 药物的影响

避孕药、激素、消炎止痛药等均可影响血压。

6. 其他疾病的影响

肥胖、糖尿病、睡眠呼吸暂停低通气综合征、甲状腺疾病、肾动脉狭窄、肾脏实质损害、肾上腺占位性病变、嗜铬细胞瘤、其他神经内分泌肿瘤等均可影响血压。

(二)高血压的防治

高血压是一种可防可控的疾病，对血压 130～139mmHg/85～89mmHg 正常高值阶段、超重/肥胖、长期高盐饮食、过量饮酒者应进行重点干预，定期进行健康体检，积极控制危险因素。

针对高血压患者，应定期随访和测量血压，尤其注意个人高值时段的血压管理，积极治疗高血压(药物治疗与生活方式干预并举)，减缓靶器官损害，预防心、脑、肾并发症的发生，降低致残率及死亡率。

九、糖尿病

糖尿病是一种以高血糖为特征的代谢性疾病。高血糖则是由于胰岛素分泌缺陷或其生物作用受损，或两者兼有导致的一种疾病。长期存在的高血糖，导致各种组织，特别是眼、肾、心脏、血管、神经的慢性损害、功能障碍。糖尿病的症状多表现为两个方面，一是，多饮、多尿、多食和消瘦。严重高血糖时出现典型的"三多一少"症状，多见于 1 型糖尿病。发生酮症或酮症酸中毒时"三多一少"症状更为明显。二是，疲乏无力，肥胖。此症状多见于 2 型糖尿病。2 型糖尿病发病前常有肥胖，若得不到及时诊治，体重会逐渐下降。

(一)糖尿病的病因

1. 遗传因素

1 型或 2 型糖尿病均存在明显的遗传异质性。糖尿病存在家族发病倾向，25%～50%的患者有糖尿病家族史。临床上至少有 60 种的遗传综合征可伴有糖尿病。1 型糖尿病有多个DNA 位点参与发病，其中以 HLA 抗原基因中 DQ 位点多态性关系最为密切。2 型糖尿病已发现多种明确的基因突变，如胰岛素基因、胰岛素受体基因、葡萄糖激酶基因、线粒体基因等。

2. 环境因素

进食过多，活动减少导致的肥胖是 2 型糖尿病最主要的环境因素，使具有 2 型糖尿病遗传易感性的个体容易发病。1 型糖尿病患者存在免疫系统异常，在某些病毒如柯萨奇病毒、风疹病毒、腮腺病毒等感染后导致自身免疫反应，破坏胰岛素 β 细胞。

(二)糖尿病的防治

目前尚无根治糖尿病的方法，但通过多种治疗手段可以控制好糖尿病，主要包括 5 个方面：糖尿病患者的教育、自我监测血糖、运动治疗、饮食治疗和药物治疗。下面主要介绍自我监测血糖、运动治疗和饮食治疗。

1. 自我监测血糖

随着小型快捷血糖测定仪的普及，病人可以根据血糖水平随时调整降血糖药物的剂量。1 型糖尿病进行强化治疗时每天至少监测 4 次血糖(餐前)，血糖不稳定时要监测 8 次(三餐前、三餐后、晚睡前和凌晨 3:00)。强化治疗时空腹血糖应控制在 7.2mmol/L 以下，餐后两小时血糖小于 10mmol/L，HbA1c 小于 7%。2 型糖尿病患者自我监测血糖的频次可适当减少。

2. 运动治疗

增加体力活动可改善机体对胰岛素的敏感性，降低体重，减少身体脂肪量，增强体质，提高工作能力和生活质量。运动的强度和时间长短应视病人的总体健康状况来定，找到适合病人的运动量和病人感兴趣的项目。运动形式多样，如散步、快步走、健美操、跳舞、打太极拳、跑步、游泳等。

3. 饮食治疗

饮食治疗是各种类型糖尿病治疗的基础，部分轻型糖尿病患者只用饮食治疗就可控制病情。总热量的需要量要根据患者的年龄、性别、身高、体重、体力活动量、病情等综合因素来确定。首先，计算出每个人的标准体重，可参照下述公式：标准体重(kg)=身高(cm)-105 或标准体重(kg)=[身高(cm)-100]×0.9；女性的标准体重应再减去 2kg。也可根据年龄、性别、身高查表获得。算出标准体重后再依据每个人日常活动情况来估算出每千克标准体重热量需要量。

其次，根据标准体重计算出每日所需要热量后，还要根据病人的其他情况作相应调整。儿童、青春期、哺乳期、营养不良、消瘦及有慢性消耗性疾病应酌情增加总热量。肥胖者要严格限制总热量和脂肪含量，给予低热量饮食，每天总热量不超过 1500 千卡，一般以每月减少 0.5～1.0kg 为宜，待接近标准体重时，再按前述方法计算每天总热量。另外，年龄大者较年龄小者需要热量少，成年女子比成年男子所需热量要少一些。

第二节　常见传染病及其防治办法

一、传染病的概念

传染病是由各种病原体引起的能在人与人、动物与动物或人与动物之间相互传播的一类疾病。传染病是一种可以从一个人或其他物种，经过各种途径传染给另一个人或物种的感染病。通常这种疾病可借由直接接触已感染的个体、感染者的体液及排泄物、感染者所污染到的物体，通过空气传播、水源传播、食物传播、接触传播、土壤传播、母婴传播(垂直传播)等。

二、传染病传染的三个基本环节

(一)传染源

(1) 人：病人、病原携带者。
(2) 受感染的动物：狂犬病等为人畜共患。

(二)传播途径

(1) 母婴传播(垂直传播)。母婴传播主要是通过产道感染或宫内感染与母亲相同的疾病。这种疾病传播是从母亲传至子代，因而也称垂直传播，HIV、乙肝等疾病都有这种传播途径。
(2) 水平传播。水平传播是指病毒在传播中通过黏膜传播、通过皮肤传播、通过医源性传播等。通过黏膜传播：许多病毒都是经黏膜感染而致病的。通过皮肤传播：有些病毒可通过昆虫叮咬或动物咬伤、注射或机械损伤的皮肤侵入机体而引起感染。通过医源性传播：有些病毒可经注射、输血、拔牙、手术、器官移植引起传播。病毒为传染途径，包括呼吸道传染、胃肠道传染、日常生活接触传染、血液传染、虫媒传染等。呼吸道传染：经空气、飞沫、尘埃传播，如麻疹、猩红热。胃肠道传染：经水、食物、苍蝇传播，如菌痢、伤寒、甲肝、蛔虫病。日常生活接触传染：手、玩具、用具传播。血液传染：血制品、注射等。虫媒传染：吸血节肢动物，如蚊传疟疾等。

(3) 自身传播。如蛲虫病。

(三)易感人群

易感人群，是指对某种传染病缺乏免疫力、易受该病感染的人群，以及对传染病病原体缺乏特异性免疫力、易受感染的人群。

三、生活中的常见传染病及其预防

(一)麻疹

1. 临床特征

麻疹的临床特征是发热、流涕、咳嗽、眼结膜炎、口腔黏膜斑及全身皮肤斑丘疹，疹退康复脱屑，并留有棕色色素沉着。其早期症状犹如感冒，患儿出现 38℃～39℃ 的中度发热和咳嗽、流涕、喷嚏；结膜发炎，眼睑水肿，眼泪增多，畏光，下眼睑边缘有一条明显血丝。在发热 3 天后，患儿口腔下臼齿相对的颊黏膜处可见细砂样灰白色小斑点，绕以红晕。这是麻疹最早出现的也是最可靠的特征。其也可见于下唇内侧及牙龈黏膜，偶见于上腭，一般维持 16～18 小时，有时 1～2 天，多于出疹后 1～2 天内消失。很多宝宝会出现食欲减退、精神不振等症状，部分婴儿还伴有呕吐、腹泻等症状。高热 1～2 天后出现皮疹，皮疹先见于耳后发际，渐渐蔓延到前额、面、颈、躯干、四肢，最后到手心、足心，一般经 3～5 天出全。皮疹初期呈细小淡红色斑丘疹，继之逐渐增多增大而呈鲜红色。

2. 预防和护理

(1) 控制传染源：早发现、早诊断、早治疗。
(2) 注射疫苗。

(二)风疹

风疹是由风疹病毒引起的呼吸道传染病，发病率高，传染性强，病程短，全身症状轻，愈后较好。妊娠妇女早期感染风疹可能对胎儿身体造成严重损害。

1. 临床特征

风疹的临床特征为：前驱期短，3 日出疹，耳后、枕后和颈部淋巴结肿大；出疹前1～2 天，症状轻微或无明显前驱期症状，可有低热或中度发热，伴头痛、食欲减退、乏力、咳嗽、喷嚏、流涕、咽痛和结合膜充血等轻微上呼吸道炎症；偶有呕吐、腹泻、齿龈肿胀等；部分患儿在咽部和软腭可见玫瑰色或出血性斑疹。

2. 预防和护理

(1) 发现风疹患儿，应立即隔离。

(2) 患儿需要卧床休息，避免直接吹风。发热期间，多饮水。饮食宜清淡，不吃煎炸与油腻之物。

(3) 注射疫苗。

(三)水痘

水痘是由水痘——带状疱疹病毒所引起的急性呼吸道传染病。

1. 临床特征

水痘临床上以轻微的全身症状和皮肤、黏膜分批出现迅速发展的斑疹、丘疹、疱疹与结痂为特征。

2. 预防和护理

早发现，早隔离。患儿要卧床休息、加强护理，剪指甲，换衣服，防止疱疹破溃感染，可接种水痘疫苗。

(四)流行性感冒

流行性感冒简称"流感"，是由流感病毒引起的急性呼吸道传染病。甲型流感易发生变异，威胁最大，易引起暴发流行。

1. 临床特征

流行性感冒临床特征为急起高热，全身酸痛、乏力，伴轻度呼吸道症状；潜伏期短，传染性强，传播迅速。

2. 预防和护理

(1) 管理传染源：早发现、早诊断，就地隔离治疗 1 周或至退热后 2 天，密切接触者观察 3 天。

(2) 切断传播途径：戴口罩，室内保持空气清新，可用食醋或过氧乙酸熏蒸，病人用过的食具、衣物、手帕、玩具等煮沸消毒或阳光暴晒 2 小时。

(3) 接种疫苗。

(五)流行性腮腺炎

流行性腮腺炎是由腮腺炎病毒引起的常见急性呼吸道传染病，全年均可发病，以冬春季为主，在人群聚集地易造成暴发流行。

1. 临床特征

流行性腮腺炎临床特征为发热及腮腺非化脓性肿痛(一侧或双侧耳下部以耳垂为中心肿大、疼痛)，其病毒除侵害腮腺外，还可累及各种腺组织及心、肾、肝、神经系统等器官。

2. 预防和护理

(1) 控制传染源，隔离病人至腮腺肿胀完全消失为止。

(2) 给予流质饮食，避免酸性食物刺激，保持口腔清洁，使用中药内外兼治，内服普济消毒饮，外用如意金黄散。

(3) 接种疫苗。

(六)手足口病

手足口病是由多种肠道病毒引起的一种幼儿常见传染病。

1. 临床特征

手足口病先出现发烧症状，手心、脚心出现斑丘疹和疱疹(疹子周围可发红)，口腔黏膜出现湿疹或溃疡，疼痛感明显。部分患者可伴有咳嗽、流涕、食欲减退、恶心呕吐和头疼等症状。少数患者病情较重，可并发脑炎、脑膜炎、心肌炎、肺炎等。

2. 预防和护理

勤洗手，勤通风，流行期间避免去人群聚集、空气流通差的公共场所；幼儿出现相关症状要及时到正规医疗机构就诊，首先隔离患儿，接触者应注意消毒隔离，避免交叉感染；对症治疗，做好口腔护理；衣服、被褥要清洁，衣着要舒适、柔软，经常更换；剪短幼儿的指甲，必要时包裹幼儿双手，防止抓破皮疹；臀部有皮疹的幼儿，应随时清理其大小便，保持臀部清洁干燥；可服用抗病毒药物及清热解毒中草药，补充维生素 B、维生素 C 等。

(七)狂犬病

狂犬病又称"恐水症"，为狂犬病病毒引起的一种人畜共患的中枢神经系统急性传染病。其多见于狗、狼、猫等肉食动物，人多因被病兽咬伤而感染(85%～90%为狂犬)。

1. 临床特征

狂犬病临床表现为特有的狂躁、恐惧不安、怕风、恐水、流涎和咽肌痉挛，最终发生瘫痪而危及生命。

2. 预防和护理

(1) 加强动物管理，家犬应严格看管，并进行登记和疫苗接种。

(2) 如被咬伤，需用 20%的肥皂水和清水反复彻底清洗伤口和伤处至少 30 分钟，再用 75% 乙醇或 2%碘酒涂擦，也可用 0.1%新苯扎氯铵液冲洗，3 天内不包扎伤口。

(3) 被狼、狐、狗、猫等动物咬伤者，应进行预防接种。

(八)细菌性痢疾

细菌性痢疾简称菌痢，是由痢疾杆菌引起的常见肠道传染病，全年散发，夏秋两季多见。

1. 临床特征

细菌性痢疾临床上以发热、腹痛、腹泻及黏液脓血便为特征。起病急骤，病情严重，可迅速出现惊厥、昏迷和休克，易引起死亡。

2. 预防和护理

(1) 管理传染源：早发现，早隔离，直至粪便培养隔日 1 次、连续 2~3 次阴性方可解除隔离。

(2) 切断传播途径：执行"三管一灭"(管好水源、食物和粪便，消灭苍蝇)，注意个人卫生，养成饭前便后洗手的良好卫生习惯。

(3) 口服疫苗。

第三节　生活中常用护理知识与操作技术

日常生活中，需要掌握一些基本的护理技能，这样不仅可以及时判断家人或自己是否生病，还能在生病后加快疾病痊愈速度，尽快恢复健康。

一、体温、呼吸、脉搏的测量

(一)体温的测量

一般测量体温的方法及参考范围如下：腋下测量体温(36.0℃~37.4℃)、口腔测量体温(36.7℃~37.7℃)、耳温(36℃~37.4℃)、直肠测量体温(36.9℃~37.9℃)。注：体温正常范围可能在不同方式和不同情况下存在波动和误差。

1. 腋温测量

腋温测量一般使用水银体温计，测量前须检查体温计有无破损，水银柱有无断裂，水银线是否在 35℃以下。测量腋下温度时，要确保腋下没有汗渍，然后把水银那一端放进腋窝里，时间保持 5 分钟，然后取出体温计，读出体温计上的刻度数(取与眼睛等高处的水平线位置所看到的水银柱所在温度刻度)。

2. 口温测量

口温测量一般使用电子体温计，电子体温计经过消毒后放入口中，测得当时人体的体表温度。电子体温计更适合 7~12 岁的儿童，因电子体温计的准确性受电池的影响很大，所以需多次测量取中间值。各厂家电子体温计产品性能不同，一般测量时间为 1~5 分钟。

🔑【注意】

测量口腔温度也可以使用水银体温计，但是一定要注意的是，如果体温计不慎破裂或被咬碎，导致误吞水银，应立即漱口并饮下大量牛奶或豆浆等含蛋白质较多的流食，减轻水银对身体的伤害，同时立刻送医院救治。

3. 耳温测量

耳温测量一般使用耳温枪。耳温枪的测量部位只能是耳内，而且必须使探头与耳道形成密闭空间，测量之前一定要将耳垢清理一下。这种测量方法的优点是快速(约5秒)、方便。

4. 肛温测量

肛温体温计(肛表)一般也会使用水银体温计，其检查工作过程同腋温测量。测量前，需要将肛温体温计的前端涂上凡士林。肛温测量时间一般为 1～2 分钟，如若有拉肚子的情况则不适合测量肛温。

(二)呼吸的观察

呼吸是指为确保新陈代谢的正常进行和内环境的相对稳定，机体不断地从外界环境中摄取氧气，并把自身产生的二氧化碳排出体外。这种机体与环境之间的气体交换的过程，是人体生命存在的象征。

观察呼吸可以观察其腹部起伏的次数，一呼一吸为一次呼吸。正常成人安静状态下呼吸频率为16～20 次/分钟，节律规则，均匀无声，与心率一般维持在 1：4～1：5；3～7 岁幼儿呼吸频率为 22～24 次/分钟；年龄越小，呼吸越快，新生儿呼吸约 44 次/分钟。患病状态下呼吸可能会急促或减缓。

呼吸观察的操作步骤如下。

(1) 洗手并准备所用物品(记录本或表、秒表、笔)。

(2) 安抚幼儿，使其处于安静状态。

(3) 一呼一吸计数为 1 次，时间为 30 秒，呼吸不规则或婴儿计时应为 1 分钟。

(4) 评估呼吸状态并记录。

(5) 洗手。

(三)脉搏的测量

脉搏位于浅表的桡动脉、颈动脉等，是左心室收缩、血液流经动脉时所产生的有节律的搏动。一般情况下测量脉搏，选择腕部桡动脉，因为此处动脉容易辨认。脉搏容易受外界因素影响，为减小误差，应在幼儿安静状态下进行测量。

实际上，测量脉搏大有用处，可以通过测量脉搏发现心率是否稳定。若有变化，无论心率过高还是过低，都是异常表现，应当及时就医，如若延误病情则容易引发心肌炎或肺炎。

幼儿年龄越小，脉搏越快。成人正常脉动为 70～80 次/分钟，过高或过低意味着心律不齐；2～3 岁幼儿约为 108 次/分钟，5～7 岁幼儿约为 92 次/分钟。

脉搏测量的步骤如下。

(1) 准备工作。清洁皮肤，准备笔、秒表、记录本。

(2) 采用合理体位，手臂放置在舒适的位置。

(3) 取手掌上位。以食指、中指、无名指的指端按压桡动脉表面，压力以能看清触及脉搏为宜。勿用拇指诊脉，因为此处脉搏容易与拇指小动脉的搏动混淆。

(4) 计数。持续时间为 30 秒，结果乘以 2 即为脉率。若遇到异常情况，时间应为 1 分钟。

(5) 记录并绘制脉搏于表单上，以此作为参考。

二、冷敷与热敷的应用

(一)冷敷

冷敷适用于一般发热时的降温处理，体温不能过高。用冷水浸湿毛巾敷在前额，也可以是颈部两侧、腋窝、大腿根等大血管通过的部位，5～10 分钟一次。冷敷也适用于磕碰初期且没有外伤破皮的情况，用冷水浸湿毛巾或用纱布包裹冰块敷在受伤处，仅限于 24 小时之内的碰伤。冷敷越早使用效果越好。

冷敷过程中需要注意以下几点。

(1) 使用过程中注意观察皮肤有无变色，出现花纹或感觉麻木，如果有上述症状，应立即停止，以防冻伤。

(2) 冰块融化或冷水不冷时应及时更换，注意有无漏水或移位。

(3) 前胸、腹部、后颈等处禁忌冷敷，高热畏寒、对冷刺激敏感者也不适合冷敷。

(二)热敷

热敷有活血化瘀的功效，有利于血管扩张，进而促进血液循环。热敷适用于陈旧性淤血或瘀斑不易消除时，超过 24 小时之后，此时伤患处血液黏稠，局部循环差，热敷可以起到一定的缓解作用。热敷也可用于躯体因外界降温引起的寒冷。

热敷有两种：一种是直接用热水浸湿毛巾，挤出少许水分覆盖在伤处，每隔 2～3 分钟换一次，每次时间持续约 10 分钟，每天 2～3 次；另一种是用热水袋(60℃～70℃为宜)或"电热宝"，敷于患处，每天 3～5 次，每次 20 分钟左右。热敷过程中要随时关注幼儿的反应，防止烫伤。

热敷过程中需要注意以下几点。

(1) 热水袋不能直接接触幼儿皮肤，以防烫伤幼儿。

(2) 及时更换热水，以保证合适的温度。

(3) 软组织受伤 3 天内不能热敷，面部危险三角区感染化脓时忌热敷。

(4) 急性腹痛但是未明确诊断前不能热敷，以免影响诊断效果而延误病情。

第四节　生活中常用急救知识与操作技术

日常生活中掌握一些常用急救知识，特别是应对意外伤害的急救常识，便于对生活中出现的意外情况采取措施，避免造成二次伤害，并为积极营救患者争取时间。

一、急救概述

(一)急救的意义

急救，即紧急救治的意思，是人们突发疾病或意外事故时，在医护人员到来前，为抢救生命、改善病况和预防并发症所采取的初步紧急医疗救护措施，为医院的进一步救治奠定基础。

突发事件或意外事故会对人体的健康和生命造成威胁，这就需要我们做好预防和安全教育工作，并掌握一些必备的急救知识，在遇到烫伤、窒息、异物入体等紧急情况时，能及时进行救护，防止更严重的事故发生，保障生命安全和健康。

(二)急救原则

急救应遵循一定的原则，以最大限度保障生命安全。

1. 抢救生命，与时间赛跑

患者遭遇意外伤害，特别是比较严重的事故，抢救生命即为急救的第一要则。如果患者的呼吸和心跳严重受阻，最重要的就是设法暂时用人为的力量来帮助患者，使其恢复自主呼吸。如果抢救不及时，只是坐等医生或送往医院，很有可能错过最佳救治时间，从而造成不可挽回的后果。

【注意】

一般在常温下，如果呼吸、心跳停止超过 4 分钟，生命就会岌岌可危；如果超过 10 分钟，则可能永远无法恢复，甚至失去生命。因此，一定要进行现场急救，采取人工呼吸及胸外心脏按压等措施进行心肺复苏，并持续抢救，直到医生到来。如果是大出血，就要立即止血，因为失血过多也会危及生命。

2. 及时抢救，防止残疾

在意外伤害发生后，应当第一时间采取急救措施，并尽量预防并发症的发生及可能出现的后遗症，避免因抢救不当或延误抢救时间造成残疾。如摔伤之后，应禁止挪动患者，需要送医院救治时，应用硬质板材或担架将患者平放并运送至医院以免损伤脊椎造成截瘫。如遇化学烧伤，且伤及眼睛、食道或皮肤，现场应立即用大量清水冲洗，避免因受腐蚀灼伤而引起的失明、失声或留疤。

二、心肺复苏

患者遭受意外伤害，一旦呼吸、心跳不规律或停止，全身各器官就会因得不到充足的血液供应而出现缺血、缺氧的情况，心脏、大脑等重要人体器官将会受到严重的损害，所以此时必须立即实施抢救。心肺复苏是一种采用一组简单的技术操作从而使生命得以继续维持的急救方法，包括胸外心脏按压和人工呼吸。

(一)心肺复苏的意义

心肺复苏不仅是使心肺功能得以恢复，更重要的是恢复大脑功能。随着科技的进步及人们对心肺复苏的重要性认识，已将心肺复苏扩展为心肺脑复苏。复苏的首要任务是争取时间，是否抓紧时间是最初的急救成功与否的关键。从心跳停止到缺氧后组织受损乃至坏死的时间极短。一旦大脑缺氧超过 40 分钟，脑组织就会发生损伤，如同呼吸一样，停止超过 10 分钟，可能就会发生不可逆转的损害。有关资料表明，意外事故发生，1 分钟以内进行心肺复苏，患者生还概率可达 90%以上；4 分钟以内救治及时，约有 50%以上的生还概率；4～6 分钟存活的可能性只有 10%；超过 6 分钟存活概率仅为 4%；10 分钟以上幸存概率几乎为零。

(二)心肺复苏的相关操作技术

心跳、呼吸骤停是临床上最紧急的情况，针对这一情况采取的最初急救措施就是心肺复苏，以维持人体血液循环和氧气供应。因此在日常生活中，针对意外伤害事故带来的危险，掌握心肺复苏的操作技能是十分必要的。

心肺复苏的操作步骤如下。

1. 确认"三无"(无意识、无呼吸、无脉搏)

患者因年龄不同，判断方式也有所不同。

1 岁以下婴儿：拍击足跟或捏手指，若无反应也不啼哭，则可判断为失去意识；面部贴近口鼻感受有无呼吸，用手触摸肱动脉查看是否有搏动(肱动脉位于上臂内侧、肘与肩之间，稍加力度即可感受到其搏动与否)。

1 岁以上幼儿及成人：可以用手轻轻拍打患者双肩，观察其眼睛是否聚光，瞳孔是否涣散，而不是贴近口鼻感受有无呼吸，用手触摸颈动脉查看是否有搏动。用食指和中指放置颈部中部(甲状软骨)中线，手指从颈部中线滑向甲状软骨和胸锁乳突肌之间的凹陷，稍加力度即可感受到其搏动与否。

2. 再次判断患者是否还存在呼吸

若患者已无意识、无呼吸、无脉搏，就要立即开始心肺复苏急救，同时请人帮忙拨打120 急救电话请求专业医务人员过来救治。可以通过以下三个方面判断患者是否还存有呼吸：一听是否有呼吸声；二看是否胸廓起伏；三感觉是否有呼吸流。判断时间不应超过 10秒，若超过 10 秒，一则生命体征会失去正常活动而影响判断标准；二则会延误救治的最佳时机。

3. 体位摆放

将患者仰卧位轻轻放置。如果需要翻动患者，则要整体翻动，以保护颈部。救治者跪至患者右侧，使其仰头，使患者口腔、咽喉保持笔直在一条直线上，气道通畅。

4. 人工呼吸

在没有抢救用具的条件下，口对口人工呼吸是最简单也是最常用的有效急救办法，适用于呼吸道没有阻塞的患者。如果患者口腔有严重损伤或牙关紧闭不能使其张开嘴巴，则可使用口对鼻人工呼吸的方式。施救前务必清理呼吸道，保持呼吸通畅，这样人工呼吸时提供的氧气才能到达肺部，人的脑组织及其他重要器官才能得到氧气供应。

口对鼻(口)人工呼吸在操作过程中，也可根据患者年龄大小，分别采取不同的人工呼吸方式。救治者将患者平放使其仰卧，然后立于一侧，深吸一口气，捏住患者的口，往鼻孔里吹气。吹气的时候不能太用力，气量太大会吹破患者肺泡，而气量太小又没有抢救效果，以能看见其胸部有隆起弧度为宜。若不见起伏，可能呼吸道不通畅或吹气方法有问题。口对鼻吹气时，要使其口唇紧闭，以免吹气时漏气；口对口吹气时，一只手托住患者下颌，使其头部后仰，另一只手捏紧患者鼻孔，将口紧贴患者的口，并均匀吹气。吹气后，把嘴松开，再压其胸部，让患者胸部自然回缩以帮助其呼气。反复有节奏地重复上述操作，直到患者恢复呼吸或将其送至医院。需要注意的是，如果患者是胸骨骨折或其他不明情况则不宜做人工呼吸，应立即采取其他有效急救措施。

5. 胸外心脏按压(建立人工循环)

此法是指患者发生意外、心脏骤停时，借助外力按压心脏和胸腔，输送血液以形成暂时的人工循环的方法。这是能让患者心脏复苏的重要办法。施救时，应使患者平躺于坚硬的地面或床板上，松开其衣服、腰带等，用一只手的手掌根压住患者胸骨下半部，双手手指翘起，不接触患者胸壁，肘关节伸直，双肩向下形成压力，有节奏地向下按压，通过胸骨间接按压心脏，达到排血的目的。按压时力度要适中，将胸骨下压 1.5～6 厘米(婴儿 1.5～2.5 厘米，幼儿 2.54 厘米，成年人 5～6 厘米)，按压后要突然放松，依靠胸廓的弹性使胸壁自然回升，造成心脏舒张，血液再次注入心脏。其间手掌不离开患者胸骨部位，如此反复进行。切忌患者背部有柔软物体或在有弹性的床上进行施救，以免影响急救效果。

对不同年龄的患者，心肺复苏的具体操作方法有所不同。

(1) 婴儿及新生儿：双手四指托住其背部，用拇指按压，或用 2～3 根指头挤压，位置在其前胸两乳头连线中间下一横指，按压时频率略快，约 120 次/分钟。

(2) 幼儿：单手按压，位置在其胸骨中线与胸骨下半部的 1/3 交接处，按压频率为 100～120 次/分钟。

(3) 成人：双手按压，位置在其胸骨中线与胸骨下半部的 1/3 交接处，按压频率为 100～120 次/分钟。

垂危病人常常呼吸、心跳同时停止，此时人工呼吸和胸外心脏按压应同时进行。一位救护者做人工呼吸；另一位救护者做胸外心脏按压，人工呼吸与胸外心脏按压的频率之比为 2∶30。

进行时，救护者可吹一口气，做 15 次心脏按压。若仅一名救护人员，也可先吹两口气，再做 30 次心脏按压。如此交替、不断地进行，直至患者心跳、呼吸恢复为止。

为了避免吹气和挤压互相干扰，吹气时，挤压动作暂停。

三、五官和气管异物的急救操作技术

1. 鼻腔异物

幼儿无意中常将小物件塞入鼻孔，如豆粒、果核、橡皮等，异物造成鼻塞，影响呼吸，还会引起鼻腔炎症，甚至异物下行引起咽喉、气管异物。发现后应及时取出，否则危害极大。

取出异物的方法是：嘱咐幼儿深吸一口气，家长用手堵住无异物的一侧鼻孔，用力擤鼻子，异物即可排出。若异物未取出，切不可擅自用镊子夹取，否则会将异物捅向深处，甚至落入气管，危及生命。出现该种情况时，应马上去医院处理。

2. 咽部异物

咽部异物以鱼刺、骨头渣、枣核等较为多见。异物大多扎在扁桃体或其周围，引起疼痛，吞咽时疼痛加剧。

取出的方法是：咽部被异物卡住后，可让患者张大嘴巴，将舌头压下，用镊子轻轻夹出。若无效，立即送医院处理。需要注意的是，鱼刺卡住后，不要给幼儿吃馒头、饭团等，因为这样做有可能将刺压得更深，更不易取出。较大异物卡在咽部，可造成呼吸困难。

3. 喉、气管异物

在我国，每年有近 5 万名儿童因意外伤害而死亡，其中因吞咽异物或气管异物阻塞等引起意外窒息而死亡的儿童有近 3000 名。那么，为什么儿童容易发生异物吸入气管的意外呢？这是因为幼儿的气管与食管交叉处的"会厌软骨"发育不成熟，当幼儿口中含着食物说话、哭闹或剧烈运动时，容易将口内含物吸入气管内引起阻塞以致窒息。

当幼儿边吃边玩时或进食后突然停止活动，开始哭闹并有阵发性高声呛咳喘鸣及面色发紫，呼吸困难，继而神志不清和昏迷等，应是吸入气管异物。如果异物完全堵塞气管，超过 4 分钟便会危及生命，即使抢救成功，也常会留下失语、瘫痪等严重的后遗症。因此，当发现幼儿的气管吸入异物时就必须马上进行现场紧急救护，清除异物，千万不能等待。一旦幼儿气管吸入异物，家长千万不要惊慌失措，在幼儿没有出现神志不清前，应抓紧时间，迅速用以下方法清除异物。

(1) 拍背法：适用于 1 岁以下的婴儿。将婴儿脸朝下躺在救护者的前臂上，并把前臂放在大腿上以支撑婴儿，婴儿的头部应低于躯干，在婴儿两侧肩胛骨下缘连线的中点处，用手掌根部用力叩击 5 次，这样可以通过异物的自身重力和叩击时胸腔内气体的冲力，迫使异物向外咳出。

(2) 胃部迫挤法(海姆立克急救法)：适用于 1 岁以上的儿童及成年人。站在患者背后，手臂直接从患者的腋下环抱患者的躯干，将一手握拳，并用该手拳头的大拇指侧的平坦处对准患者腹部的中线处，正好在剑突的尖端下和脐部稍上方(大约在剑突与脐部之间的中点处)，用另一手握在拳头外，用力有节奏地使劲向上向内催压，以促使横膈抬起，压迫肺底让其肺内产生一股强大的气流从气管内向外冲出，迫使气管内异物随气流直达口腔将其排出。

若以上方法无效或情况紧急，应立即将患者送医院，医生会根据病情施行喉镜或气管镜下取出异物，切不可拖延。如果患者心跳停止，要进行心肺复苏的处理。

4. 眼内异物

大风天气，常有沙子或小飞虫入眼，造成眼内异物。

取出眼内异物的具体方法是：让幼儿轻轻闭上眼睛，不可揉搓眼睛，以免损伤角膜。操作者清洁双手，若异物粘在睑结膜表面，可用干净、柔软的手绢或棉签轻轻拭去。若嵌入睑结膜囊内，须翻开眼皮方能拭去。若运用上述方法不能取出，幼儿仍感极度不适，有可能是角膜异物，应立即去医院治疗。

5. 外耳道异物

外耳道异物一般有两种：一种是生物异物，如小飞虫；另一种是非生物异物，如幼儿玩耍时塞入的纽扣、豆类、石块等。外耳道异物可引起耳鸣、耳痛、外耳道炎症及听力障碍，应及时取出。

取出的方法是：若外耳道异物为小昆虫，可用手电筒照射外耳道，或吹入香烟烟雾将小虫引出来。若不见效，应立即去医院治疗。

若外耳道异物为非生物异物，可用倾斜头、单脚跳跃的方式，将异物弹出。若无效，应立即去医院处理。切不可用小棍捅或用镊子夹，以免造成外耳道和鼓膜损伤。

四、动物咬伤急救操作技术

生活中较容易被咬伤，多见于猫、狗咬伤，蛇咬伤，蚊子叮咬，蜂蜇伤等。

1. 猫、狗咬伤

被猫、狗咬伤，最担心的就是病毒感染。此时最重要的就是清洁、消毒、接种狂犬疫苗。处理方法：用自来水洗净伤口后，再用双氧水消毒。消毒后，用干净的纱布敷在伤口上，尽早就医诊治。被动物咬伤一定要看医生，伤口再小，也不可自行涂药了事。

若被狂犬咬伤，极易因狂犬病毒引发急性传染病，如不及时治疗，患者可在几天内死亡，因此必须引起高度重视。

处理方法：被狂犬咬伤后，应尽快处理伤口，可先用大量清水或 20%的肥皂液反复冲洗伤口，并挤出污血，再进行消毒。

2. 蛇咬伤

蛇分为无毒蛇和有毒蛇两种，无毒蛇的头大多为椭圆形，且尾部细长；有毒蛇的头大多呈三角形，颈细，身粗，尾短，牙齿长。无毒蛇咬伤后留一排整齐的小而浅的牙痕，伤口及周围不肿或仅轻度红肿，不疼痛，或仅有轻微疼痛而无全身其他症状，只需按一般咬伤处理；但若被有毒蛇咬伤，除了留下一般的齿痕外，另有两个明显成对齿痕，且大而深，伤口及周围皮肤常出现青紫色，大多疼痛剧烈，有全身症状，十分危险。被蛇咬伤时，常常难以辨别其是否有毒，因此生活中蛇咬伤均按毒蛇处理。

被蛇咬伤后的应急处理办法如下。

第一，减少肢体活动，避免因血液循环而加快对毒素的吸收。

第二，早期捆扎。捆扎伤口上方(距伤口 5 厘米处)，阻止蛇毒扩散。

第三，以伤口牙痕为中心，用刀片划个十字切口，用力挤压伤口，使毒液通畅流出，接着用淡盐水冲洗伤口。冲洗多次后，将捆扎的带子放松，送医院进一步治疗。

第四，药物解毒，立即内服和外敷解毒药。口服解毒药，如季德胜蛇药，同时将药片用温水溶化后涂于伤口周围。

3. 蚊子叮伤

蚊子叮伤夏季多见，被蚊虫咬伤时要阻止幼儿搔抓。

处理方法：用蚊不叮、防蚊花露水、绿药膏、清凉油、酒精、肥皂水等涂于患处即可。

4. 蜂蜇伤

蜂毒液主要含有蚁酸等酸性物质，或含有作用于神经系统的毒素，蜇入人体后会产生全身或局部的中毒症状。

被蜂类蛰伤后，应立即采取以下紧急措施。

第一，黄蜂、马蜂蛰伤。先用橡皮膏将皮肤中的刺粘出来，再将食醋涂于患处(因黄蜂毒液为碱性)。

第二，蜜蜂蛰伤。同样先用橡皮膏粘出皮肤中的毒刺，再将肥皂水、淡碱水涂于患处(因蜜蜂毒液为酸性)。

五、烫(烧)伤急救操作技术

在日常生活中容易发生烫(烧)伤的意外事故，主要是开水、热饭、水蒸气等造成的。如果护理不当极易感染，进而加重伤势。

烫(烧)伤根据严重程度划分为三个等级。一度：表现为局部发红，表皮受损，疼痛不明显，无水泡，一般 4～5 天即可痊愈；二度：表现为局部出现水泡真皮受损，疼痛剧烈；三度：表现为皮肤全层受损，组织坏死。

处理方法：如果发生烫伤，不要惊慌，立即远离受伤现场，并用冷水冲刷患处 10～15 分钟，根据受伤的不同程度及时处理。一度烫伤，一般可在家中先做简单急救处理，烫伤后越早用冷水冲(浸泡)越好，水温越低越好(不低于-6℃)，浸泡时间半小时以上，然后涂上烫伤药膏，再用外用纱布包裹即可(一般四肢、躯干需要包裹)。头、颈部轻度烫伤，经过清洁并涂药后，不需要包扎。与空气接触，尽快干燥，以加快创面复原。二度及三度烫伤，如果创面部位有衣物遮挡，要尽快脱掉或局部剪开，慢慢揭起遮挡物，以免撕拉造成皮肤脱落，并立即用冷水冲洗。在此过程中，切勿用手揉搓患者的烫伤创面。如果出现红肿、水泡，不要弄破，切忌乱用外涂药物，更不能用牙膏、食用油等，只会加重感染并可能会留疤，应该用干净的湿床单或毛巾包裹好，及时送医院救治。

六、鼻出血急救操作技术

鼻出血的原因有很多，最常见于用手抠挖鼻腔、发热及空气干燥时。

鼻出血的应急处理方法如下。

(1) 压迫止血，捏住鼻翼，一般压住 5～10 分钟即可止血。通常不用"堵"的方法。

(2) 如果仍然出血，可用 0.5%的麻黄碱或 1/1000 肾上腺素蘸湿棉球填塞出血侧鼻孔，一定要深达出血部位，前额、鼻部用湿毛巾冷敷。

(3) 止血后，2～3 小时内不能做剧烈活动，避免再出血。

(4) 若鼻出血者有频繁的吞咽动作，一定让他把口中异物吐出来，若吐出的是鲜血，说明仍继续出血，应尽快送医院处理。上述情况常发生在鼻后部出血。

(5) 若常发生鼻出血，应去医院做全面检查。

流鼻血时，一般人都习惯将头向后仰，鼻孔朝上，认为这样做可以有效止血，其实是错误的，如此做只是看不见血外流，但实际上血还是继续在流，只不过是在向内流。

七、出血的急救操作技术

出血是创伤后的主要并发症之一，一次大量出血若达到全身血量的 1/3，生命就有危险，因此出血后的止血十分重要。若皮肤没有伤口，血液由破裂的血管流到组织、脏器或体腔内则称为"内出血"。引起内出血的原因较为复杂，必须立即送医院诊治。血液从伤口流向体外称为"外出血"，常见于刀割伤、刺伤等，应做初步止血处理再送医院，防止短时间内出血过多。

出血的应急处理方法如下。

1. 毛细血管出血

血液从创面四周渗出，出血量少，颜色红，找不到明显出血点，危险性小，只需在伤口以消毒纱布或干净手帕等扎紧即可。

2. 静脉出血

血色暗红，血液缓慢不断地流出，其后由于局部血管收紧，流血逐渐减慢，危险性也较小。抬高出血肢体可以减少流血，然后在出血部位盖上几层纱布并扎紧。

3. 动脉出血

血色鲜红，呈搏动性喷出，出血速度快且量多，危险性大。少量外伤出血不会有很大危险，但若遇到动脉损伤，就会引起大出血。发生大出血要立即采取止血措施，否则有生命危险。

止血法如下。

(1) 加压包扎止血法。用于动脉或大静脉破裂出血的止血。

具体操作：用无菌纱布或干净毛巾等，折叠成比伤口稍大的垫子盖住伤口，再用绷带或三角巾加压包扎。

(2) 指压止血法。用于紧急抢救时的动静脉出血，此法不宜长时间使用。

具体操作：救护者用手指或手掌将出血的血管上端(近心端)用力压向相邻的骨骼上，以阻断血流，达到暂时止血的目的。

常用的动脉压迫点有以下几处。

头部出血：头部前面出血要压迫颞浅动脉，压迫点在耳朵前面，用手指正对下颌关节骨面压迫；头部后面出血要压迫枕动脉，压迫点在耳朵后面乳突附近的搏动处。

面部出血：要压迫面动脉及面部的大血管，压迫点在下颌角前面半寸的地方，用手指正对下颌骨压住，要压住两侧才能止血。

颈部出血：压迫颈总动脉。在颈根部、气管一侧，用大拇指放在跳动处向后、向内压下，注意不能同时压迫两侧的颈总动脉，以免引起大脑缺氧而昏迷。

腋部和上臂出血：可压迫锁骨下动脉。压迫点在锁骨上方，胸锁乳突肌外用手指向后方第一肋骨压迫。

前臂出血：在上臂肱二头肌内侧用手指压住肱动脉可止住前臂出血。

手掌、手背的出血：一只手压住腕关节内侧桡动脉，即通常摸脉搏处；另一只手压在腕关节外侧尺动脉处可止住手掌、手背的出血。

手指出血：手指屈入掌内，形成紧握拳头姿势能够止血。

大腿出血：在大腿根部的中间处，稍屈大腿使肌肉松弛，用大拇指向后压住跳动的股动脉，或用手掌垂直压在其上部可以止血。

小腿出血：大拇指用力向后压迫腘动脉即可止血。

足部出血：两手拇指分别按压胫前动脉和胫后动脉即可止血。

📖【实训与思考】

1. 爸爸与甜甜喜欢玩"抛花生米"的游戏，爸爸抛出一粒花生米，然后站在前方的甜甜张开嘴接住花生米。一开始在很近的地方抛，甜甜很容易就吃到了花生米，觉得很有意思，然后逐渐增加了距离，最后达到 1.5 米左右的地方。一天，正当父女俩玩得正高兴的时候，突然，甜甜尖叫一声，眉头紧锁，张着嘴拼命大口呼吸，然后跌倒在地，脸色逐渐发青。如果你在现场的话，你会如何帮助甜甜？怎么做才能预防此类危险的发生？

2. 正在上课的时候你的同学流鼻血了，请问你会怎么帮助他止血呢？

3. 请你利用寒暑假的时间，把心肺复苏的操作要点和流程教给家人。

参 考 文 献

[1] 张敏. 谈家政服务人员职业技能的培训体系[J]. 数码世界，2019(10)：198.

[2] 薛苗苗. 运城市家政服务员职业素养现状研究[D]. 南昌：江西科技师范大学，2022.

[3] 张志坚. 高职学生劳动教育认知状况及影响因素探析——以山西省 3 所高职院校为例[J]. 宁波职业技术学院学报，2023，27(1)：103-108.

[4] 刘治富. 用清单"做事"：让学生家庭劳动成为自觉[J]. 基础教育课程，2022(21)：34-40.

[5] 赵福君，赵金凤. 现代礼仪[M]. 北京：北京师范大学出版社，2009.

[6] 邱丽娃，徐一博. 美好生活方法论：改善亲密、家庭和人际关系的 21 堂萨提亚课[M]. 北京：中国人民大学出版社，2021：15-18.

[7] (美) 戴夫·克彭. 交际的艺术[M]. 高睿，译. 长春：时代文艺出版社，2018：16-58.

[8] 赵玉峰. 转型中国的家庭代际关系：基于三代家庭的研究[M]. 北京：中国社会科学出版社，2020：126-156.

[9] (美) 卡耐基. 卡耐基高效沟通和谈判艺术：人际关系启蒙大师的精华之作[M]. 郝文倩，译. 北京：北京理工大学出版社，2016：45-86.

[10] 赵广平，姚丽芳. 社会网络分析视角下中国式家庭关系的测评[J]. 闽南师范大学学报(哲学社会科学版)，2021，35(2).

[11] (日) 横山光昭. 理财陷阱[M]. 北京：民主与建设出版社，2022.

[12] 廖旗平. 个人理财[M]. 3 版. 北京：高等教育出版社，2020.

[13] 徐建明. 新中产家庭理财第一课[M]. 成都：四川人民出版社，2023.

[14] 王桂堂. 家庭金融理财[M]. 北京：中国金融出版社，2013.

[15] 王延胜. 社区生活：家庭理财[M]. 北京：上海科学技术文献出版社，2013.

[16] 林晓军. 家庭理财手册[M]. 成都：中国铁道出版社，2022.

[17] 廖海燕. 家庭理财自学手册[M]. 广州：广东经济出版社，2017.

[18] 吴中飞. 面向家电产品售后服务的数据挖掘和分析技术研究[D]. 杭州：浙江大学，2017.

[19] IEC 发布家用电器第五版通用国际安全标准[J]. 2022(1).

[20] 赵凯挺，方洵，慎瑜佳. 家用电器安全检测中对于非正常工作常见不合格的分析[J]. 中文科技期刊数据库(全文版)工程技术，2021(5)：1.

[21] 张志鹏，陆伟，亓新，等. 《婴幼儿专用家用电器技术要求 第 3 部分：暖奶器》标准解读[J]. 中国标准化，2021(15)：3.

[22] 杜德云. 电冰箱故障检修技巧[J]. 家电维修，2021(10).

[23] 李敏. 冰箱冷藏室不制冷故障维修及原因分析[J]. 科技风，2021(24)：183-185.

[24] 王战发. 瓷芯水龙头滴漏水修理小窍门[J]. 建筑工人，2008(12)：1.

[25] 魏冠峰，何永亮. 城市燃气管道脆弱性下的泄漏检测技术分析[J]. 建筑工程技术与设计，2016(10)：226.